Claus von Eitzen

**Datenbankanwendungen mit
FileMaker Pro**

Claus von Eitzen

Datenbank-anwendungen mit

FileMaker Pro

Version 2

Eine beispielorientierte Einführung

Inklusive
Version 2.1

vieweg

Das in diesem Buch enthaltene Programm-Material ist mit keiner Verpflichtung oder Garantie irgendeiner Art verbunden. Der Autor und der Verlag übernehmen infolgedessen keine Verantwortung und werden keine daraus folgende oder sonstige Haftung übernehmen, die auf irgendeine Art aus der Benutzung dieses Programm-Materials oder Teilen davon entsteht.

1. Auflage 1993
   Verbesserter Nachdruck 1994

ISBN 978-3-322-89824-1   ISBN 978-3-322-89823-4 (eBook)
DOI 10.1007/978-3-322-89823-4

Inhalt

Einleitung

Über dieses Buch

FileMaker Pro ist mit gutem Grund das Macintosh-Daten-
banksystem mit der größten Verbreitung. Es ist sehr leistungs-
fähig, übersichtlich aufgebaut und einfach zu handhaben. Der
Benutzer muß sich nicht mit dem Einstudieren von Datenbank-
Basisfunktionen herumschlagen, er kann nach kurzer Lernzeit
zur Sache kommen und brauchbare Anwendungen selbst ent-
werfen.

Dieses Buch hält sich nicht damit auf, zu erklären, was
jeder sowieso am Bildschirm sieht und versteht. Es zeigt – nach
einer kurzen Einführung – wie unkompliziert mit FileMaker
Pro auch größere Organisationsprobleme zu lösen sind. Prakti-
sche Beispiele demonstrieren, wie man auf dem schnellen und
richtigen Weg zu professionellen Anwendungen kommt. Die
folgenden Anwendungen bilden den Schwerpunkt des Buches:

Adreßverwaltung

- mit integrierter Korrespondenz und automatischer Archivierung von Briefen

Vereinsdatenbank

- die Verwaltung eines Vereins mit seinen Mitgliedern und
  Finanzen in zwei verbundenen Dateien

Warenwirtschaft

- eine Auftragsverwaltung mit integrierter Kunden- und Arti-
  kelverwaltung, Lagerverwaltung, Mahnwesen und verschiedenen Auswertungslisten für einen Auto- bzw. Fahrradhandel

FileMaker als Steuerberater

- ein Informationssystem über die individuelle Steuersituation mit den Steuertabellen des aktuell geltenden Einkommensteuergesetzes als Basis

Sämtliche im Buch behandelten Beispiele sind eine *exem-
plarische* Auswahl der vielfältigen Anwendungsmöglichkeiten
von FileMaker Pro. Alle Beispiele können Sie leicht an die eigenen Erfordernisse anpassen. Die genannten Anwendungen
können Sie mit Hilfe des Buches selbst erstellen. Das Informa-

tionssystem zur Steuerersparnis im siebten Kapitel läßt sich einfacher verwenden, wenn Sie mit der fertigen Beispiel-Diskette arbeiten. Falls Sie die kompletten Beispiele auf Diskette haben möchten, so können Sie sie beim Autor erwerben. Die Details über den Diskettenversand erfahren Sie im Anhang des Buches.

Über FileMaker Pro

Grundlage der Entwicklung dieses Buches ist die Version 2.X von FileMaker Pro für den Macintosh. Auf die neuen Features wird besonders hingewiesen. Ab FileMaker Pro 2.0 läuft das Programm sowohl auf Macintosh als auch auf DOS-Rechnern unter Windows. Die Dateien sind binärkompatibel, daher können Sie FileMaker Pro-Dateien ohne Konvertierung auf beiden Computer-Systemen verwenden. Mit der Version File-Maker Pro 2.1 kann auf dieser Plattform sowohl auf dem Macintosh als auch auf WindowsPCs ab 80286er Prozessoren gearbeitet werden. Auch der Einsatz in gemischten Netzwerken unter z.B. NovellNetware und AppleShare ist mithin möglich. Das Programm nutzt die neuen Möglichkeiten von Apples Betriebssystem 7.X bis hin zum Zugriff auf SQL-Datenbanken.

FileMaker Pro gehört zur Kategorie der Standard-Software. Mit den Software-Werkzeugen (*tools*) wie Textverarbeitung, Tabellenkalkulation und Dateiverwaltung sind jederzeit ohne Erlernen einer Programmiersprache individuelle Aufgabenlösungen möglich. Dies gilt erst recht, wenn es sich dabei um Software-Tools handelt, die auf der Basis der Macintosh-Systemsoftware aufbauen. Auch FileMaker Pro ist eine Datenbank, die von Haus aus der intuitiven Benutzeroberfläche des Macintosh verhaftet ist.

Um mit einem Datenbankprogramm zu arbeiten, ist die Intuitivität des Macintoshs allein nicht ausreichend. Erforderlich ist die Kenntnis des elementaren Aufbaus und der Wirkungsweise einer Datenbank. Dann können Sie mit FileMaker Pro in kürzester Zeit hervorragende Ergebnisse erzielen. Wenn Sie bereits mit anderen Datenbanken gearbeitet haben, interessieren Sie die Besonderheiten von FileMaker Pro. Lassen Sie sich von den vielfältigen Möglichkeiten des Programms bei der Erstellung von Berichten und ablaufsteuernden Vorgaben mit dem neuen Makro-Editor Script-Maker™ überraschen. Etablieren Sie selber einen dynamischen Datenaustausch zwischen Programmen über Apple-Events oder eine Auflagendatei.

Das vorliegende Buch legt anhand einer Reihe von Beispielen die vielfältigen Möglichkeiten von FileMaker Pro dar, ermuntert zur Erstellung eigener Datenbanken und gibt Hinweise zur Vermeidung von Fehlern. Es ersetzt nicht das Handbuch von FileMaker Pro, und es ist nicht entlang des Aufbaus der Menüs und der Funktionen von FileMaker Pro geschrieben. Im Schlüsselverzeichnis finden Sie eine Übersicht zum schnellen Nachschlagen der grundlegenden FileMaker-Funktionen.

Falls für Sie der Umgang mit Datenbanken neues Terrain ist, machen Sie sich im Kapitel *„Vom Aktenschrank zur Datenbank"* mit den grundlegenden Begriffen vertraut.

Falls Sie die Grundbegriffe von Datenbanken kennen und mit FileMaker Pro ihre ersten Erfahrungen machen, beginnen Sie mit dem Kapitel *„Arbeitsebenen in FileMaker Pro"* und machen Sie sich mit den Begriffen und der Arbeitsweise von FileMaker Pro bekannt.

Wenn Sie mit Datenbanken und FileMaker Pro vertraut sind, finden Sie in den folgenden Kapiteln die Anwendungsbeispiele:

Sie beginnen mit einer Adreßverwaltung, die als integrierten Bestandteil die Möglichkeit der Korrespondenz enthält. Die Textfunktionen des Formel-Editors leisten hier ihren Dienst für korrekte Anredetexte und Adressen. Die Rechtschreibprüfung wird zur Korrektur Ihrer Briefe eingesetzt. Sie machen erste Bekanntschaften mit Layouts und ablaufsteuernden Tasten. Zur Archivierung der Korrespondenz eröffnen Sie ein elektronisches Briefarchiv.

Adreß-verwaltung

Im nächsten Kapitel beginnt der Aufbau einer Vereinsdatenbank mit der Mitglieder-Datei und der Einrichtung einer Fülle von Layouts für die Mitgliederverwaltung: von der Eintrittserklärung über Mitgliederlisten und Vereinskorrespondenz bis zur Spendenbescheinigung. Für den Druck von Etiketten und Lastschriften werden entsprechende Formulare gestaltet, die Mitglieder-Daten werden aus Dateien anderer Datenbanken importiert. Übersichtliche Menüs mit Vorgabe-Tasten verbinden die Funktionsvielfalt zu einem übersichtlichen Konzept.

Vereinsdatenbank: Mitglieder

Das folgende Kapitel ergänzt die Vereinsdatenbank um eine Zahlungen-Datei, die das Finanzgebaren des Vereins transparent macht. Von der Eingabe der Geldbewegungen über ein Journal und Kontoauszüge gelangen Sie hin zu einer Einnahmen/Ausgabenrechnung und einer Vermögensaufstellung. Eine Beitragsabrechnung ordnet Spenden und Beiträge einzelnen Mitgliedern zu und stellt sie in der Mitglieder-Datei für Spenden- und Beitragsbescheinigungen zur Verfügung. Ein Vereins-Menü mit Vorgaben-Scripts vereint beide Dateien zu einer Datenbank aus einem Guß.

Vereinsdatenbank: Zahlungen

**Warenwirt-
schaft: Handel**

Im sechsten Kapitel dient FileMaker zur Verwaltung von Aufträgen in einem Handelsbetrieb. Mehrere Dateien wie die Kunden-, Artikel- und Auftragsdatei verbinden sich zu einer Auftragsverwaltung für einen Großhandelsbetrieb. Dabei erhalten auch die Verbindung von FileMaker Pro mit der Präsentationsgrafik von Excel über „Herausgeben und Abonnieren" und der Einsatz von Apple-Events ihren Platz. Die automatische Fortschreibung von Lagerbeständen eines Sortimentes von Massenartikeln ist integraler Bestandteil einer Auftragsdatenbank für einen Fahrradgroßhandel.

**FileMaker als
Steuerberater**

Als Steuerberater muß sich FileMaker im siebten Kapitel bewähren. Sie erfahren, wie aus einer einfachen Steuerberechnung die Erstellung der Steuertabellen des Einkommensteuergesetzes abzuleiten ist. FileMaker Pro-Dateien stehen als Nachschlagewerke für ein *Informationssystem* über die persönliche Steuersituation zur Verfügung.

**Gemeinsam
Dateien nutzen**

Im achten Kapitel werden die besonderen Vorteile, die FileMaker Pro für die Arbeit in *Netzwerken* unter Apple-Talk und Novell bietet, besprochen und Hinweise für die Arbeit mit betriebssystem-übergreifenden Anwendungen gegeben. Auch der Schutz der Daten über Paßwörter und Gruppen kommt nicht zu kurz.

Einen Überblick über die Installationsvoraussetzungen, die Geschichte und die Menüs von FileMaker Pro sowie die Online-Hilfe enthält der Anhang. Außerdem können Sie sich dort über die beim Import und Export verfügbaren Datei- und Bildformate, die Etikettenformate und die im Formel-Editor verfügbaren Funktionen informieren. Sie erhalten dort auch nähere Details zum Versand der Beispiel-Disketten zu diesem Buch.

Schlüsselverzeichnis zur Arbeit mit FileMaker

1

Vom Aktenschrank zur Datenbank

Das Kapitel informiert über:

- **die Bestandteile einer Datenbank: Datei, Datensatz, Datenfeld**
- **Eigenschaften von Datenfeldern**
- **die Funktionsbeschreibung des Formel-Editors**

Vom Aktenschrank zur Datenbank

Eine elektronische Sammlung von Informationen in Datenbanksystemen erleichert die Verfügbarkeit von Daten. Elektronisch gespeicherte Informationen lassen sich einfach vervielfältigen und archivieren. Computer können schnell eine bestimmte Telefonnummer unter Hunderttausenden von Teilnehmern finden, Kunden nach bestimmten Kriterien sortieren, Adressen finden und mit Texten zu Serienbriefen verknüpfen. Riesige Datenbestände lassen sich auf engem Raum komprimieren und einfach vervielfältigen. Wissensgebiete und Bibliotheken lassen sich nach verknüpften Begriffen durchsuchen und die gewonnenen Ergebnisse können in unterschiedlichen Formen präsentiert werden. Jeder Gebrauch der elektronischen Speicherung von Daten ruft zwangsläufig auch den Mißbrauch hervor. Die Datenschutz-Gesetzgebung entsteht daher mit der Verbreitung von Datenbanken und versucht immer wieder Schritt zu halten mit den technischen Möglichkeiten der Speicherung und des Zugriffs auf sensible Daten. Die Vorteile elektronisch geführter Dateien sind dennoch so signifikant, daß die Nachteile in Kauf genommen werden und es die Aufgabe aller Beteiligten bleibt, den Mißbrauch von Datenbanken einzuschränken.

1.1 Was ist eine Datenbank?

Der Begriff „Datenbank" tauchte zum ersten Mal zu Beginn der 60er Jahre auf. Seine Definition ist ständigen Veränderungen unterworfen und keineswegs einheitlich. Das ist für den Anwender nicht gerade nützlich, sondern eher verwirrend. Daher möchte ich es bei einer allgemeinen Beschreibung belassen: Eine Datenbank ist allgemein die Sammlung von Informationen über ein bestimmtes Sachgebiet.

Eine *Datenbank* (engl.: data base) ist eine „große Anzahl von Daten, die in Dateien aufbewahrt und von einem Datenbankverwaltungssystem (= spezielles Programmsystem, *engl.: data base management system*) gemeinsam verwaltet werden." [Hans Robert Hansen, Wirtschaftsinformatik I, 5. Auflage, Stuttgart 1986, S. 108] Eine Datenbank besteht aus einer Vielzahl von Dateien, auf die mit Hilfe eines Dateiverwaltungssystems zugegriffen werden kann. Auch das Programm FileMaker Pro ist ein solches Dateiverwaltungssystem. FileMaker Pro bietet die Möglichkeit, bis zu 16 Dateien gleichzeitig in einem Dateiverwaltunssystem zu organisieren. Die Abbildung zeigt eine Vereinsverwaltung mit zwei Dateien, Mitglieder und Zahlungen.

Die Mitgliederdatei enthält alle notwendigen Informationen über die einzelnen Vereinsmitglieder. Die Zahlungendatei führt Buch über die Vereinsfinanzen. Zwischen beiden Dateien gibt es Beziehungen, die z.B. auf die Zahlungsmoral der Mitglieder in bezug auf die Beiträge zum Gegenstand haben. Ergebnisse dieser Beziehung zwischen den Dateien sind z.B. Spenden- und Beitragsbescheinigungen.

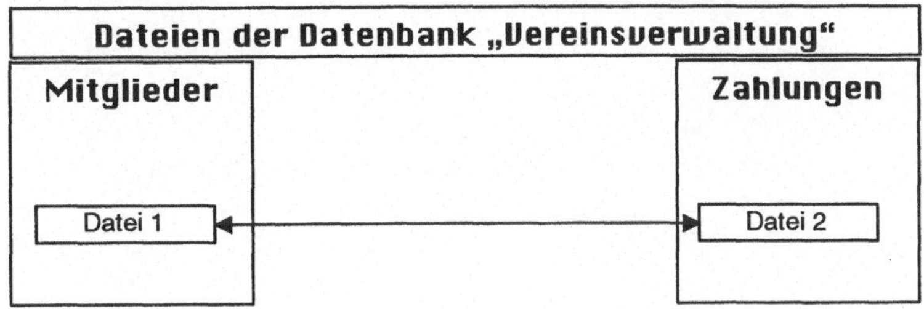

Datenbank „Vereinsverwaltung" mit zwei verbundenen Dateien

Um die unbestrittenen Vorzüge elektronischer „Karteikästen" auszunutzen, müssen die Datenbestände allerdings angemessen strukturiert sein, so daß Ihr Computer die Informationen annehmen und verknüpfen kann. Wann immer Sie eine Datenbank aufbauen möchten, sollten Sie die folgenden vier Fragen klären:

- *Welche Datei(en) benötigen Sie?*
  Für jede größere Informationseinheit sollten Sie eine eigene Datei anlegen. Die Informationen über Kunden sollten in einer Kundendatei, die Informationen über Aufträge in einer Aufträgedatei usw. aufgewahrt werden.

- *Welche Informationen enthält Ihre Datei?*
  Legen Sie fest, welche Informationen Sie für einen Datensatz brauchen, welche Eigenschaften die Informationen haben sollten und welche Vereinfachungen bei der Dateneingabe nützlich sind. Wollen Sie mit den Informationen auch mathematische Operationen durchführen oder handelt es sich um Zeichenketten? Möchten Sie Bild- und Tonmaterial in Ihrer Datenbank unterbringen? Können Sie bei bestimmten Eingabe-Operationen das Programm auf die Systemzeit und das Systemdatum Ihres Computers zugreifen lassen? Treten bestimmte Informationen in Ihrer Datei wiederholt auf?

- *Welche Aufgaben soll Ihre Datei erfüllen?*
  Eine elektronische Datei soll bestimmte Aufgaben automatisch erledigen: Serienbriefe drucken, Briefe archivieren, Telefonnummern finden, Lagerstände aktualisieren, Über-

> weisungen schreiben etc. Legen Sie in einer Liste mög-
> lichst genau fest, welche Aufgaben Sie ihrer Datei zuwei-
> sen möchten. Stellen Sie fest, woher Sie die Daten für diese
> Aufgaben beziehen müssen.
>
> • *Welche äußere Form brauchen Ihre Daten?*
> In den wenigsten Fällen benötigen Sie die Darstellung aller
> Informationen eines Datensatzes. In den Telefonbüchern
> der Post findet sich z. B. nur ein kleiner Teil Ihres Kunden-
> datensatzes bei der Telecom wieder. Die jeweils benötigte
> äußere Form der Darstellung von Daten heißt bei FileMa-
> ker Pro „Layout", in anderen Datenbanken werden dafür
> Begriffe wie Report oder Bericht verwendet. Legen Sie
> fest, welche äußere Form der Darstellung Sie für Ihre Da-
> ten brauchen: Adreßetiketten, Listen, Layouts für die Ein-
> gabe am Bildschirm, Rechnungen, Formulare und dgl.

Die konkrete Antwort auf diese Fragen ergibt sich dabei
aus der jeweiligen Aufgabenstellung. Im folgenden werden zunächst einmal die wesentlichen Elemente einer Datenbank wie
Datei, Datensatz und Datenfeld genauer dargestellt.

1.2 Die elektronische Datei

Eine *Datei* (engl.: file) speichert zusammengehörige Informationen, z.B. über Produkte, Personen oder Sachverhalte. Eine Datei besteht aus einer Anzahl von gleichartig aufgebauten
Datensätzen. Die maximale Größe einer FileMaker Pro-Datei
kann, abgesehen von der Speicherkapazität Ihres Rechnersy-
stems, 32 Megabyte umfassen. Eine Mitgliederdatei enthält
z.B. je einen Datensatz für jedes Mitglied. Dateien unterscheiden sich äußerlich durch ihren Dateinamen, sie sind als Dokumente auf dem Macintosh-Schreibtisch bzw. im Windows-Da-
teimanager sichtbar. Innerlich unterscheiden sich Dateien durch
ihren Aufbau und ihren Informationsinhalt. Die Abbildung
zeigt die Dateien der Immobiliendatenbank „Immodata".

Dateien der **Daten-
bank „Immodata"**
auf dem Macintosh-
Schreibtisch

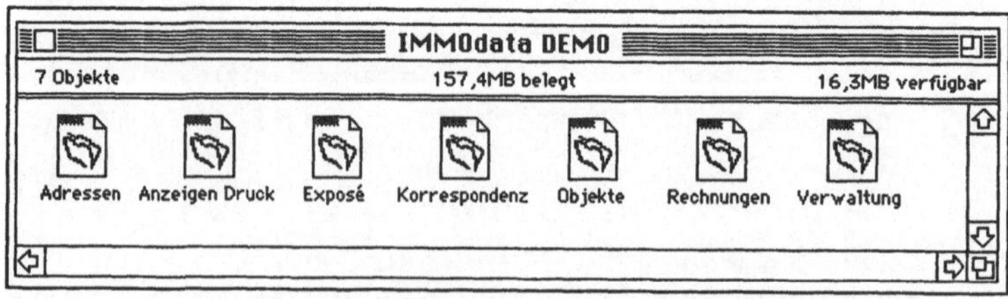

In der englischsprachigen Literatur und in Handbüchern
werden die Begriffe Datenbank (=database) und Datei (=file)

ab und an synonym verwendet. Im folgenden ist ein mit File-
Maker Pro hergestelltes FileMaker-Dokument eine Datei und
Datenbank soll die Verbindung von zwei oder mehr Dateien zu
einer integrierten Anwendung heißen.

Eine Datei kann als die Übertragung einer nach bestimmten, sagen wir alphabetischen Gesichtspunkten geordneten
Sammlung von Karteikarten auf ein anderes Medium angesehen werden. Die Sortierung erfolgt nach vorher festgelegten
Schlüssel- oder auch Sortierbegriffen. Bei einer Adressenkartei
ist dies in der Regel der Name, bei einer Mitgliederkartei wird
häufig nach der Mitgliedsnummer sortiert etc.

FileMaker Pro selbst verwendet als Bild einer Datei einen
geöffneten Ordner, in dem Dokumente gesammelt werden. Das
Bild des Karteikastens oder Ordners ist für die isolierte Betrachtung einer einzelnen Datei hilfreich. Für die Betrachtung
von wechselseitigen Beziehungen zwischen mehreren Dateien
– Relationen – hinkt naturgemäß auch dieser Vergleich.

In FileMaker Pro-Dateien können Sie Informationen aus
anderen FileMaker Pro-Dateien automatisch einsetzen lassen.
Eine derartige Beziehung heißt in FileMaker Pro „Referenz".
Damit können Sie den Informationsfluß zwischen verschiedenen Dateien herstellen. Das Problem der *Redundanz*, der
mehrfachen Speicherung derselben Daten, können Sie auf diese
Art und Weise vermeiden. Auf bereits erfaßte Informationen
können Sie über Referenzen zugreifen. In den Kapiteln 4, 5, 6
und 7 ist die Verwendung von Referenzen Gegenstand der Beispiele. FileMaker Pro ist keine relationale Datenbank, aber die
Kombination von Referenzen mit der Möglichkeit, sequentielle
Programmabläufe zusammenzustellen, verleiht dem Programm
den Leistungsumfang einer halbrelationalen Datenbank.

1.3 Datensatz

Ein *Datensatz* (engl.: record) enthält die strukturierten Informationen über z.B. einen Kunden, wie seinen Vornamen,
Namen, Anschrift, usw. Die Informationen sind in entsprechenden Datenfeldern enthalten. Nach Datenfeldern, die zu Such-
oder Sortierbegriffen erklärt wurden, lassen sich Datensätze
unterscheiden. Um im Bild zu bleiben: Eine Karteikarte entspricht einem Datensatz. Auf der Karteikarte befinden sich die
gegliederten Informationseinheiten: Name, Vorname etc. Die
Gesamtheit dieser Informationseinheiten bildet einen Datensatz. FileMaker Pro vergibt für jeden anlegten Datensatz eine
interne, für den Anwender nicht zugängliche Nummer. Dadurch werden die Datensätze von einander unterschieden. Um

in einer Datei schnell und einfach verschiedene Such- und Sortiervorgänge ablaufen zu lassen, empfiehlt es sich, die Datenfelder möglichst kleinschrittig zu strukturieren. Als Datenfelder
für den Namen vereinbaren Sie nicht einfach nur das Feld „Name", sondern mindestens auch Vorname und Anrede.

Mehrere **Datensätze**
in einem Listen-Lay-
out

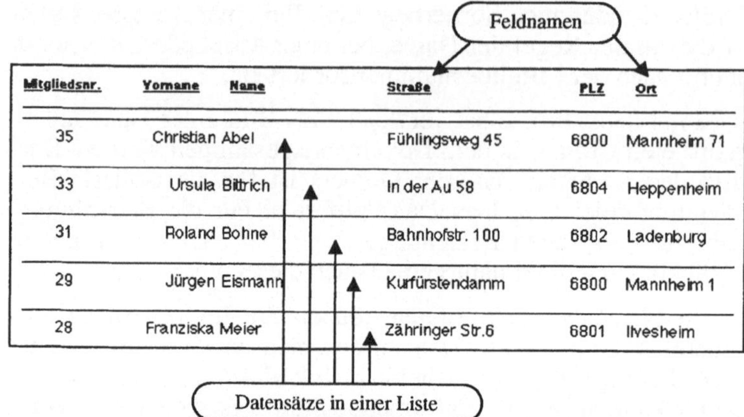

Im Gegensatz zu anderen Datenbanken brauchen Sie in FileMaker Pro keine Datensätze mit fester Länge, d.h. mit genau
bestimmter Anzahl an Zeichen pro Datensatz festlegen. Die
Länge der Datensätze ist variabel und das Programm kennt
auch keine ausdrückliche Begrenzung der Feldanzahl pro Datensatz. Dennoch sollte die Anzahl der Datenfelder pro Datensatz in einer übersichtlichen Größenordnung bleiben. Jede Veränderung, insbesondere bei Berechnungen mit Formeleinsatz,
führt sonst zu unnötig langen Wartezeiten.

Einzelner **Datensatz**
in einem Eingabe-
Layout

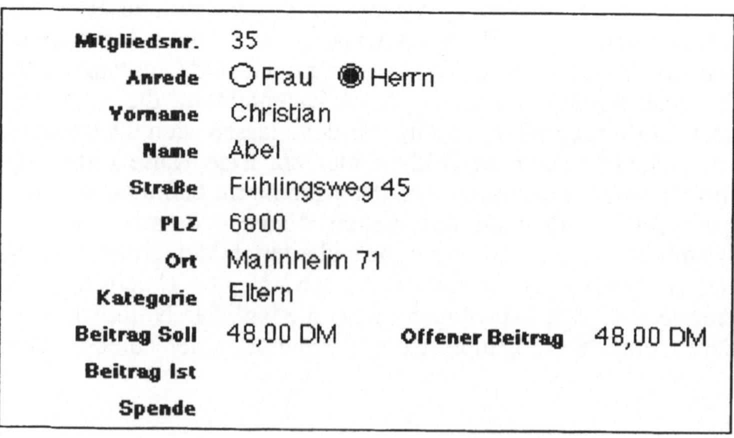

1.4 Datenfeld

Die kleinste organisatorische Einheit zur Aufbewahrung von Daten ist das *Datenfeld* (engl.: field). Das Feld gibt dem Datensatz eine Struktur. Ein Datenfeld unterscheidet sich von einem anderen durch den Feldnamen. Über den Feldnamen kann sich das Programm die Verbindung von Daten und Datenfeldern merken. Für jedes Datenfeld legt FileMaker Pro daher einen Index mit den vorhandenen Daten an.

- Das Daten*feld* ist der Platz, wo die verschiedenartigen Daten eingegeben bzw. aufbewahrt werden.

- Der Daten*feldname* ist der Name, den Sie diesem Platz gegeben haben, damit Sie diesen Platz von anderen Plätzen unterscheiden können. Feldnamen sollten leicht eine Verbindung zum Inhalt der abgelegten Informationen herstellen lassen. So sollte der Feldname „Vorname" auch den Vornamen zum Inhalt haben.

- Die *Daten* sind die verschiedenen Informationen, die Sie in die Felder eingeben; in der Abbildung: „0621 45 98 31".

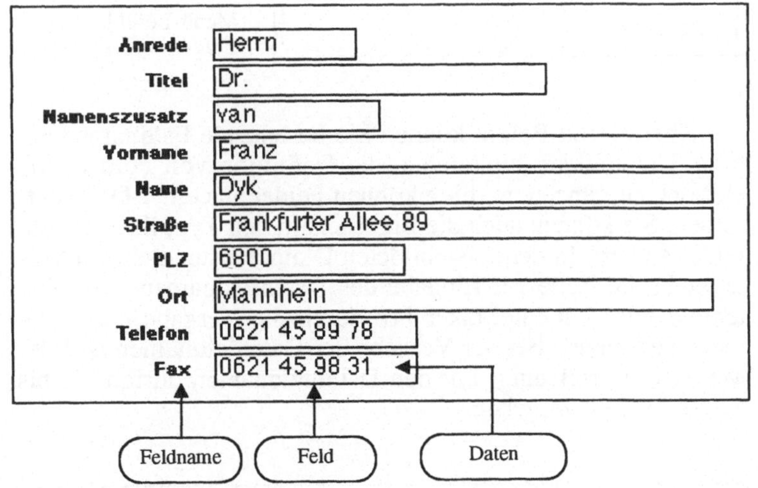

Unterscheidung von Datenfeldname, Datenfeld und Daten

Vielfach werden Feldname, Feld und Daten miteinander verwechselt. *Ein Datenfeld kann nicht ohne zugehörigen Daten-Feldnamen existieren und umgekehrt.* Datenfelder ohne Inhalt sind in einer Datei möglich. Aber umgekehrt können Sie Daten einer FileMaker Pro-Datei nicht außerhalb von Datenfeldern aufbewahren.

1.4.1 Felder definieren

Die Datenfeldstruktur eines Datensatzes müssen Sie einem Datenbankprogramm mitteilen. Bei FileMaker Pro können Sie das unter dem Menü *Auswahl* über das Dialogfenster *Felder definieren* durchführen.

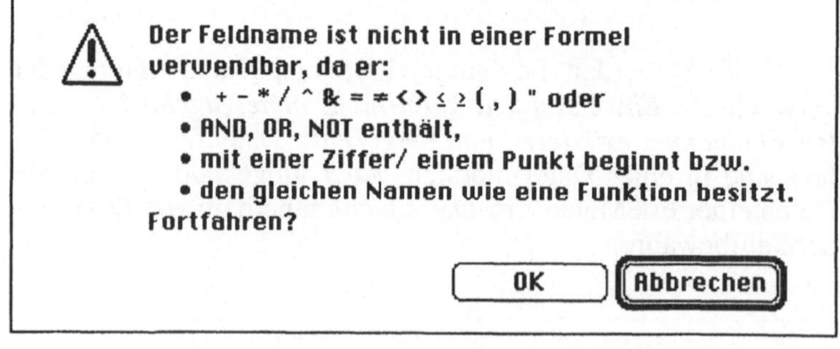

Menü-Befehl
Felder definieren

Über diesen Befehl können Sie bestehende Feldnamen ändern, Datenfelder duplizieren, die Definition von Feldern um Optionen ergänzen, und Sie können Felder aus einer Datei entfernen. Sie können auch die Eigenschaft, den Typ, Ihrer Datenfelder ändern. In dem abgebildeten Dialogfenster steht im Mittelpunkt die Zeile zur Eingabe des Datenfeldnamens. Ein Datenfeld wird bei FileMaker Pro durch die Vergabe eines Namens vereinbart. Bei der Vergabe der Datenfeldnamen ist FileMaker Pro großzügig: Für den Datenfeldnamen dürfen Sie bis zu 60 Zeichen vergeben.

Nicht verwendbare Zeichen und Wörter für Feldnamen, die in Formeln Verwendung finden

Einschränkungen gibt es lediglich bei der Benennung von Feldern, die Sie in Formelfeldern verwendet möchten: Bestimmte Sonderzeichen und Schlüsselwörter sind nicht erlaubt, da sie bestimmten Operatoren gleichen (+, -, *, /, ^ u.a.). Die Namenslänge ist davon jedoch unbenommen. Statt des Trennungsstriches (-) verwendet man in Formelfeldern besser den Unterstrich (_) oder aber den Punkt. Wird bei der Vergabe des Feldnamens die zulässige Namenslänge überschritten, weist eine Warnmeldung darauf hin.

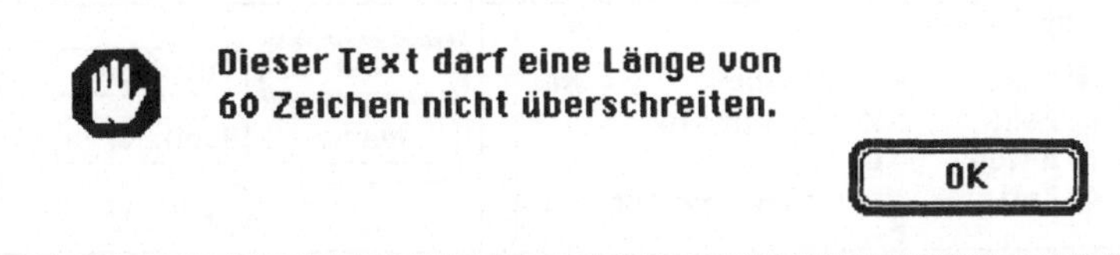

Warnmeldung bei Überschreitung der zulässigen Feldnamenlänge

Oberhalb der Eingabezeile für den Datenfeldnamen sehen Sie die Liste der bereits definierten Felder. Ein Feldname wird dann in die Liste übernommen, wenn Sie ihn in die Eingabezeilen geschrieben und die Taste „Neu" oder Return betätigt haben. Die Taste „Neu" ist nicht verfügbar, wenn der Feldname bereits in der Liste existiert. Das Programm verhindert so, daß Sie Felder gleichen Namens erstellen können und die Datenspeicherung des Programms durcheinander bringen. Innerhalb des Dialogfensters *Felder definieren* nimmt der Mauszeiger über die Form des Zeigers ➜ hinaus noch zwei weitere Formen an:

Links neben der Feldnamenliste verändert sich die Form des Mauszeigers zu einem Querstrich mit Pfeil nach oben und unten (Doppelpfeil). Mit gedrückter Maustaste können Sie dann die Einordnung eines einzelnen Feldnamens in die Liste durch Ziehen nach oben oder unten verändern.

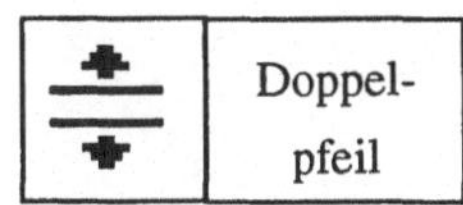

Doppelpfeil

Über der Eingabezeile für den Feldnamen nimmt der Mauszeiger die Form einer Einfügemarke (Cursor) wie in einer Textverarbeitung an. Per Mausklick können Sie die Einfügemarke positionieren.

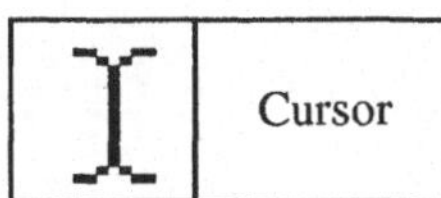

Cursor

Die Anzahl der bereits definierten Felder kann in dem Dialogfeld oben rechts abgelesen werden. Darunter ist die Sortierordnung der Feldnamensliste angezeigt. Durch Mausklick auf das nebenliegende Dreieck kann eine andere Sortierfolge gewählt werden. Die Reihenfolge der Feldnamen in dieser Liste übernimmt das Programm in andere Auswahlfenster mit aufgelisteten Feldnamen. Bei der Neuanlage einer Datei öffnet das Programm automatisch das *Felder definieren*-Dialogfenster, denn der erste Schritt bei der Neuanlage einer Datei besteht aus der Definition von Datenfeldern.

Felder definieren-
Dialogfenster

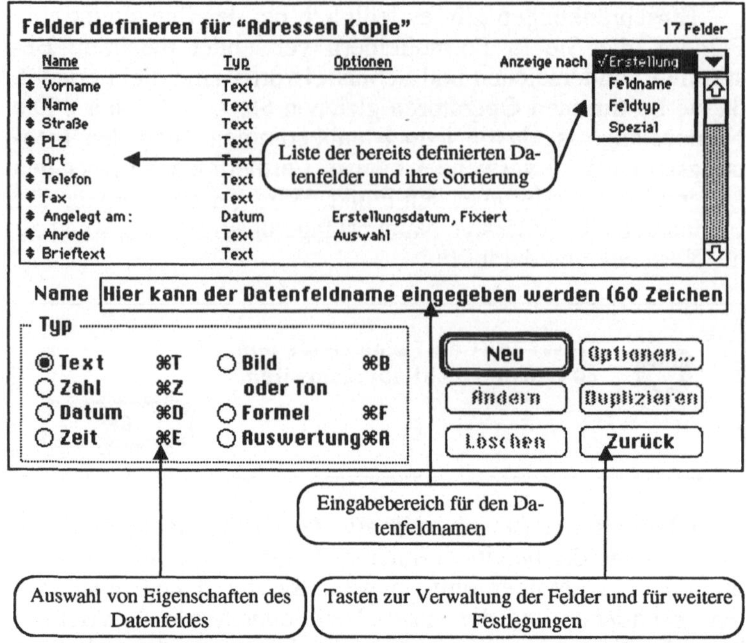

Nach dem Beenden des Vereinbarens von Datenfeldern signalisieren Sie per Mausklick auf die Taste „Zurück", daß Sie jetzt mit der Arbeit an ihren Daten beginnen wollen.

Anzahl und Sortierung der definierten Datenfelder

Wahl eines Feldtyps

Jedes Datenfeld hat genau einen Namen und genau einen Typ; die Werte bzw. Inhalte eines Feldes sind die Daten. Mit dem Typ eines Datenfeldes teilen Sie den Daten Eigenschaften zu. Der voreingestellte Standardfeldtyp ist „Text". FileMaker Pro verfügt über insgesamt sieben verschiedene Typen von Dateneigenschaften. Mit der Einteilung der Daten in differenzierte Kategorien wie Text, Zahl, Datum oder Zeit, wird das Suchen und Sortieren erleichtert und eine Möglichkeit geschaffen, Fehler bei der Dateneingabe zu vermeiden. Neu an der Version 2.0 ist die Möglichkeit, als „Bild oder Ton" definierte Datenfelder nicht nur für Bilder, sondern auch für Töne oder Videosequenzen als Speicherort zu nutzen. In der folgenden Abbildung sehen Sie ein QuickTime-Movie und einen Ton in einem Datenfeld vom Typ Bild/Ton.

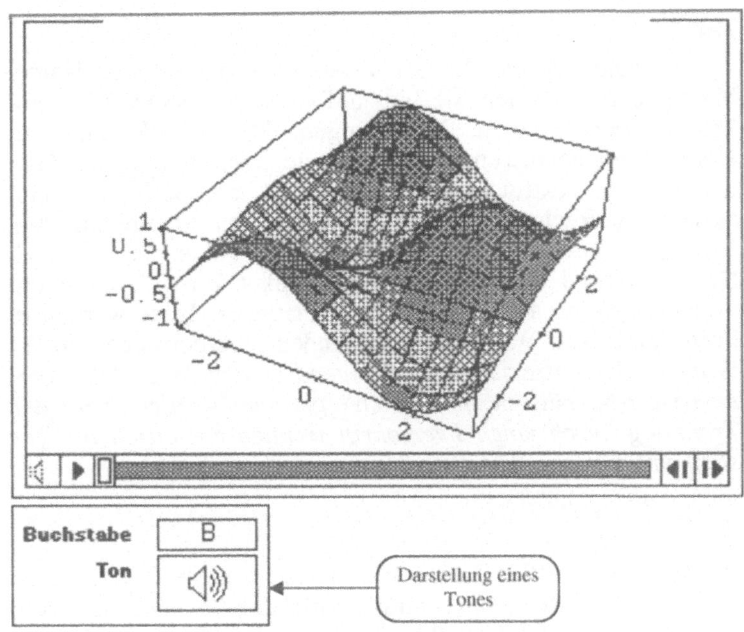

Anzeige eines Quick-Time-Movies und eines **Tons** in einem Datenfeld vom Typ Bild/Ton

Den Typ eines Datenfeldes legen Sie durch Ankreuzen des zugehörigen Auswahlknopfes fest.

Mögliche Datenfeldeigenschaften (*Typ*)

FileMaker Pro nimmt die Einträge in Text-, Zahlen-, Formel-, Datums- und Zeitfelder automatisch in einen feldorientierten Index auf. Aus diesem Index können Werte in das gleiche Feld anderer Datensätze eingesetzt werden. Leider ignoriert der Index die deutschen Umlaute. Außerdem zerlegt er Texte, die ohne die „weiche Trennung" („*Wahltaste*"+„*Leerschritt*" statt Leerschritt) eingeben wurden, in einzelne Wörter. Hier ein kurzer Überblick über die Möglichkeiten der verschiedenen Feldtypen, ihre Eigenschaften und besonderen Anwendungsgebiete.

Text

Text

Beliebige Daten, die als Texte vorkommen, wie Name, Vorname etc. können Sie hier aufbewahren. Sinnvoll ist ein Textfeld aber auch für Ziffernfolgen, die als Ordnungs- und Unterscheidungsmerkmale dienen, wie Telefonnummer, Postleitzahl u. a. Textfelder können maximal etwa 64.000 Zeichen aufnehmen. Rechnet man etwa 4.000 Zeichen für eine DIN A4-Seite Text, lassen sich pro Textfeld also Texte bis zu ca. 16 DIN-A4-Seiten darstellen. Mit FileMaker Pro 2.0 kann die Textausrichtung auch im Blocksatz erfolgen. Texte werden in Form einzelner Wörter in den Index übernommen. *Sollen Wörter oder Sätze zusammenhängend in den Index übernommen werden, müssen sie „weich" getrennt werden: Statt der Trennung durch einen Leerschritt trennen Sie durch die Tastenkombination „Wahltaste"+„Leerschritt".*

Zahl

Zahl

Hier können Sie Zahlen bis zu einer Länge von 255 Zeichen wie z.B. Rechnungsbetrag, Entfernung u. dgl. eingeben. Die ersten 122 Zeichen übernimmt das Programm in den Index. Zahlen*formatierungen* wie Prozent oder Währungsangaben werden nicht in den Index übernommen.

Datum

Datum

Felder dieses Typs nehmen ein Datum wie das Rechnungsdatum auf. Das Datum muß mindestens Tag und Monat enthalten, bleibt das Jahr leer, so wird das aktuelle Jahr eingesetzt. Wenn Sie zwei Ziffern für das Jahr eingeben, wird immer das 20. Jahrhundert angenommen. Der Inhalt eines Datumsfeldes wird in den Index übertragen. Felder vom Typ Datum können auch in Formelfeldern für Berechnungen verwendet werden.

Zeit

Zeit

Hier können Sie eine Uhrzeit wie die Änderungszeit sichern. Dabei werden Stunden, Minuten und Sekunden durch einen Doppelpunkt getrennt (*hh:mm:ss*). Zeitdaten werden in den Index aufgenommen und können zu Berechnungen herangezogen werden.

Bild/Ton

Bild oder Ton

Ein Feld diesen Typs nimmt ein Bild, eine Grafik, einen Sound oder ein QuickTime-Video auf. Die Töne, Bilder oder Movies können Sie über die Zwischenablage oder über den Import-Befehl *Grafik/Movies importieren* unter dem Menü *Ablage* einfügen.

Formel

Hier können Sie sich die Ergebnisse von Berechnungen, Umformungen und Verknüpfungen in Form von Zahlen, Texten, Datum oder Uhrzeit ablegen. Die Berechnungsformel kann grundsätzlich immer nur auf Felder desselben Datensatzes zugreifen. *Sie können in ein Formelfeld keine Einträge vornehmen.* Den Inhalt können Sie jedoch durch Mausklick aktivieren und in die Zwischenablage oder in andere Felder kopieren.

Auswertung

Die Auswertungsfelder sind das Ergebnis von Operationen, die sich auf eine *Gruppe von Datensätzen* beziehen. Auch hier werden die Ergebnisse von FileMaker Pro berechnet, z.B. der durchschnittliche Auftragswert. Eigene Eingaben sind nicht möglich, den aktivierten Inhalt können Sie aber kopieren.

Erscheinungsform der Daten

Die Daten erscheinen in den Feldern, in denen gerade Eingaben gemacht werden, immer in ihrer ursprünglichen, nicht aber in ihrer formatierten Form. Erst nach einem Mausklick in einen Bereich außerhalb der Felder wird die Formatierung der Daten sichtbar. Die vielseitigen Möglichkeiten der Formatierung von Texten, Daten und Datenfeldern werden im Kapitel 2.3 über die Arbeitsebene „Layout" detailliert beschrieben.

Datum	27.8.88
Datum	Samstag, 27. August 1988

Erscheinungsformen eines Datums bei der Eingabe und im eingestellten Format

1.4.2 Der Formel-Editor

Bei der Wahl des Typs "*Formel*" öffnet sich nach der Bestätigung von "Neu" sofort ein weiteres Dialogfeld mit dem Formel-Editor. Im Formel-Editor blinkt die Einfügemarke im Eingabebereich. Oberhalb des Eingabebereiches stehen eine Reihe von Hilfsmitteln für die Eingabe von Berechnungen zur Verfügung:

- Aus der *Feldnamenliste* können Sie per Mausklick jeden logisch möglichen Feldnamen in den Eingabebereich übernehmen.

- Der Block der *Operatorentasten* enthält neben den Operatoren für die Grundrechenarten Division (/), Multiplikation (*), Subtraktion und Addition einige häufig benötigte Tasten zum Anwenden von Funktionen wie "()" sowie Tasten zum Verknüpfen von Textvariablen und -konstanten.

| **&** | Verknüpft Texte |

- Diese Taste dient zur Verknüpfung von Textfeldern mit im Formel-Editor erstellten Textkonstanten ("") oder Feldnamen in Formeln.

| **" "** | Texte in Formeln |

- Diese Taste definiert eine Textkonstante in Formeln.

| **¶** | Zeilenschaltung |

- Diese Taste fügt in Formeln eine Zeilenschaltung ein. Das Zeichen dürfte als Steuerzeichen aus der Textverarbeitung z.B. mit Word bekannt sein. Da es sich um ein Textverarbeitungs-Steuerzeichen handelt, muß es im Formel-Editor entsprechend gekennzeichnet sein: "¶"

Der **Formel-Editor** und seine Auswahlmöglichkeiten

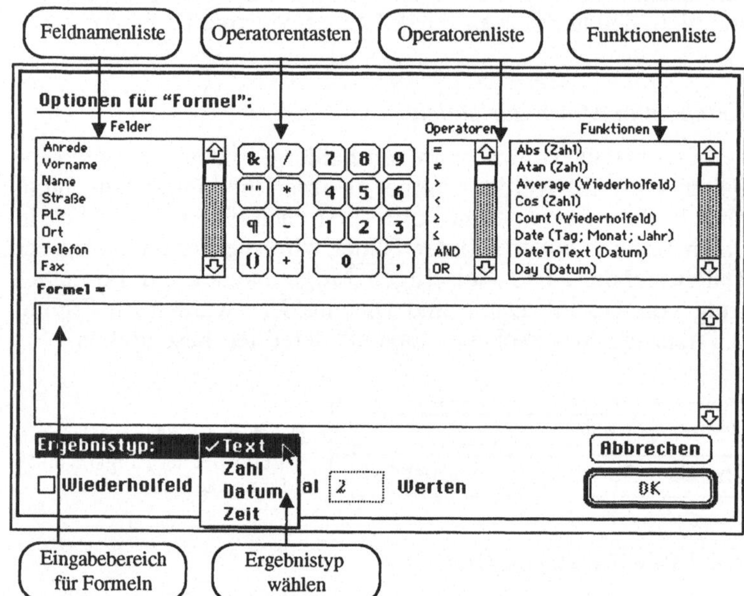

- In der Funktionenliste stellt FileMaker Pro insgesamt 60 alphabetisch geordnete Funktionen zur Verfügung. Sie können per Doppelklick in den Eingabebereich eingefügt werden. Der grundlegende Aufbau einer Funktion ist dabei immer folgender:

Schlüsselwort (Argument; Argumente)

Eine Übersicht über die einzelnen Funktionen erfolgt im Anhang, insgesamt enthält das Programm die folgenden Funktionsgruppen :

Konvertierungsfunktionen
Datumsfunktionen
Feldfunktionen
Finanzfunktionen
Logische Funktionen
Mathematische Funktionen
Textfunktionen
Zeitfunktionen
Trigonometrische Funktionen

Das Ergebnis eines Formelfeldes können Sie sich in vier verschiedenen Wertkategorien darstellen lassen: als Text, Zahl, Datum oder Zeit. Entsprechend Ihrem Ziel können Sie den Ergebnistyp wählen. Die Möglichkeit, eine Berechnung in einem Wiederholfeld auszugeben, ist eine der Besonderheiten von FileMaker Pro. Dies ist insbesondere dann empfehlenswert, wenn gleichartige Berechnungen nacheinander folgen. Als Beispiel seien hier verschiedene Positionen in einem Lieferschein, bei einer Auftragsbestätigung oder in einer Rechnung genannt. Bis zu 1000 Wiederholungen können pro Feld definiert werden. Falls in diesem 1000 Feldern auch Rechenergebnisse erscheinen sollen, können Sie dies im Formel-Editor einstellen. Eine genauere Beschreibung der Anwendung von Wiederholfeldern erfolgt im Kapitel 6.

Einstellung von Ergebnistyp und Anzahl der Berechnungen für Wiederholfelder

Im Formel-Editor können Sie bis maximal 61 Funktionen verwenden, vorausgesetzt Sie verbrauchen dabei nicht mehr als 32.767 Zeichen (32 KB) im Eingabebereich. Verlassen Sie den Formel-Editor über die Taste „OK", beim Verlassen über „Abbrechen" ignoriert das Programm Ihre Eingaben oder Änderungen.

Auswertungsfelder

Auswertungsfelder beziehen sich immer auf bestimmte Gruppen von Datensätzen. Den Umfang dieser Gruppe können Sie durch Sortier- und Suchvorgänge festlegen. Die größtmögliche Datensatzgruppe umfaßt alle Datensätze einer Datei. Auswertungen sind möglich für Felder des Typs *Text, Zahl, Datun* und *Zeit*. Wenn sich der Wert in einem auszuwertenden Feld ändert, schaltet sich sofort die automatische Neuberechnung für das Auswertungsfeld ein.

Definieren eines **Aus-
wertungsfeldes**

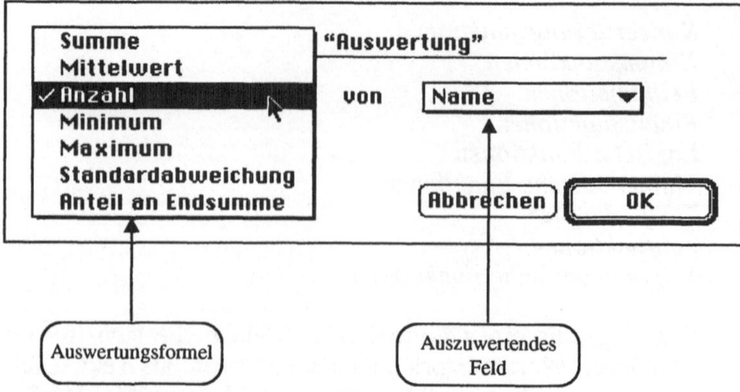

Auswertungsfelder können Sie nicht ohne weiteres in Formelfeldern verwenden. Aber keine Regel ohne Ausnahme: Wie
Sie Auswertungsfelder dennoch für Berechnungen verwenden
können, erfahren Sie im vierten Kapitel. Eingaben können in
Auswertungsfelder nicht gemacht werden, allerdings ist es
möglich Sie die Inhalte per Mausklick zu aktivieren und in die
Zwischenablage zu kopieren. Auswertungsfelder eignen sich
insbesondere für die Sicherung von Ergebnissen einer Grup-
penverarbeitung von Datensätzen. Auf Gruppen von Datensätzen bezogene Ergebnisse heißen in FileMaker Pro *Teilauswertungen*. Auch darüber mehr im fünften Kapitel „Vereinsdatenbank: Zwei Dateien – eine Verwaltung".

Arbeitsebenen in FileMaker Pro

Das Kapitel informiert über:

- **das Anlegen, Ändern, Löschen und Sortieren von Datensätzen**
- **das Finden von Informationen**
- **Gestaltungsmöglichkeiten für Berichte**

Arbeitsebenen in FileMaker Pro

Dieses Kapitel stellt die besondere Funktionsweise von FileMaker Pro dar. Falls Sie mit der Arbeitsweise des Programms vertraut sind, können Sie gleich zu den Anwendungen im dritten Kapitel übergehen. Im Programm FileMaker Pro können Sie auf vier verschiedenen Arbeitsebenen (Modi) Ihre Datenbank bearbeiten:

- **Blättern**

- **Suchen**

- **Layout**

- **Seitenansicht**

Die Standardarbeitsebene des Programms ist der Modus *Blättern*. Wechseln können Sie die Arbeitsebene entweder über die Befehle des Menüs *Auswahl*, die zugehörigen Tastaturbefehle oder aber über ein Aufklapp-Menü unten links am Arbeitsbereich. Die letztere Möglichkeit steht erst seit der neuen Version zur Verfügung.

Der Arbeitsbereich von FileMaker Pro

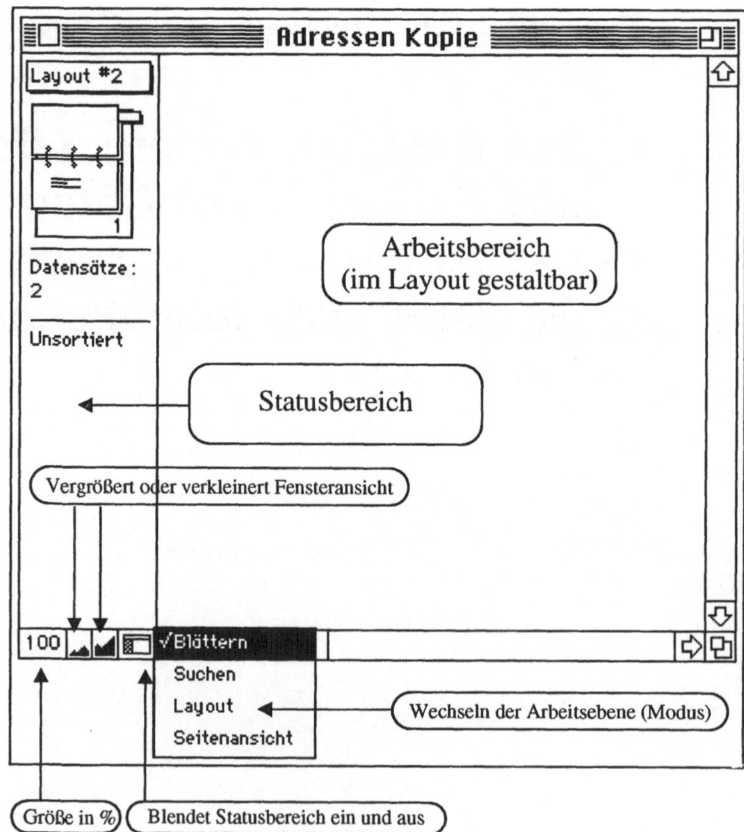

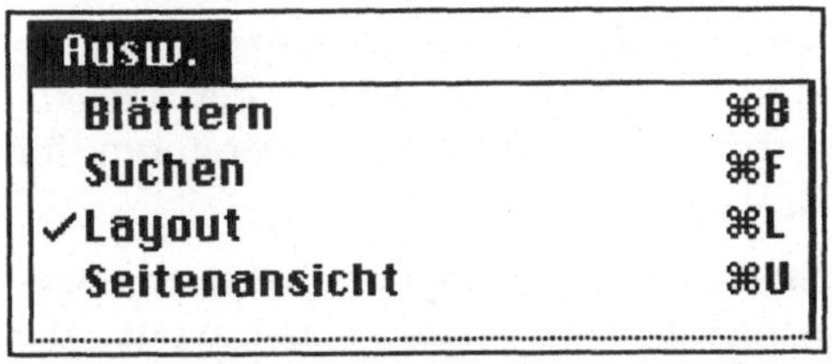

```
┌─────────────────────────────────┐
│ ▐ Ausw.                          │
│   Blättern              ⌘B       │
│   Suchen                ⌘F       │
│ ✓ Layout                ⌘L       │
│   Seitenansicht         ⌘U       │
└─────────────────────────────────┘
```

Modus-Wahl über das
Menü *Auswahl*

Blättern

Im Modus *Blättern* können Sie die grundlegenden Funktionen der Dateiverwaltung durchführen: Sie können neue Datensätze anlegen, Einträge in Feldern ändern, löschen, sortieren, ausschließen oder einfach nur ansehen. Die Eingabe in Datensätze einer Datei findet auf dieser Arbeitsebene statt.

Suchen

Im Modus *Suchen* können Sie Suchabfragen erstellen, um Datensätze zu finden, die bestimmten Kriterien entsprechen. Die Eingabe von mehreren Suchkriterien führt zu einer Verknüpfung in einer *logischen UND*-Abfrage. Auch logische *ODER-Abfragen* können Sie hier erstellen. Nach Durchführung des jeweiligen Suchvorganges kehrt FileMaker Pro in den Blättern-Modus zurück.

Layout

Im Modus *Layout* legen Sie das Aussehen der Daten auf dem Bildschirm und im Druck fest. Layouts für bestimmte Zwecke wie beispielsweise für den Etikettendruck enthalten eine zweckbestimmte Auswahl von Datenfeldern, keineswegs aber alle Felder einer Datei. Sie können im Layout programmsteuernde Objekte definieren und mit der Ausführung von Befehlen, Vorgaben und Vorgabeketten verknüpfen. Pro Layout können maximal 32.767 Objekte eingerichtet werden. Bei Rechenergebnissen ändert sich durch Formatierung im Layout lediglich die äußere Erscheinung, die interne Rechengenauigkeit von 15 Dezimalstellen kann nicht im Layout beeinflußt werden (Rundungsfehler!).

Seitenansicht

Der Modus *Seitenansicht* dient der Voransicht der Druckausgabe auf dem Bildschirm. In der Seitenansicht können Sie weder Veränderungen an den Daten noch an ihrem Erscheinungsbild vornehmen. In diesem Modus sind Sie in der Rolle des Betrachters.

Eine schnelle Orientierungsmöglichkeit über den jeweils gültigen Modus bietet der Statusbereich. Das *Buchwerkzeug* im diesem Bereich erhält in Abhängigkeit vom gewählten Modus wechselnde Bedeutungen:

Blättern: Sie können zwischen Datensätzen blättern; angezeigt werden Ihnen die vorhandenen Datensätze der Datei, der Sortierstatus sowie die Anzahl der gefundenen Datensätze.

Suchen: Sie können zwischen Suchabfragen blättern; angezeigt wird Ihnen die Anzahl der Suchabfragen sowie eine Box mit Operatoren für Suchabfragen.

Layout: Sie können zwischen Layouts blättern; angezeigt wird Ihnen die Anzahl der Layouts, die Werkzeugbox und weitere Layout-Werkzeuge.

Seitenansicht: Es kann zwischen den Seiten geblättert werden; angezeigt wird die Anzahl der (Druck-) Seiten am Ende des Blätterns mit dem Buchwerkzeug.

Der Statusbereich zeigt den gültigen Arbeitsmodus an:

Statusbereich auf
den verschiedenen
Arbeitsebenen

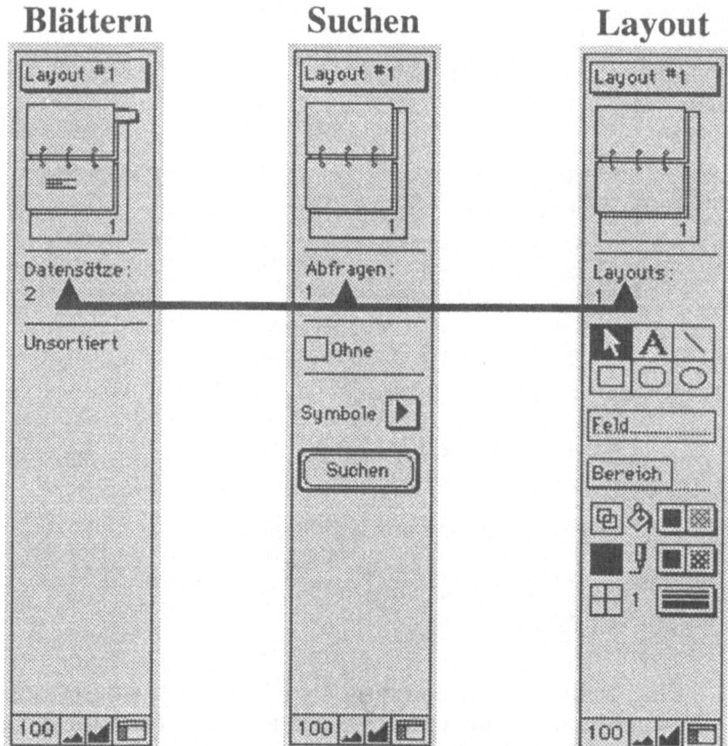

In Abhängigkeit von dem gewählten Modus ändern sich die *Menü-Befehle,* vor allem beim Menü *Bearbeiten,* weniger im Menü *Auswahl.* Die Befehle in den Menüs beziehen sich dann auf die konkrete Arbeitsebene.

Die Menüs *Layout* und
Extras sind nicht
verfügbar

Blättern

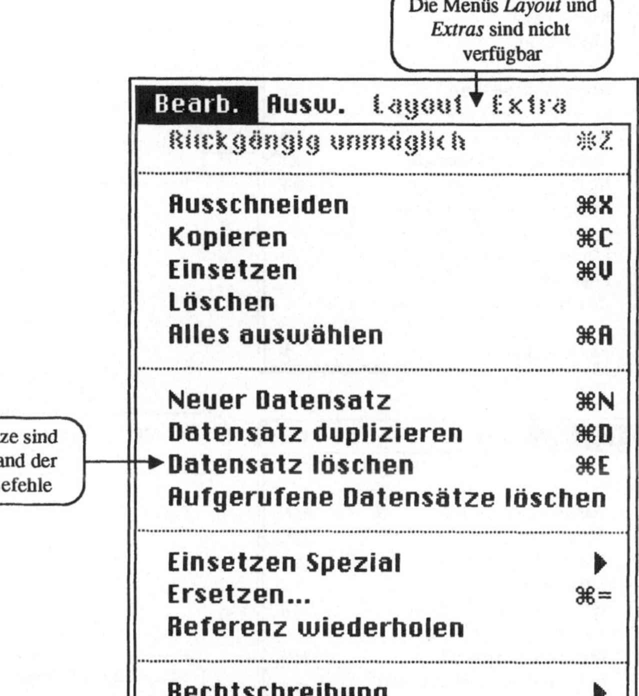

Datensätze sind
Gegenstand der
Menü-Befehle

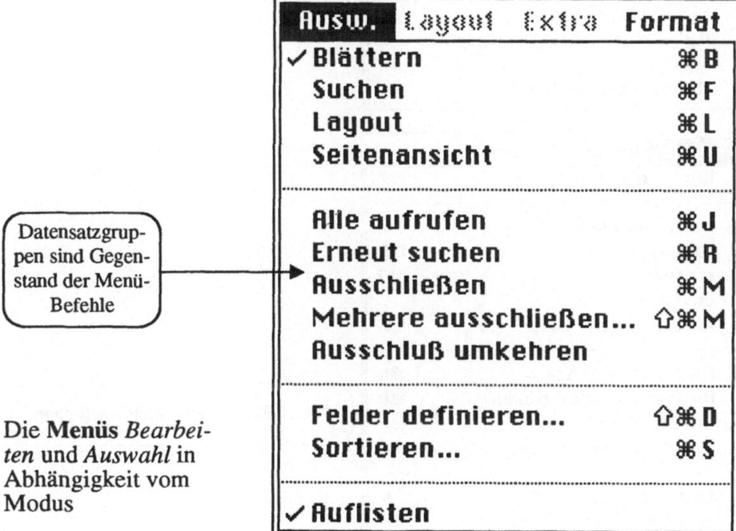

Datensatzgrup-
pen sind Gegen-
stand der Menü-
Befehle

Die **Menüs** *Bearbei-
ten* und *Auswahl* in
Abhängigkeit vom
Modus

Suchen

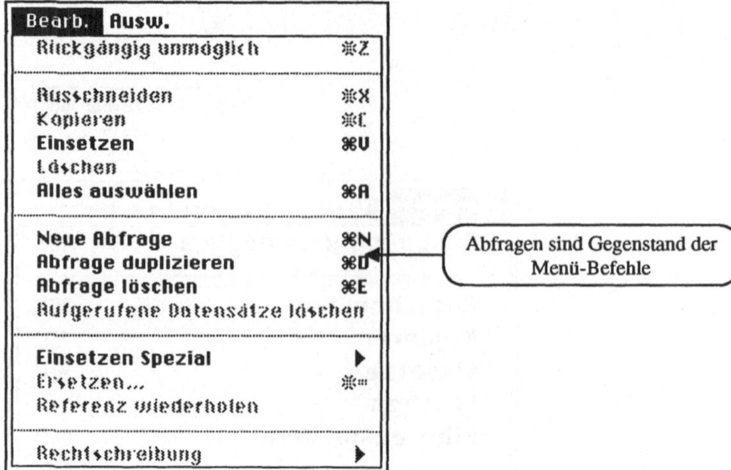

Abfragen sind Gegenstand der Menü-Befehle

Layout

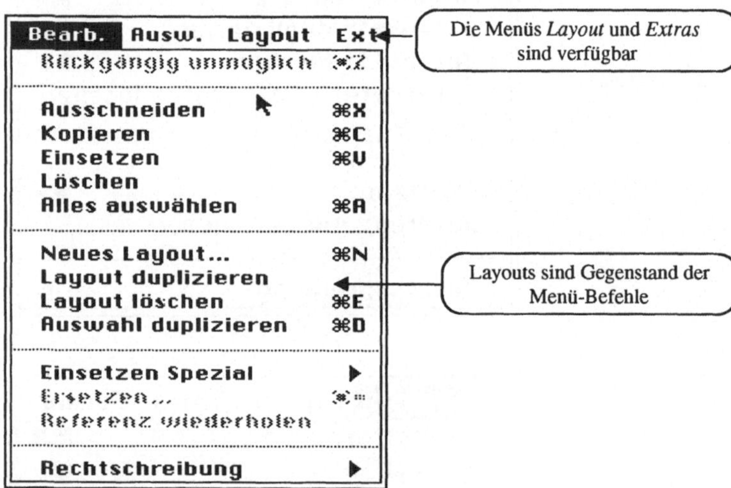

Die Menüs *Layout* und *Extras* sind verfügbar

Layouts sind Gegenstand der Menü-Befehle

Seitenansicht

Menü-Befehle sind nicht verfügbar

2.1 Der Blättern-Modus

Der Blättern-Modus («Befehl-B») ist die Arbeitsebene, auf der die meisten Dateiverwaltungsfunktionen durchgeführt werden:

- Anlegen neuer Datensätze
- Löschen von Datensätzen
- Verändern von Daten
- Sortieren von Datensatzgruppen oder allen Datensätzen
- Stillegen von Datensatzgruppen oder Datensätzen

Diese Funktionen werden durch das Buch-Werkzeug im Statusbereich unterstützt:

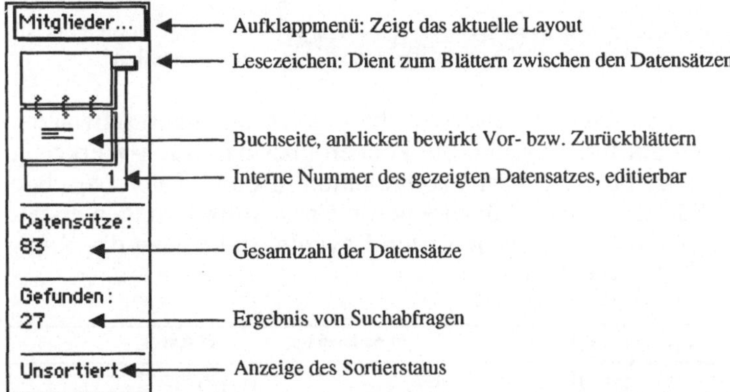

Der Statusbereich im
Blättern-Modus

Das Ziehen des Lesezeichens mit gedrückter Maustaste bewirkt das schnelle Wechseln von Datensatz zu Datensatz. Beim Suchen eines bestimmten Datensatzes in größeren Dateien ist das Werkzeug allerdings nicht sehr präzise. Ein bestimmter Datensatz läßt sich durch Anklicken der Datensatznummer und Eingeben der gesuchten Nummer finden. Die Bestätigung der Eingabe erfolgt mit der *ENTER*-Taste. Die angezeigte Datensatznummer ist nicht Inhalt eines Datenfeldes, sondern eine interne Datensatznummer, die bei Anlage des Datensatzes vom Programm vergeben wird. Die Datensatznummer entspricht der von FileMaker Pro vorgenommenen internen Numerierung. Über das Anklicken der oberen oder unteren Buchseite können Sie vorwärts oder rückwärts in den Datensätzen blättern. File-Maker Pro zeigt normalerweise jeden einzelnen Datensatz auf einer Seite an. Von Datensatz zu Datensatz gelangen Sie durch das Blättern von Bildschirmseiten. Möchten Sie die Datensätze jedoch als fortlaufende Liste auf dem Bildschirm sehen, dann rufen Sie den Befehl *Auflisten* aus dem Menü *Auswahl* auf.

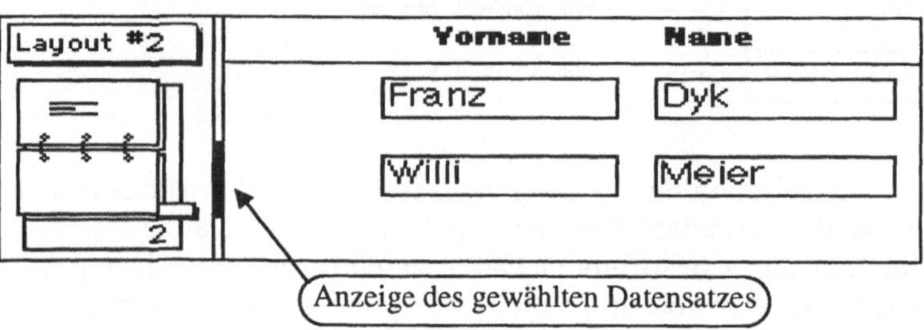

Auflisten von Datensät-
zen einstellen

Der aktuelle Datensatz erscheint jetzt mit einem schwarzen Balken am linken Rand. Sie können über das Buch-Werkzeug oder aber über die Tastenkombination «Befehl-Tab» zwischen den Sätzen blättern. Für Ihre besonderen Anforderungen erstellen Sie am besten eigene Listen-Layouts (siehe dazu das Kapitel 2.3 „Layout-Modus").

Blättern zwischen Datensätzen bei eingeschalteter *Auflisten*-Funktion

Anzeige des gewählten Datensatzes

Die Eingabe von Informationen in Datenfelder geschieht im Blättern-Modus durch Anklicken des Feldes. *Per Tab-Taste gelangen Sie von Feld zu Feld.* Die Reihenfolge des Wechselns der Felder bei der Eingabe können Sie über den Befehl *TAB-Ordnung* im Layout-Modus einstellen. Automatisch gefüllte Datenfelder können Sie von der TAB-Ordnung ausschließen. Ein wichtiges Hilfsmittel bei der Eingabe von Daten ist die Maus; FileMaker Pro hat den Mausklick um eine Variante erweitert:

Einfach-Klick:	Aktiviert das Datenfeld
Doppel-Klick:	Aktiviert den gesamten Inhalt, bei Textfeldern ein Wort

> *Dreifach-Klick:*   Aktiviert eine Zeile
>
> *Vierfach-Klick:*   Aktiviert einen Text-Block

2.1.1 Anlegen neuer Datensätze

Um in einer FileMaker Pro-Datei neue Datensätze anzulegen, gibt es grundsätzlich zwei Möglichkeiten:

- Datensätze werden einzeln neu angelegt
- Datensätze werden aus einer anderen Datei importiert

Ein neuer Datensatz wird über den Befehl *Neuer Datensatz* («Befehl-N») aus dem Menü *Bearbeiten* angelegt. Danach erscheint eine leere Schablone von Datenfeldern, in die die Informationen eingetragen werden können.

```
Bearb.

   Rückgängig unmöglich          ⌘Z

   Ausschneiden                  ⌘X
   Kopieren                      ⌘C
   Einsetzen                     ⌘U
   Löschen
   Alles auswählen               ⌘A

   Neuer Datensatz               ⌘N
   Datensatz duplizieren         ⌘D
   Datensatz löschen             ⌘E
   Aufgerufene Datensätze löschen

   Einsetzen Spezial              ▶
   Ersetzen...                   ⌘=
   Referenz wiederholen

   Rechtschreibung                ▶
```

Eine alternative Möglichkeit ist das Importieren von Datensätzen, die bereits auf einem PC erfaßt worden sind. Der *Import von Datensätzen* erspart nicht nur viel Arbeit und Zeit; gerade FileMaker Pro hat hier Stärken entwickelt, die bei anderen Datenbank-Programmen oft schmerzlich vermißt werden.

So muß die FileMaker-Zieldatei nicht die gleiche Datensatzstrukur wie die Ausgangsdatei aufweisen, um korrekt Datensätze importieren zu können. Die Anordnung der Datenfelder in der Zieldatei kann frei verändert werden. Datenfelder, deren Inhalte nicht übertragen werden sollen, können Sie vom

Import ausschließen. Vor dem Import können Sie sich die eingehenden Informationen auf dem Bildschirm ansehen.

Außerdem bietet FileMaker Pro eine Fülle von Import-Filtern, die von allen möglichen Textformaten über dBase bis hin zum Import von Daten aus Großdatenbanken reichen. Bei der Verwendung vom Macintosh-System 7 bietet FileMaker Pro auch die Möglichkeit, auf externe Datenbanken z.B. eines SQL-Servers zuzugreifen. SQL (Structured-Query-Language) ist eine von IBM entwickelte Datenbank-Abfragesprache für Großdatenbanken. Um diese Möglichkeit zu nutzen, benötigen Sie allerdings zusätzliche SQL-Abfragewerkzeuge von Drittanbietern wie DataPrism, ClearAccess oder GQL, die die Verbindung zu externen Datenbanken organisieren. Last, but not least, importiert FileMaker Pro in der neuen Version endlich auch andere FileMaker Pro-Dateien in derselben Art und Weise wie Daten aus anderen Anwendungen. Die wählbaren Dateiformate und das Verfahren des Datenimports werden im Kapitel 4 genauer beschrieben. Einen detaillierten Überblick über die Dateiformate erhalten Sie im Anhang.

2.1.2 Löschen von Datensätzen

Datensätze können einzeln oder als Gruppen gelöscht werden. Ein ausgewählter Datensatz kann über den Befehl *Datensatz löschen* («Befehl-E») aus dem Menü *Bearbeiten* gelöscht werden.

Befehle zum **Löschen** von Datensätzen

Über den Befehl *Aufgerufene Datensätze löschen* können Sie eine Gruppe von Datensätzen löschen lassen. Vor dem Vollzug erscheint eine Warnmeldung zwecks Bestätigung der Löschabsicht. Gelöschte Datensätze lassen sich nicht über den Befehl *Rückgängig* («Befehl-Z») wiederherstellen.

Warnmeldung vor dem unwiderruflichen Löschen

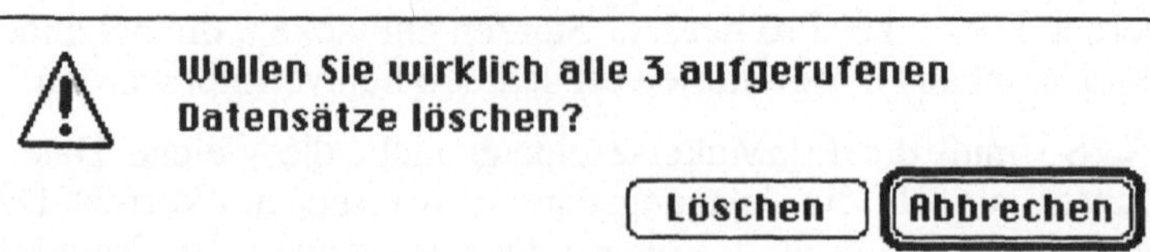

2.1.3 Verändern von Daten

Informationen in Datensätzen können Sie auf verschiedene Art und Weise ändern. Zwei wichtige Verfahren seien hier beschrieben:

* Die Information wird in einem Feld geändert

Der Datensatz mit der zu ändernden Informationen wird aufgeschlagen und das Datenfeld per Doppelklick aktiviert. Der alte Feldinhalt wird schwarz unterlegt und anschließend mit der neuen Information überschrieben. Nach Verlassen des Feldes über die Tab-Taste oder per Klick in einen anderen Bereich ist die geänderte Information gespeichert.

* Der Inhalt eines oder mehrerer Felder wird in einer Gruppe von Datensätzen geändert

Die Datensätze der Gruppe werden über eine Suchabfrage ausgewählt. Anschließend wird die neue Information in das betreffende Datenfeld eingetragen (z. B. „Privatperson"). Vor dem Verlassen des Feldes rufen Sie dann den Befehl *Ersetzen*(«Befehl-=») aus dem Menü *Bearbeiten* auf.

Bearb.	
Rückgängig unmöglich	⌘Z
Ausschneiden	⌘X
Kopieren	⌘C
Einsetzen	**⌘U**
Löschen	
Alles auswählen	**⌘A**
Neuer Datensatz	**⌘N**
Datensatz duplizieren	**⌘D**
Datensatz löschen	**⌘E**
Aufgerufene Datensätze löschen	
Einsetzen Spezial	▶
Ersetzen...	**⌘=**
Referenz wiederholen	
Rechtschreibung	▶

Verändern von Informationen in einer Datensatzgruppe

Vor der Änderung werden Sie noch einmal gefragt, ob Sie wirklich von Ihrer Maßnahme überzeugt sind. Zusätzlich sind weitere Festlegungen möglich, die im Zusammenhang mit der Vergabe von Seriennummern im Kapitel 5 vorgestellt werden.

Soll in den abgerufenen 5 Datensätzen der
Inhalt von Feld "Kategorie" ersetzt werden?

⦿ Ersetzen durch "Privatperson"?

◯ Ersetzen durch eine Seriennummer

Anfangswert: 1

Intervall: 1

☐ Seriennummer in "Eingabe-Optionen"
aktualisieren?

[Ersetzen] [[Abbrechen]]

Zusätzliche Möglichkeiten der Veränderung von Informationen in Datenfeldern ergeben sich über Referenzwerte und
Vorgaben-Scripts. Mehr darüber wird in den Kapiteln 4 bis 7
vorgestellt.

2.1.4 Sortieren von Datensätzen

Die Datensätze speichert FileMaker Pro in der Reihenfolge
der Erstellung. Dabei erhält jeder Eintrag eine interne Indizie-
rung, die das Suchen und Sortieren von Datensätzen beschleu-
nigt. Die Anordnung von Datensätzen nach den zufälligen,
zeitlichen Gesichtspunkten der Eingabe widerspricht häufig
den Anforderungen bei der Arbeit mit einer Datei. Sie möchten
beispielsweise Ihre Adressen nach dem Alphabet oder nach
Postleitzahlen sortiert sehen, ein anderer möchte seine Kunden
nach Umsatz sortieren. Die Änderung der Anordnung der Datensätze können Sie über den Befehl *Sortieren* («Befehl-S»)
aus dem Menü *Auswahl* vornehmen.

Als Kriterien für die Sortierung verwendet das Programm
dabei die Einträge in den als Sortierfelder festgelegten Datenfeldern. Stellen Sie sich aus der Liste der Datenfelder eine gewünschte Sortierfolge zusammen. Mit FileMaker Pro können
Sie dabei eine gestufte Sortierordnung von bis zu zehn Sortierbegriffen zusammenstellen. Die nachgeordneten Sortierbegriffe
erhalten immer dann Bedeutung, wenn der Sortierbegriff mit
der höheren Priorität gleich ist. So werden bei alphabetischer
Sortierung nach Namen und Vornamen alle Sätze gleichen
Namens in zweiter Stufe nach dem Vornamen angeordnet.

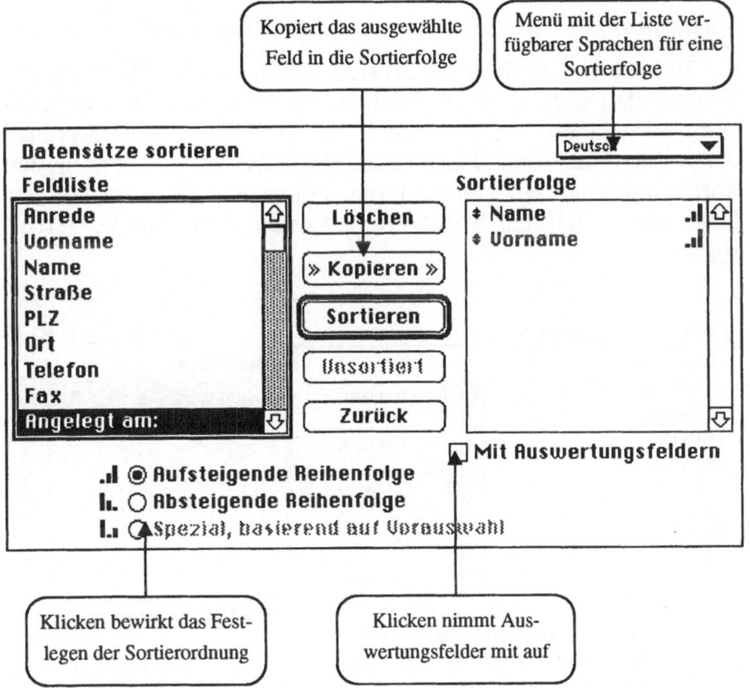

Auswahlfenster
Datensätze sortieren

Die Sortierordnung können Sie auf dreierlei Arten festlegen:

— *Aufsteigend* bedeutet, daß bei alphabetischer Reihenfolge von A bis Z, bei Zahlen von der niedrigsten zur höchsten Zahl und bei chronologischen Gesichtspunkten vom Frühen zum Späten sortiert wird.

— *Absteigend* ist die Umkehrung der aufsteigenden Folge.

— *Spezial, basierend auf Vorauswahl*, entspricht der Sortierung gemäß der Reihenfolge einer Werteliste, die als Vorauswahl bei den Eingabe-Optionen definiert wurde.

In der Feldliste markieren Sie die gewünschten Sortierbegriffe und lassen sie über die Taste „Kopieren" in die Sortierfolge übertragen. Per Mausklick auf „Sortieren" weisen Sie das Programm an, den Sortiervorgang durchzuführen. Eine Statusmeldung unterrichtet Sie über den Stand des Sortierens.

Statusmeldung beim Sortieren von Datensätzen

Sortierordnung Spezial, basierend auf Vorauswahl

Bei der Felddefinition läßt sich als Option für Datenfelder, deren Daten sich häufiger gleichen, eine Werteliste als Vorauswahl verwenden. Für das Feld „Anrede" ist z.B. eine Vorauswahl wie „Frau" und „Herrn" sinnvoll. Über die Festlegung der Sortierordnung „Spezial" für das Feld „Anrede" werden die Datensätze nach den beiden Text-Werten „Frau" und „Herrn" sortiert.

Sortierung nach einer Werteliste der Vorauswahl

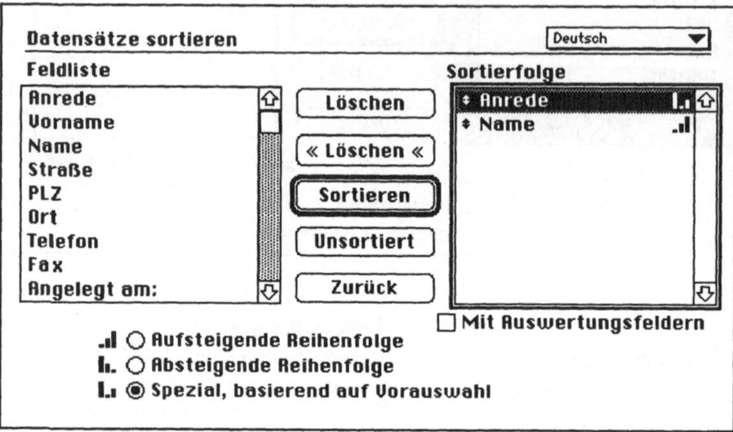

Nach dem Sortieren ändert sich die Anzeige im Statusbereich von „Unsortiert" zu „Sortiert". Werden an eine sortierte Datei neue Datensätze angehängt, ändert sich die Statusanzeige in „Teilsortiert".

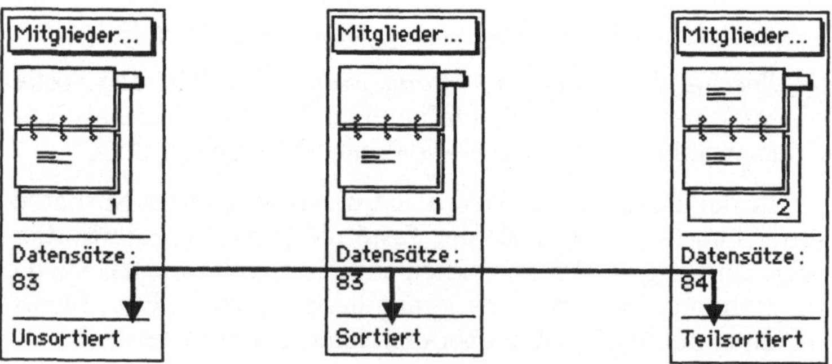

Statusanzeige über den **Sortierzustand**

2.1.5 Ausschließen von Datensätzen

Durch das Ausschließen von Datensätzen oder einer Datensatzgruppe sind die Datensätze vorübergehend nicht verfügbar, aber noch nicht gelöscht. Ausgeschlossene Datensätze finden in Auswertungen keine Berücksichtigung. Sie können diese auch nicht sortieren oder drucken. Sie sind aber jederzeit wieder aktivierbar. Um Datensätze auszuschließen, stellt File-Maker Pro zwei Methoden zur Verfügung:

• Ein Datensatz wird aufgeblättert oder Sie lassen über eine Suchabfrage eine Datensatzgruppe bilden. Über den Befehl *Ausschließen* («Befehl-M») legen Sie die so bestimmten Datensätze vorübergehend still.

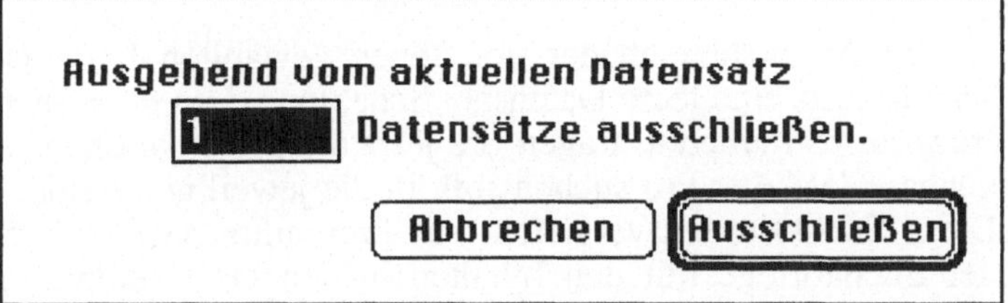

Datensätze vorübergehend **stillegen**

• Ausgehend vom aktuellen Datensatz schließen Sie eine Folge von Datensätzen aus. Im Befehl *Mehrere ausschließen*(«Befehl-Umschalt-M») geben Sie den Umfang der auszuschließenden Sequenz ein.

Eine **Folge von Datensätzen** vorübergehend stillegen

Über den Befehl *Ausschluß umkehren* können Sie zwischen der passiven und aktiven Datensatzgruppe hin- und herschalten. Rückgängig machen Sie den Ausschluß eines Datensatzes oder einer Gruppe über den Befehl *Alle aufrufen* («Befehl-J»).

2.2 Der Suchen-Modus

FileMaker Pro legt für jedes Datenfeld einen Index über die eingetragenen Informationen an. Im Suchen-Modus können Sie über Suchabfragen daher schnell die Datensätze finden, in denen sich Ihre gesuchten Informationen befinden. Im wesentlichen können Sie im Suchen-Modus drei Aufgaben erledigen:

- Das Suchen bestimmter Informationen in Zeichenketten, Zahlen, Datumsangaben oder Uhrzeiten.

- Das Bilden einer Gruppe von Datensätzen mit gemeinsamen Eigenschaften. Diese Gruppe haben Sie anschließend für weitere Operationen wie Sortieren, Drucken, Ausschließen, Exportieren u. dgl. zur Verfügung.

- Das Auffinden von Datensätzen mit fehlerhaften Werten, Doubletten u. a. m.

Sobald Sie in den *Suchen*-Modus («Befehl-F») wechseln, erhalten Sie einen anderen Statusbereich angezeigt.

Der Statusbereich im Suchen-Modus

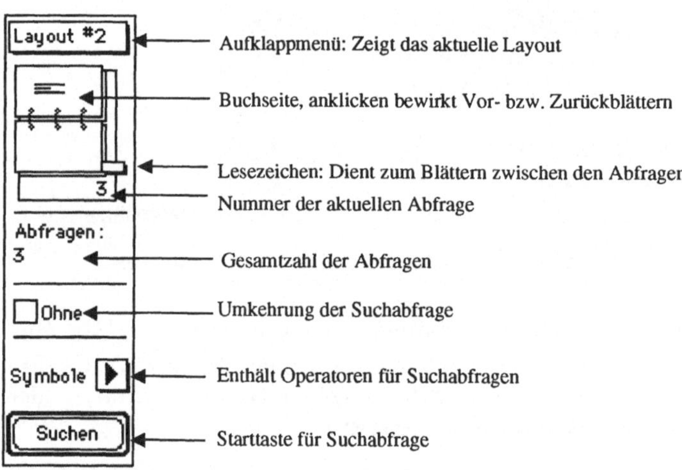

Aufklappmenü: Zeigt das aktuelle Layout

Buchseite, anklicken bewirkt Vor- bzw. Zurückblättern

Lesezeichen: Dient zum Blättern zwischen den Abfragen

Nummer der aktuellen Abfrage

Gesamtzahl der Abfragen

Umkehrung der Suchabfrage

Enthält Operatoren für Suchabfragen

Starttaste für Suchabfrage

Im Arbeitsbereich des von Ihnen gewählten Layouts erscheint jetzt eine leere Datensatz-Schablone. Um eine Suchabfrage zu formulieren, tragen Sie jetzt die Informationen, nach denen FileMaker Pro suchen soll, in die jeweiligen Felder ein. Diese Suchkriterien vergleicht das Programm nach dem Start der Suchabfrage mit den Inhalten in den Datenfeldern. Alle Datensätze, in denen Informationen enthalten sind, die den Suchkriterien entsprechen, erscheinen danach im Blättern-Modus als Datensatzgruppe zusammengestellt. *Grundsätzlich wird nach einer Suchabfrage immer in den Blättern-Modus zurückgekehrt.* Die erste Suchabfrage prüft immer alle Datensätze einer Datei, auch die ausgeschlossenen Datensätze. Über miteinander verbundene Suchabfragen können Sie jedoch in erstellten Datensatzgruppen weitersuchen.

Durch Festhalten der Maustaste auf dem Feld neben „Symbole" wird eine Liste der Vergleichsoperatoren aufgeklappt.

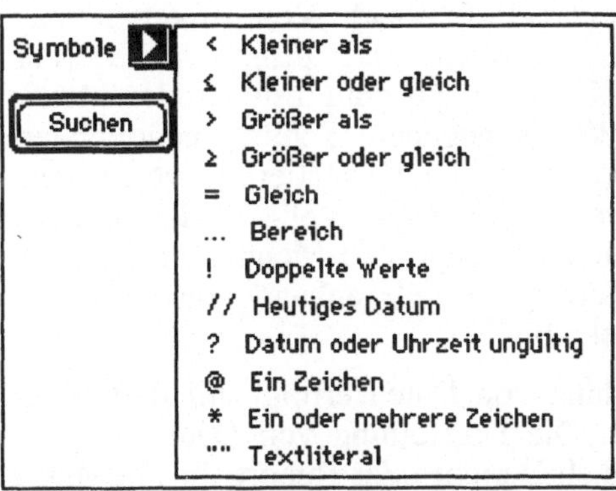

Symbole für die **Vergleichsoperatoren** im Suchen-Modus

Außer den bekannten Vergleichsoperatoren finden sich in FileMaker Pro einige besondere Operatoren, die das Finden von Informationen erleichtern und beschleunigen.

Operator	Bedeutung
...	Gesucht wird nach Werten, die innerhalb eines Bereiches liegen, z.B. 1...100
!	Platzhalter für die Suche nach doppelten Werten
//	Platzhalter für die Suche nach dem Tagesdatum
?	Platzhalter für die Suche nach unvollständigen Datumsangaben oder Zeitwerten
@	Platzhalter (Joker) für identische Zeichenketten bei Suchabfragen nach Texten
*	Platzhalter (Joker, Wildcard) für variable Zeichenketten bei Suchabfragen nach Texten
""	Kennzeichnung für ein Textliteral; die Zeichenkette innerhalb der Anführungszeichen wird als Textliteral bezeichnet.

Wenn Sie mehrere Kriterien in eine Suchabfrage eintragen, führen Sie die sogenannte *logische UND-Abfrage* durch. Es werden dann nur Datensätze gefunden, die allen Kriterien entsprechen. Die *logische Oder-Abfrage*, also die Suche nach Datensätzen, die entweder dem einen oder dem anderen oder aber beiden Kriterien entsprechen, können Sie über eine aus mehreren einzelnen Abfragen zusammengesetzte Suchabfrage definieren und durchführen.

2.3 Der Layout-Modus

Die Arbeitsebene mit den vielfältigsten Gestaltungsmöglichkeiten ist das Layout («Befehl-L»). Von Etiketten über Briefköpfe, Formulare, Grafiken und programmsteuernde Tasten, bis hin zur Gestaltung von programmsteuernden Menüs sind hier alle Möglichkeiten gegeben. Schier unendlich erscheinen die Möglichkeiten bei der Formatierung von Datenfeldern. In dieser einleitenden Übersicht stelle ich Ihnen daher nur kurz die wichtigsten Werkzeuge und Menüs vor, eine detaillierte Beschreibung erfolgt jeweils anhand von konkreten Beispielen in den Kapitel 3 bis 7.

Die äußere Darstellung von Daten erfolgt auf dem Bildschirm oder auf Papier. Die Darstellung von Daten heißt in anderen Datenbanken auch Bericht oder Report. In FileMaker Pro heißt ein Bericht Layout. Ein Layout ist die Form, in der Sie bestimmte Daten zusammenstellen, nicht aber der Inhalt. Jedes Layout speichert das Programm getrennt von den Daten. So kann z.B. eine Telefonliste einen Teil der Daten aus der Kundendatei darstellen, während ein Etikettenlayout nur die Adressdaten enthält. Ein Layout ist also der jeweilige Hintergrund, auf dem die Daten dargestellt werden können, ein Formular, das sie besonders aufbereitet. Jedes Layout erhält einen Layout-Namen, unter dem es in der zugehörigen Datei aufrufbar ist. *Änderungen im Layout beeinflussen ihre Daten nicht.*

Layouts verwendet man, um die formale Darstellung der Daten auf dem Bildschirm und im Druck den verschiedenen Aufgaben angemessen anzupassen. Für folgende Zwecke sind Layouts üblich:

- Erhöhung der Übersichtlichkeit von Daten auf dem Bildschirm und im Druck
- Beschleunigung bei der Dateneingabe
- Vereinfachung von Suchabfragen
- Erstellen von Berichten und Auswertungen
- Drucken von Briefumschlägen und Etiketten
- Drucken in behördliche und sonstige Formulare
- Gestalten von programmsteuernden Tasten
- Gestalten und definieren von Menüs für die Arbeit mit mehreren FileMaker Pro-Dateien in einer Datenbankanwendung

Sobald Sie ins Layout («Befehl-L») wechseln, erhalten Sie im Statusbereich spezifische Layout-Werkzeuge angezeigt; das Programm aktiviert die Menüs *Layout* und *Extras*.

> **Layouts beeinflussen die Form der Daten, nicht den Inhalt**

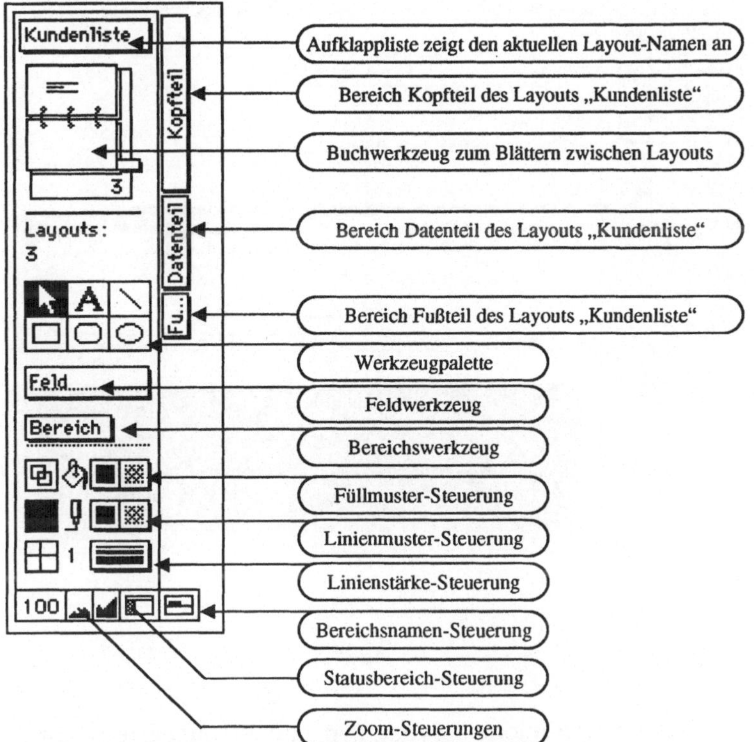

Werkzeuge im *Layout*-Modus

FileMaker Pro stellt insgesamt sieben verschiedene Layout-Grundstrukturen zur Verfügung. Diese Layout-Typen unterscheiden sich durch vordefinierte Layout-Bereiche und die Aufbereitung der Daten in ihnen. Besondere Layouts gibt es für Listen, Etiketten und Briefumschläge. Die geringsten Voreinstellungen enthält das Blanko-Layout.

Vordefinierte **Layout-Typen**

Mit dem Layout-Typ „Erweiterte Liste" haben Sie in der neuen Version bei der Listendarstellung eine verbesserte Ausgangssituation. Die Feldnamen und Felder erscheinen von Anfang an bündig in Spalten.

Neuer Layout-Typ:
„Erweiterte Liste"

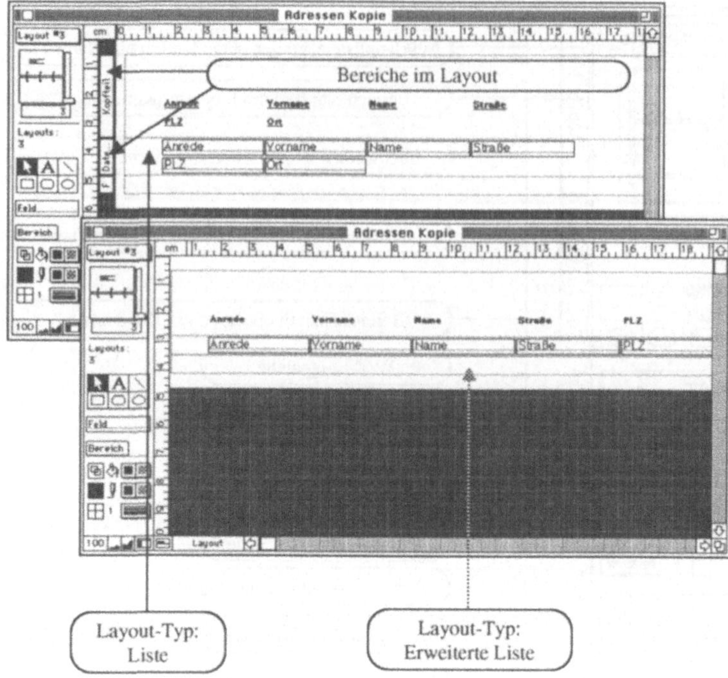

Jeder vordefinierte Layout-Typ enthält mindestens einen
Bereich, den Datenteil. Zusätzlich können den Layouts ver-
schiedene Bereiche hinzugefügt werden. Über den Befehl
Bereiche definieren aus dem Menü „Layout" sind die Bereiche
aus folgender Abbildung über den Datenteil hinaus wählbar:
Pro Layout können Sie einen bestimmten Bereich nur einmal
einrichten, ausgenommen davon sind lediglich die nach einem
Datenfeld sortierten Teilauswertungen.

Mögliche **Layout-**
Bereiche

Bereichsdefinition

○ Kopf 1. Seite   Anrede
○ Kopfteil   Vorname
○ Vorangestellte Auswertung   Name
○ Datenteil   Straße
◉ Teilauswertung, sortiert nach: PLZ
○ Nachgestellte Auswertung   Ort
○ Fußteil   Telefon
○ Fuß 1. Seite   Fax

☐ Seitenumbruch vor jeder Gruppe
☒ Seitenumbruch nach je [1] Gruppe(n)
☒ Seitennummern gruppenbezogen
☒ Seitenumbruch im Bereich
☒ Rest des Bereichs vor Seitenumbruch
    unterdrücken

[Abbrechen]
[OK]

2.3.1 Hilfsmittel im Layout

Um die Gestaltungsmöglichkeiten im Layout besser wahrnehmen zu können, gibt es unter dem Menü *Layout* und dem Untermenü *Darstellung* eine Reihe von Hilfsmitteln. Eingeschaltete Hilfsmittel sind mit einem Häkchen versehen.

Layout-Hilfsmittel

Layout	
✓ Am Raster ausrichten	⌘Y
✓ Hilfslinien	
✓ Lineale	
✓ Fadenkreuz	⌘T
✓ Position	
Beispieldaten	
Darstellung ▶	Tasten
	Textbegrenzung
	✓ Feldbegrenzung
Bereiche definieren...	Anzugleichende Objekte
Layout-Optionen...	Nicht zu druckende Objekte
Linealeinstellungen...	✓ Seitenränder

Lineale Der Plural wird zurecht benutzt: ein horizontales und ein vertikales Lineal erleichtern das exakte Positionieren von Objekten im Layout erheblich. Die Maßeinheit des Lineals umfaßt Inch (in), Zentimeter (cm) und Pixel (px). Sie kann über die Linealeinstellungen oder per Mausklick in die Maßeinheitsecke (oben links) verändert werden.

Raster Bei eingeschaltetem Raster werden Objekte beim Verschieben im Layout an der nächsten unsichtbaren Magnetraster-Koordinate ausgerichtet. Der Rasterabstand läßt sich über die *Linealeinstellungen* verändern.

Hilfslinien Sie entsprechen den aktuellen Linealeinstellungen und überziehen das Layout mit gepunkteten vertikalen und horizontalen Linien. Sie sind nur im Layout-Modus vorhanden; die Hilfslinien entsprechen nicht dem *unsichtbaren* Raster.

Fadenkreuz Die Fadenkreuze können jeweils exakt an bestimmten Linealpositionen ausgerichtet werden.

Position Aktiviert das Positionsfenster, mit dessen Hilfe Objekte exakt positioniert werden können. Dabei sind insgesamt sechs verschiedene Koordinaten einzutragen.

Positionsfeld mit den
Feldkoordinaten zum
exakten Positionieren

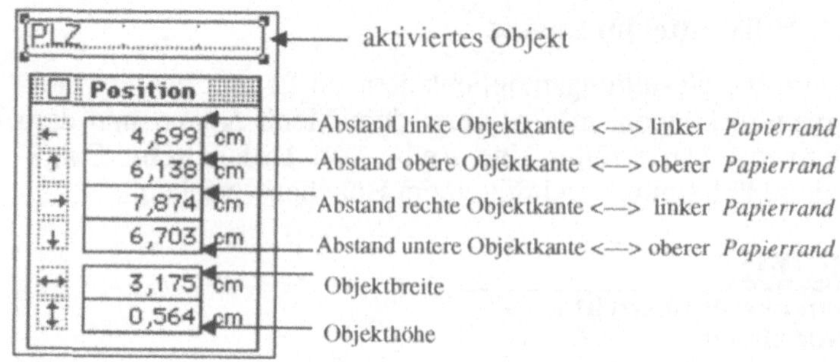

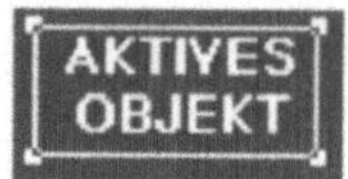

*Feldbe-
grenzung*

Dadurch werden bei definierten Feldern die
oberen, unteren, linken und rechten Feldbegren-
zungen eingeblendet. Ein aktiviertes Feld erhält
an den Grenzmarken jeweils einen Aktivpunkt.

Seitenränder

Jeder Drucker hat einen unterschiedlichen Bereich für die Druckfläche, exakt am linken und
rechten, oberen und unteren Papierrand beginnt
keine Druckfläche. Der Layout-Bereich verändert sich also jeweils in Abhängigkeit nicht nur
vom gewählten Papierformat, sondern auch in
Abhängigkeit vom vorhandenen Drucker. Mit
dem Einschalten dieses Hilfsmittels können Sie
die nicht bedruckbaren Seitenränder auf dem
Bildschirm sichtbar machen.

**Eingestellte Hilfsmit-
tel:** Fadenkreuz,
Hilfslinien und nicht
bedruckbare Seiten-
ränder

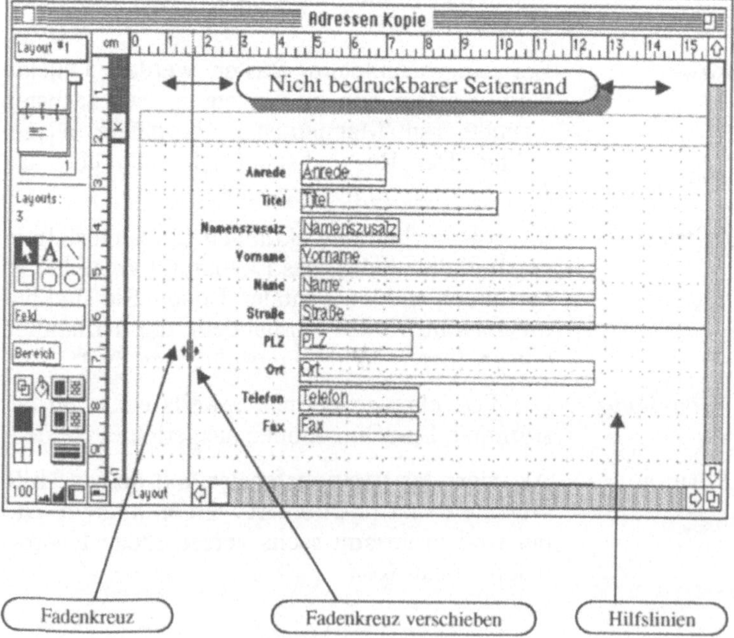

2.3.2 Felder formatieren

Im Layout erscheinen Datenfelder als Rechtecke, in denen
die Datenfeldnamen eingetragen sind. Nur bei eingeschalteter
Option *Beispieldaten* erscheinen dort Daten. Links daneben
erscheint die Feldbeschriftung. Der Feldname wird in der von
Ihnen gewählten Einstellung über Schriftart, Schriftstil, Schriftgröße, Ausrichtung, Zeilenabstand und Textfarbe auf dem Bildschirm dargestellt. Datenfelder sind Objekte im Layout. Ein
Datenfeld im Layout können Sie verschieben, verkleinern, vergrößern, umformen, kurz: nahezu alles, was im Layout an
Handlungen möglich ist, können Sie auch mit einem Datenfeld
durchführen. Aber eine wichtige Ausnahme sei hier gleich genannt: Sie können einem Layout-Objekt vom Typ Datenfeld
keine programmsteuernde Taste zuweisen. FileMaker Pro
unterscheidet bei den Formatierungsmöglichkeiten zwischen
dem Format der Daten in den jeweiligen Feldern und dem Format der Felder selbst. Hinzu kommen die aus der Textverarbeitung bekannten Formatierungen von Texten. Unter dem Menü
Format finden Sie drei Abteilungen von Formatierungsbefeh-
len.

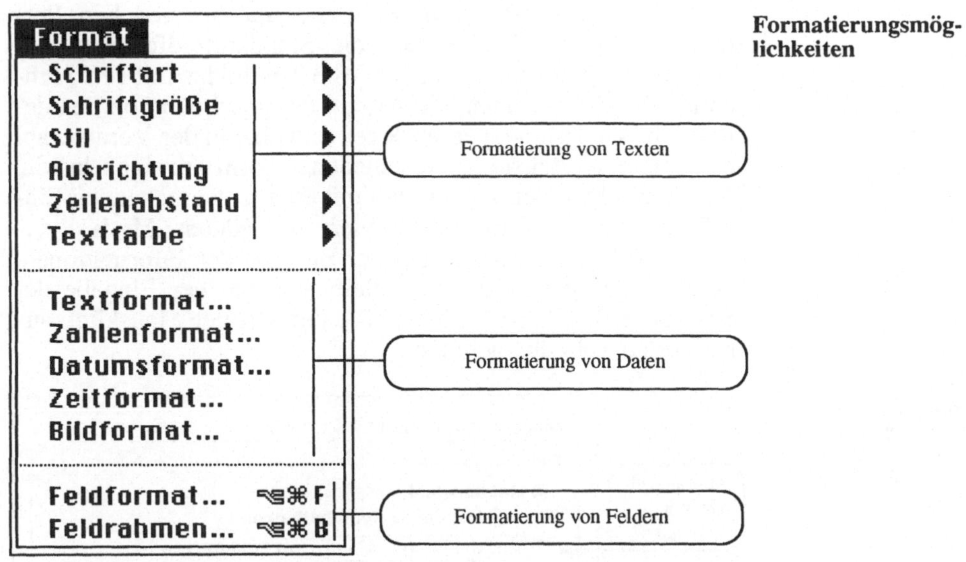

**Formatierungsmög-
lichkeiten**

Wird im Layout einer der Daten- oder Feld-Formatierungs-
befehle aus dem Menü *Format* aufgerufen, ohne daß ein Feld
markiert ist, definiert das Programm *Standardfeldformate* für
alle Felder bzw. alle Datenfelder des gleichen Typs. Um
bestimmten Feldern ein Format zuzuweisen, müssen Sie das
Feld vorher aktivieren. Die eingestellten Formate gelten dann
nur für das jeweils aktivierte Feld.

Das Auswahlfenster *Feldrahmen* legt das Erscheinungsbild des Datenfeld-Rahmens im Druck und auf dem Bildschirm
fest. Dabei sind die Umrahmung, die Füllung und die Grundlinien über dieses Auswahlfeld veränderbar. Die eingestellten
Feldrahmen, Feldfüllungen und Grundlinien erscheinen beim
Blättern, in der Seitenansicht und beim Drucken.

**Standard-Feldrah-
men** festlegen

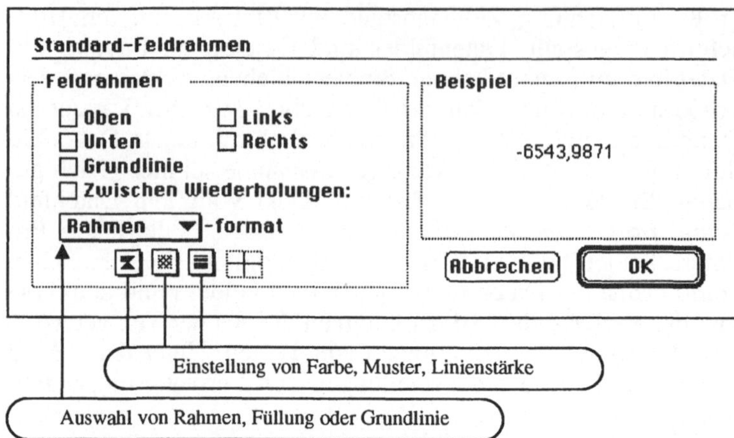

Das Auswahlfeld *Feldformat* legt die spezifischen Formate des aktiven Feldes oder die Standardfeldformate fest.
Über dieses Auswahlfeld können Sie Textfelder mit senkrechten Rollbalken versehen, die Anzahl der gezeigten von den definierten Wiederholungen festlegen und eine in der Vorauswahl
festgelegte Werteliste in verschiedener Form anzeigen lassen.
Die Verbindung der Vorauswahl mit einer entsprechenden Einstellung des Feldformates aktiviert im Blättern-Modus verschiedene Erleichterungen bei der Eingabe der Informationen,
die sich häufig wiederholen. Häuft sich bei der Eingabe der
Wohnort z.B. „Berlin", können Sie den Ort per Mausklick aus
der Vorauswahl übernehmen.

**Standard-Feldfor-
mat** festlegen

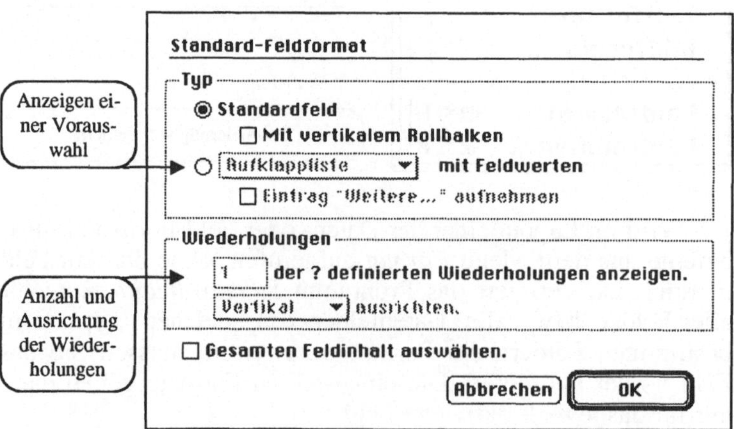

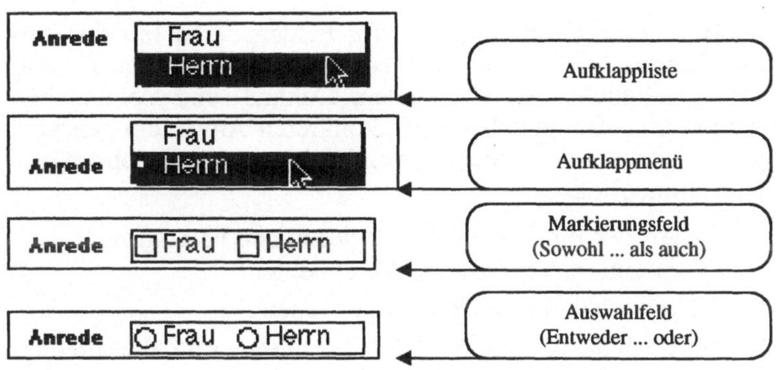

Mögliche **Feldformate** für die Werte aus der Vorauswahl

2.3.3 Daten formatieren

Die Formatierung der Daten können Sie über den entsprechenden Menü-Befehl oder aber per Doppelklick in das Feld einleiten. FileMaker Pro öffnet dann die Formatierungsmöglichkeiten vom jeweiligen Datenfeld in einem Auswahlfenster auf dem Bildschirm. Bei Textfeldern oder beim Mausklick der Taste *Textformat* erhalten Sie das folgende Auswahlfeld:

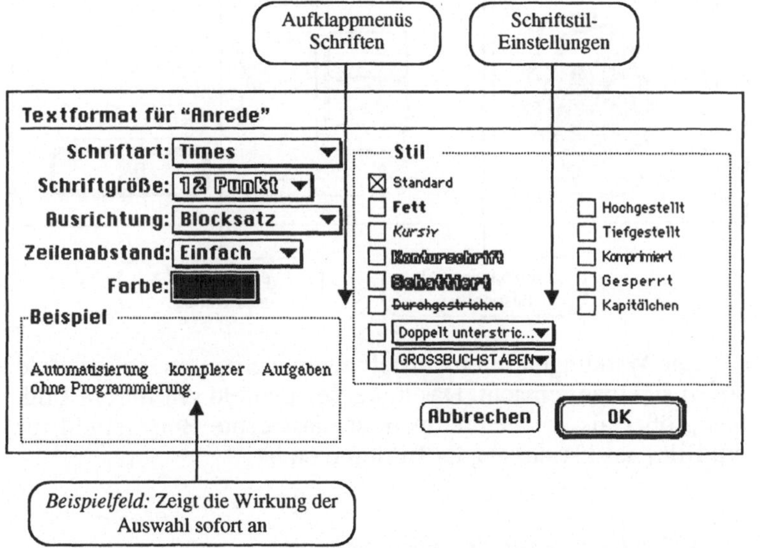

Auswahlfeld für
Textformatierung

Für alle Daten, die in Textform erscheinen, können Sie hier, wie in einer modernen Textverarbeitung, die vorhandenen Textformatierungen wählen. Vor der Anwendung können Sie im Beispielfeld die Auswirkungen Ihrer getroffenen Entscheidungen ummittelbar überprüfen. Verschiedene Möglichkeiten wie Blocksatz und doppeltes Unterstreichen sind neu in Version 2.0.

Besondere Formate gibt es für Felder, deren Inhalte Zahlen, Datums- und Zeitangaben sowie Bilder sind. Die Formatierungsmöglichkeiten für Zahlen, Datums- und Zeitangaben werden im Zusammenhang mit konkreten Anwendungen vorgestellt. Bei der Formatierung von Bildern ergeben sich folgende Wahlmöglichkeiten:

- die Art der Einpassung des Bildes in den Feldrahmen (Verkleinern, Vergrößern, Abschneiden)
- die Beibehaltung der Bildproportionen
- die vertikale und horizontale Ausrichtung im Feldrahmen

Möglichkeiten der
Bildformatierung

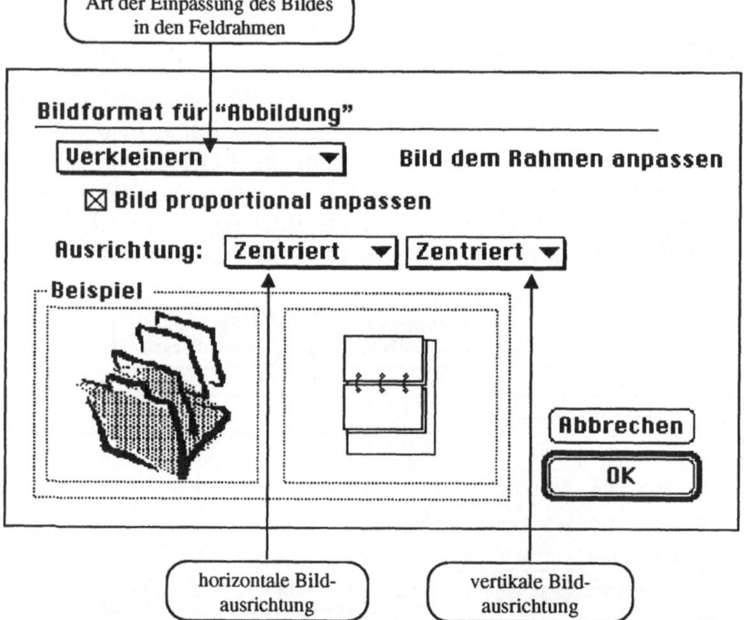

Die Wirkungen Ihrer Einstellungen werden im Beispielfeld sofort sichtbar gemacht. Das linke Beispielfeld gilt für ein Bild, das größer als der Feldrahmen ist, das rechte Beispielfeld für ein Bild, das kleiner als der Bildrahmen ist.

2.3.4 Werkzeuge für den Hintergrund

Über den Statusbereich und die Menüs *Layout* und *Extra:* hinaus stehen für die Gestaltung von Layouts eine Palette von Werkzeugen zur Verfügung. Mit diesen Werkzeugen läßt sich insbesondere der Hintergrund von Layouts gestalten. Jedes Layout kann als eine andere Form von Karteikarte angesehen werden, auf dem sich die Daten in unterschiedlicher Fülle und Aufmachung präsentieren. Mit der Werkzeugpalette bietet File-

Maker Pro ein Zeichenprogramm an, in dem Sie Hintergrundgestaltungen vornehmen können.

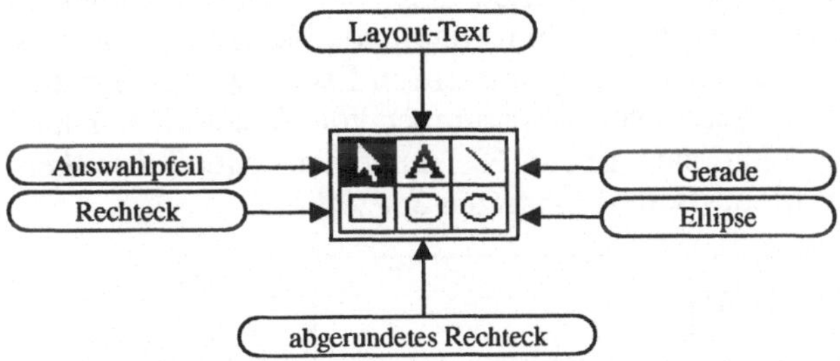

Werkzeuge der **Werkzeugpalette**

Mit den Zeichenwerkzeugen können Sie entsprechende Grafik-Objekte im Layout plazieren. Bei gedrückter Optionstaste (Alt-) erzeugt das Programm jeweils die regelmäßigen Sonderformen der Werkzeuge: Senkrechte und Waagerechte als besondere Gerade, Quadrat als besonderes Viereck und Kreis als Sonderform der Ellipse.

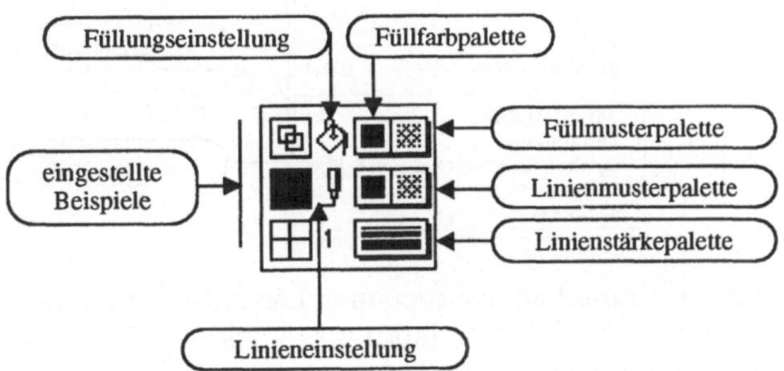

Einstellungen für **Füll- und Linienattribute**

Über die Füll- und Linienattribute können Sie den Grafikobjekten verschiedene Farben, Füllmuster und Linienstärken zuweisen. Die aktuellen Voreinstellungen erscheinen jeweils links in den Kästchen. Die Paletten sind Aufklappmenüs, hinter denen die Auswahlmöglichkeiten sichtbar werden.

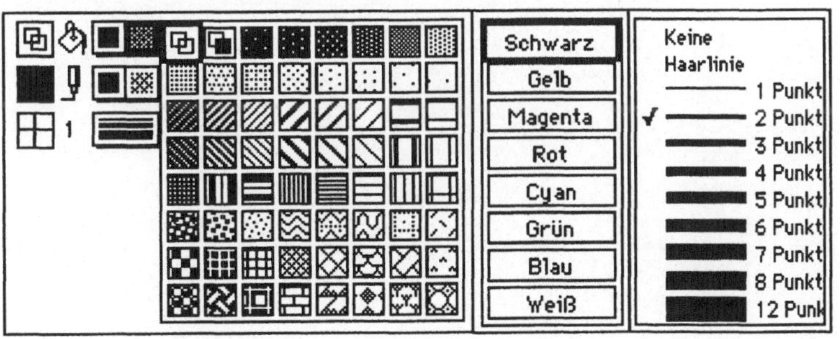

Gestaltungsmöglichkeiten durch die Füllmuster-, Farb- und Linienpalette

Zusätzlich zu den grafischen Gestaltungsmöglichkeiten können Sie im Layout Platzhalter für nützliche Funktionen einsetzen. Dazu gehören Platzhalter für die Seitennumerierung, das aktuelle Datum, aktuelle Zeit und den aktuellen Benutzer sowie jeweils Symbole für die fortlaufende Notierung von Datum, Zeit und Benutzer. Insbesondere in Listen ist das Symbol für eine fortlaufende Datensatznummer von Bedeutung. Diese besonderen Funktionen finden Sie unter dem Menü *Bearbeiten* und dem Menü-Befehl *Einsetzen Spezial*.

Zusätzliche Möglichkeiten: **Einsetzen Spezial** im Layout-Modus

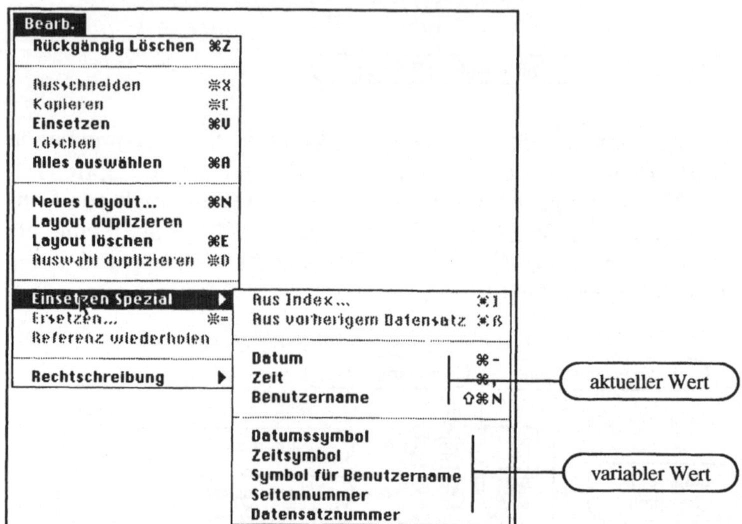

Die in diesem Kapitel angesprochenen Layout-Operationen sind nur die Grundlage, auf der vielfältige, konkrete Operationen möglich sind. Selbstverständlich lassen sich im Layout auch Grafik und Layout-Texte gruppieren, schützen und auf verschiedenen Ebenen anordnen. Weitere Möglichkeiten im Layout, insbesondere die Gestaltung programmsteuernder Tasten, werden im Zusammenhang mit den entsprechenden Anwendungen vorgestellt.

2.4 Die Seitenansicht

Die Seitenansicht («Befehl-U») ist die Arbeitsebene, auf der Sie eine Vorabkontrolle der Druckausgabe vornehmen können. Alle Objekte eines Layouts werden in der Seitenansicht so dargestellt, wie sie auf dem gewählten Drucker im gewählten Papierformat gedruckt werden würden. Objekte Ihrer Layouts, die in der Seitenansicht nicht erscheinen, werden nicht gedruckt.

Die Seitenansicht ist ein wichtiges Hilfsmittel, um die Wirkung von Layout-Operationen an bestimmten Objekten zu beobachten. Mit ihrer Hilfe können Sie überprüfen, ob die Feldgröße für die Aufname von Informationen ausreichend ist. Sollte bei Auswertungs- oder Formelfeldern z.B. ein „?" auftauchen, ist das Feld zu klein, um die Daten darzustellen (Feldüberlauf). Wechseln Sie in den Layout-Modus, vergrößern Sie das Feld und prüfen Sie Ihre Ergebnisse mit Hilfe der Seitensicht. Auch vom Drucken ausgeschlossene Objekte dürfen in der Seitenansicht nicht mehr erscheinen.

Insbesondere Angleichungs- und Ausrichtungsoperationen im Layout oder die Ergebnisse in Auswertungsbereichen können Sie mit der Seitenansicht auf die gewünschten Ergebnisse hin kontrollieren.

Für die Arbeit mit Auswertungsbereichen bei Datensatzgruppen ist die Seitenansicht von entscheidender Bedeutung. Die Ergebnisse von nach bestimmten Datenfeldern sortierten Teilauswertungen sind auf dieser Arbeitsebene überhaupt erst sicht- und verfügbar. Falls mit den Auswertungsergebnissen weiter gearbeitet werden soll, empfiehlt es sich, die Seitensicht in Stapelverarbeitungen mit dem ScriptMaker™ zu durchlaufen.

3

Adreßverwaltung – Korrespondenz per Datenbank

Das Kapitel informiert über:

- das Anlegen einer neuen Datei
- verschiedene Möglichkeiten der automatischen Dateneingabe
- die Bildung von Zeichenketten mit dem Formel-Editor
- die Gestaltung eines Briefformulars
- die Rechtschreibprüfung
- programmsteuernde Tasten
- den Befehlsvorrat und erste Anwendungen von ScriptMaker™

Adreßverwaltung –
Korrespondenz per Datenbank

Mit einer guten Adreßverwaltung sammeln Sie nicht nur Anschriften. Sie kann Ihnen helfen, Ihre gesamte Korrespondenz zu vereinfachen, zu ordnen und auf diesem Weg viel Zeit zu sparen. Mit einer Datenbank realisieren Sie in einem Zug:

- die Sammlung und Aufbewahrung von Anschriften
- ihre persönliche Korrespondenz
- den schnellen Zugriff auf Adressen, Telefon- und Faxnummern

Die Abwicklung der Korrespondenz per Datenbank verbindet das persönliche Adressbuch mit dem persönlich gestalteten Briefbogen und der Aufbewahrung Ihrer Briefe in einer Anwendung. Wie Sie Ihre Korrespondenz mit einer Adressendatei verbinden und per Knopfdruck – pardon, per Mausklick, auf Festplatte, Diskette, Bildschirm und Papier bringen, beschreibt dieses Kapitel.

3.1 Adressen für den täglichen Gebrauch

Beginnen Sie den Aufbau Ihrer persönlichen Adressensammlung mit einer neuen Datei. Welche Informationen wollen Sie darin unterbringen?

FileMaker wird für jede Person in der Adressendatei einen Datensatz anlegen. Auch der Brieftext soll seinen gewichtigen Platz in der Datei finden. Die Gestaltung des Briefkopfes ist sicherlich auch eine Frage der persönlichen Vorlieben, der beschriebene Briefkopf stellt daher nur einen Vorschlag dar. Unabhängig von persönlichen Vorlieben wird der Leser sicher zustimmen, wenn als Datenfelder für eine Adressendatei folgende Objekte in Betracht gezogen werden: Anrede, Vorname, Name, Straße, Postleitzahl, Ort, Telefon, Telefax, Datum der Anlage des Datensatzes, Brieftext. Bis auf das Erstellungsdatum haben alle Felder die Eigenschaft, Texte zu ihrem Inhalt zu haben. Das trifft auch auf die Postleitzahl und die Telefonnummer zu. Der Inhalt dieser Felder besteht zwar aus Symbolen der Zahlenwelt, den Ziffern, aber sie bilden keine Zahl, sondern Ordnungsbegriffe. Es unterscheidet sich dadurch ein Ort bzw. Telefonanschluß von einem anderen, aber keinerlei Rechenoperation führt zu einem vernünftigen Ergebnis. Die Addition zweier Telefonnummern führt höchstens zufällig zu einer neuen, „Kein Anschluß unter dieser Nummer" dürfte das regelmäßige Ergebnis der Behandlung einer Telefonnummer als Zahl sein.

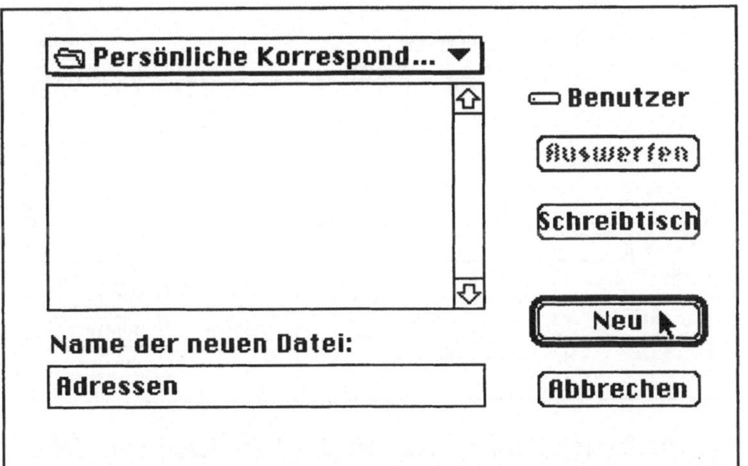

Über die Taste „Neu" fordern Sie FileMaker Pro dazu auf, eine neue Datei mit dem Namen „Adressen" anzulegen. Falls Sie sich wundern: FileMaker Pro kennt die Standard-Menü-Befehle *Speichern* und *Speichern unter* . . . nicht, denn die Vergabe des Namens der Datei und Festlegung des Speicherortes geschieht bei Anlage der Datei. Machen Sie sich also erst einmal keine Sorgen über das Speichern: Sämtliche weiteren Eintragungen werden unmittelbar und automatisch von FileMaker Pro gesichert. Das Verfahren vermindert die Gefahr, daß eingetragene Daten bei versäumter Datensicherung über einen besonderen Befehl verlorengehen. Dennoch sollte, gerade bei umfangreicheren Datenbeständen, von Zeit zu Zeit eine Sicherungskopie über den Menü-Befehl *Kopie sichern* erstellt werden. Mehr darüber erfahren Sie im Kapitel 6.3. Ab Version 2.0 können Sie auch über die Voreinstellungen ein Intervall angeben, innerhalb dessen FileMaker Pro eine Datensicherung durchführen soll.

Nach der Vergabe des Dateinamens führt Sie das Programm zum Auswahlfenster *Felder definieren*. In der Eingabe-Zeile blinkt die Texteinfügemarke, damit Feldnamen eingegeben werden können. Der Standard-Feldtyp ist auf „Text" voreingestellt. Der Eintrag eines Feldnamens bewegt FileMaker dazu, die Tasten unten rechts zu aktivieren. Mit einer Zeilenschaltung eröffnen sie ein neues Feld. Solange der vorherige Feldname schwarz unterlegt ist, befindet sich das Programm im Überschreibe-Modus, d.h. sie können den nächsten Feldnamen gleich weiter eingeben. Die Tasten unten rechts dienen zum Löschen eines Feldes, zum Ändern eines Feldnamens und zum Duplizieren eines Feldes. Die Taste „Optionen" führt zu weiteren Festlegungen wie Formeln, Kontrollen u. a. m.

**Definieren von
Datenfeldern**

Die Taste „Zurück" beendet das Definieren von Feldern und bringt Sie in die Arbeitsebene *Blättern*. Jetzt können Sie die Datenfeldnamen und den jeweiligen Typ eintragen.

Feldname	Feldtyp	Option
Anrede	Text	Vorauswahl: Herrn, Frau
Vorname	Text	
Name	Text	
PLZ	Text	
Ort	Text	
Telefon	Text	
Fax	Text	
Eingegeben am:	Datum	Automatisch, fixiert
Brieftext	Text	

Nach der Eingabe nur der Feldnamen und des jeweiligen Typs sieht die Liste der definierten Felder wie abgebildet aus:

Felddefinitionen
der Adressen-
Datei

Name	Typ	Optionen
Anrede	Text	
Vorname	Text	
Name	Text	
Straße	Text	
PLZ	Text	
Ort	Text	
Telefon	Text	
Fax	Text	
Angelegt am:	Datum	
Brieftext	Text	

Die Liste der Feldnamen erhält zunächst noch keine eingetragenen Optionen. Die Reihenfolge ergibt sich aus der Abfolge der Eingabe. Die Sortierung kann jederzeit geändert werden: Bei Anklicken der eingestellten Sortierung rechts oben klappt ein Menü herunter, in dem die Sortierfolge der Datenfelder festgelegt werden kann.

Um die Eingabe der Daten zu vereinfachen, verbergen sich hinter den Optionen viele verschiedene Möglichkeiten. Die Eingabe-Optionen beziehen sich jeweils auf ein bestimmtes Datenfeld. Per Doppelklick auf einen Feldnamen in der Liste gelangen Sie direkt zu den Optionen. Der gleiche Effekt wird erzielt, indem Sie den Feldnamen markieren und die Taste „Optionen" anklicken.

Optionen für das Feld „Anrede"

Für das Feld „Anrede" in der Adresse kommen bei der Korrespondenz mit Personen nur die Alternativen „Herrn" oder „Frau" als Anrede in Betracht. Verwenden Sie für dieses Feld einmal eine Vorauswahl von Werten. Die Vorauswahl läßt sich in den Optionen für das Datenfeld „Anrede" wählen und führt zu einem kleinen Texteditor.

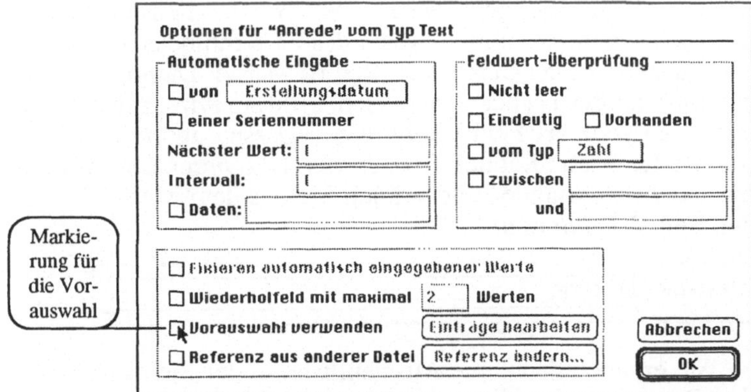

Auswahlfenster für **Eingabe-Optionen**

Das Programm verwaltet die Einträge in der Vorauswahl wie eine Werteliste, aus der Sie bei der Eingabe von Daten einen Wert auswählen können. Falls Sie später einmal wollen, können Sie die Werte auch beim Sortieren von Datensätzen als Sortierkriterium einsetzen. Die *Länge* der Einträge in der Vorauswahl ist auf 75 Zeichen pro Eintrag begrenzt und muß mit einer Zeilenschaltung (Return) abgeschlossen werden. Die *Anzahl* der Einträge hängt von den jeweiligen Erfordernissen des Datenfeldes ab; ist der im Fenster eingeblendete Teil der Einträge ausgeschöpft, erscheint am rechten Rand ein vertikaler Rollbalken. Sind noch keine Einträge in der Vorauswahl vorhanden, öffnet sich der Texteditor für die Einträge automatisch nach dem Setzen der Markierung. Möchten Sie bestehende Einträge ändern, klicken Sie in das Feld „Einträge bearbeiten".

Eingabebereich für
eine **Werteliste**

Werte für "Anrede" anzeigen

Frau
Herrn

(Abbrechen)   OK

Auf dem Bildschirm sind jetzt drei Fenster geöffnet: Felder
definieren, Optionen für „Anrede" und Werte für „Anrede".
Durch Mausklick in die jeweils richtigen „OK"-Tasten schließen Sie die zugehörigen Fenster. Das „Werte"-Fenster können
Sie auch durch die „Enter"-Taste des Ziffernblocks schließen,
die übrigen Fenster durch die „Return"-Taste. Damit die Vorauswahl bei der Dateneingabe auch wirksam wird, müssen Sie
jetzt die Ebene der Felddefinitionen verlassen und in den Layout-Modus (siehe Kapitel 2) wechseln. Aktivieren Sie im Layout das Feld „Anrede" und wählen Sie aus dem Menü *Format*
den Befehl *Feldformat*.

**Aktiviertes Daten-
feld „Anrede"**

Anrede   Anrede

Sie erhalten dann eine Auswahlliste, in der Sie das Format
des Datenfeldes festlegen können. Sobald Sie das Kästchen
„Vorauswahl" ankreuzen, können Sie bei gedrückter Maustaste
ein Menü aufklappen und Ihre Wahl treffen. Wählen Sie *Aufklappliste*, denn damit können Sie die Vorauswahl in die Anrede per Klick vornehmen. Wählen Sie *Aufklappmenü*, dann
können Sie durch einfaches Unterlegen mit gedrückter Maustaste die gewünschte Anrede übernehmen. Bei *Markierungsfeldern* üben Sie die Wahl der Anrede durch ein Kreuz aus, allerdings können bei Markierungsfeldern Kreuze in mehrere Einträge der Vorauswahl eingesetzt werden. Anders ist es bei
Auswahlfeldern, da gibt es nur die Möglichkeit der Entscheidung für einen Auswahlknopf.

Möchten Sie auch Einträge, die nicht in der Werteliste vorhanden sind, in das Datenfeld eingeben, sollten Sie die Option
„Eintrag „Weitere . . ." im Feldformat ankreuzen. Dann können Sie bei Wahl eines Markierungs- oder Auswahlfeldes sowie eines Aufklappmenüs über die Auswahl von „Weitere"

zusätzliche Daten im Blättern-Modus eingeben. Diese Werte werden nur in das Datenfeld, nicht aber in die Werteliste übernommen.

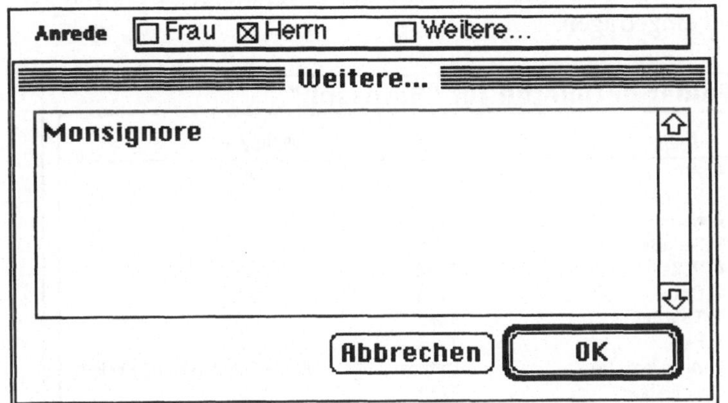

Eingabe zusätzlicher Daten in ein Markierungsfeld

Wählen Sie in diesem Falle einmal „Auswahlfelder", denn die Anrede ist fast hundertprozentig entweder „Frau" oder „Herrn". Eine Erweiterung der Vorauswahl-Liste erscheint in diesem Falle sehr unwahrscheinlich.

Optionen für das Feld „Angelegt am:"

Für das Feld „Angelegt am:" vom Typ Datum bietet sich die Festlegung einer automatischen Eingabe an: Wählen Sie zwischen dem Erstellungsdatum des Datensatzes und dem Änderungsdatum. Bei Anlage oder bei Änderung des Datensatzes trägt das Programm das Systemdatum automatisch ein. Wenn Sie eine zufällige oder absichtliche Änderung des Datums verhindern wollen, fixieren Sie die Eingabe des automa-

Fixieren automatisch erzeugter Daten

tisch erstellten Datums. Sie können aber auch auf die Eingabe-Option verzichten und die Eingabe des Erstellungsdatum ihrer Adresse selber eintragen. Die Liste der definierten Felder hat in der Spalte „Optionen" ihr Aussehen verändert, die Optionen sind eingetragen.

Felddefinitionen mit eingestellten Optionen

```
Felder definieren für "Adressen"

   Name              Typ          Optionen

✦ Anrede            Text         Auswahl
✦ Vorname           Text
✦ Name              Text
✦ Straße            Text
✦ PLZ               Text
✦ Ort               Text
✦ Telefon           Text
✦ Fax               Text
✦ Angelegt am:      Datum        Erstellungsdatum, Fixiert
✦ Brieftext         Text
```

In den Grundstrukturen ist damit die Adressen-Datei schon erstellt. Über die Taste „Zurück" gelangen Sie in den Blättern-Modus: Eine erste leere Datensatzschablone wird auf dem Bildschirm sichtbar.

Leere Datensatzschablone im *Blättern*-Modus

```
    Anrede     ◯ Frau   ● Herrn

   Vorname     [                        ]

      Name     [                        ]

    Straße     [                        ]

       PLZ     [              ]

       Ort     [                        ]

   Telefon     [              ]

       Fax     [              ]

Angelegt am:   [20.02.1993         ]

  Brieftext    [                        ]
```

Die Option *Automatische Dateneingabe* wirkt nicht bei importierten Datensätzen

Sollte das Erstellungsdatum nicht eingetragen sein, liegt das daran, daß in den Blättern-Modus zurückgekehrt wurde, bevor die automatische Eingabe des Erstellungsdatums vereinbart war. FileMaker Pro legt beim ersten Zurückkehren in den Blättern-Modus eine leere Schablone für den ersten Datensatz an. Wählen Sie *Neuen Datensatz* aus dem Menü *Bearbeiten* oder «Befehl-N» und das Erstellungsdatum ist zu sehen. *Die automatische Eingabe von Daten funktioniert nicht beim Importieren von Datensätzen!*

Sind auf dem Bildschirm nur die Feldnamen und keine Feldbegrenzungslinien erkennbar, klicken sie rechts von einem Feldnamen wie z. B. „Anrede" in die Eingabemaske und die Feldbegrenzungslinien erscheinen.

3.2 Der gute Ton im Anschreiben

Wer kennt sie nicht, die Anschreiben vom Finanzamt und anderen Behörden. Da enthält das Anschreiben die Auswahlzeile:

```
Herrn/Frau/Fräulein
```

und der Name gerät zu einer kleinen Scrabbelei, wenn Titel und Namenszusatz zu den Sortierbegriffen in Widerspruch geraten:

```
Franz Dyk van Dr.
```

Gerade hat die Bundesversicherungsanstalt für Angestellte bei der flächendeckenden Versendung der Sozialversicherungsausweise ein derartiges Musterbeispiel von fehlerhafter Adressierung demonstriert. Es mag damit zusammenhängen, daß der Bürger die Mitgliedschaft bei der BfA oder die Pflicht zur Zahlung der Kfz-Steuer nicht einfach durch Kündigung eines Vertragsverhältnisses beenden kann. Zwangsmitgliedschaften und staatsbürgerliche Pflichten scheinen in diesem Punkt mit nachlässiger Behandlung der Betroffenen einherzugehen. Für um Kundschaft und Geschäftsverbindungen bemühte Unternehmen gelten hier doch entwickeltere Maßstäbe, und mit FileMaker Pro kann jeder Anwender das Problem der Anrede, des Titels und Namenszusatzes in der Anschrift ohne großen Aufwand lösen. Wichtig ist dabei zu unterscheiden zwischen den Datenfeldern, die nur der Eingabe dienen, und jenen Datenfeldern, deren Inhalt erst durch Verknüpfung zu einer Zeichenkette gebildet wird. Die bisherige Adressendatei ergänzen wir also zunächst um zwei Eingabe-Datenfelder:

Namenszusatz   Typ: Text

Titel   Typ: Text

Damit die neuen Felder in einer Zeichenkette verbunden werden können, definieren wir den Adreßnamen als Formelfeld:

Adreßname   Typ: Formel, Ergebnis: Text

Die Verknüpfungsformel des Adreßnamens soll eine Zeichenkette vom Typ „Text" erzeugen. Damit haben wir ein Datenfeld, das nur für die Ausgabe von Bedeutung ist, während unsere alphabetischen Sortierungsmöglichkeiten nach Namen und Vornamen von Titeln oder Namenszusätzen unberührt bleiben.

Den Adreßnamen lassen wir aus dem Titel, Vornamen, Namenszusatz und Namen zusammensetzen. Die Datenfelder sollen mit einem Leerschritt voneinander getrennt sein. Über das Menü *Auswahl* wählen Sie den Befehl *Felder definieren*. Die Eingabe der neuen Feldnamen geschieht wie bei der Anlage der neuen Adressendatei. Bei der Eingabe eines Feldes vom Typ Formel öffnet FileMaker Pro sofort eine umfangreiches Auswahlfenster, den Formel-Editor. Das Eingabefeld ist leer, hier werden jetzt die Formeln für die Berechnung des Adreßnamens eingetragen. Der Adreßname soll nun eine Verkettung der Felder Titel, Vorname, Namenszusatz und Name sein, jeweils getrennt durch ein Leerzeichen. Die Feldnamen und Operatoren werden per Doppelklick in das Formeleingabefeld übernommen. Das Ergebnis soll eine Zeichenkette vom Typ „Text" sein. Für das Ergebnis ist wichtig, daß zwischen den Feldern ein Leerzeichen (in Hochkomma eingeschlossen) als Textkonstante definiert wird, damit die Text-Daten nicht eine ununterbrochene Zeichenkette bilden. Die richtige Formel für den Adreßnamen sieht dann so aus:

Verknüpfungsformel für den Adreßnamen

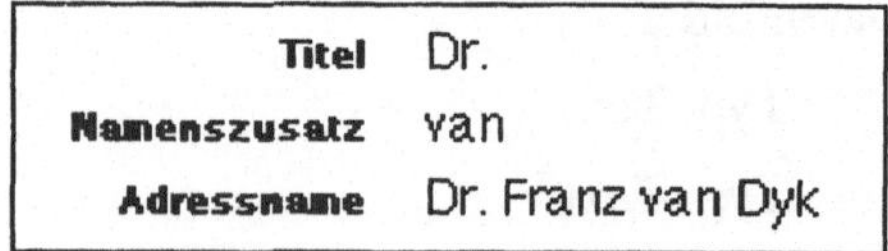

Das Ergebnis für den Adreßnamen des Dr. Franz van Dyk kann sich dann so ansehen lassen:

Auch die Gegenprobe mit einem Adreßnamen ohne Titel und Namenszusatz sollte gemacht werden.

Adreßnamen im *Blättern*-Modus

Da jeder Brief eine komplette Adresse enthält, können Sie jetzt gleich mit dem Formel-Editor den Adreßblock erstellen. Der Adreßblock ist ein Formelfeld mit dem Ergebnistyp Text und verwendet über den aus dem Adreßnamen bekannten Verknüpfungen hinaus noch den Zeilenschaltungsoperator [¶]. Wählen Sie also erneut *Felder definieren*, geben Sie als Feldnamen z.B. Adreßblock ein, und klicken Sie auf den Typ Formel.

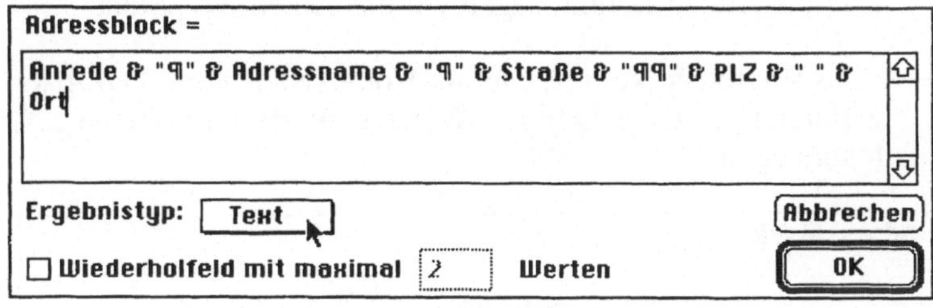

Verknüpfungsformel für den **Adreßblock**

Beachten Sie bitte die doppelte Zeilenschaltung zwischen Straße und PLZ/Ort. Im Layout-Modus müssen Sie das Feld Adreßblock jetzt noch auf die erforderliche Größe zur Darstellung der Anschrift bringen: Ziehen Sie mit gedrückter Maustaste den Aktivpunkt von unten rechts nach unten, bis mindestens vier Grundlinien sichtbar sind.

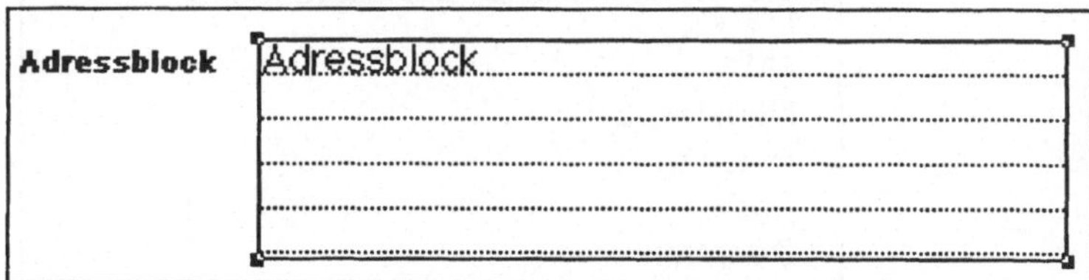

Adreßblock in erforderlicher **Größe** im *Layout*-Modus

Das Ergebnis dieses kurzen Ausfluges in den Formel-Editor sieht dann für die Herren Dr. Franz van Dyk und Willi Meier so aus:

```
Adressblock   Herrn
              Dr. Franz van Dyk
              Frankfurter Allee 47

              6800 Mannhein
```

```
Adressblock   Herrn
              Willi Meier
              Hamburger Allee 68

              3000 Hannover 1
```

Adreßblöcke im *Blättern*-Modus

Damit ist schon das Adressfeld für den Brief vorhanden. Sie brauchen es nur noch in die richtige Position im Briefkopf zu bringen. Da dieser Adreßblock noch stark von nationaler Beschränkung geprägt ist, soll er, bevor wir den persönlichen Briefkopf gestalten, schnell noch ein wenig kosmopolitischen Glanz verliehen bekommen. Dazu sind die beiden folgenden Schritte erforderlich:

– Definieren Sie ein neues Datenfeld, das die Nation des Empfängers aufnimmt; sagen wir das Datenfeld „Staat".

– Eine Werteliste können Sie als Vorauswahl vom Typ *Auswahlmenü* mit der Option „Weitere Werte aufnehmen ..." festgelegen.

Adreßblock ergänzt um die **Länderangabe**

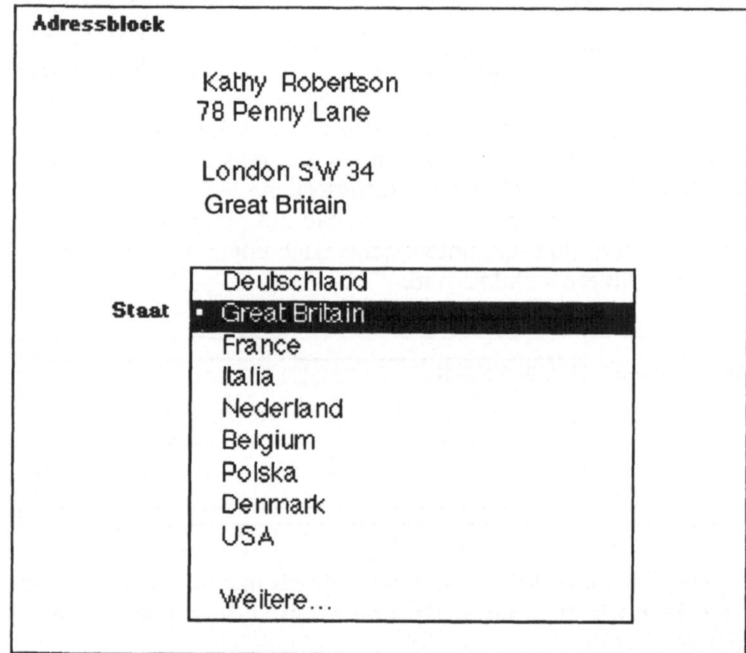

Die Erstellung des Datenfeldes „Staat" wiederholt die Abläufe, die Sie schon von der „Anrede" her kennen. Als Erweiterung kommt hinzu, daß das Erscheinen des Staates in der Adresse von einer Bedingung abhängig sein soll:

– Das Datenfeld „Staat" muß im Adreßblock dann leer bleiben, wenn der Staat den Inhalt „Deutschland" hat, ansonsten soll das Empfängerland geschrieben werden.

Die Frage, ob der Inhalt des Feldes „Staat" im Adreßblock gedruckt wird oder nicht, beantwortet die Auswahl-Funktion (Wenn-Dann-Sonst- oder If-then-else-Funktion). Im Formel-Editor wird die Bedingung formuliert.

Die Verzweigungsfunktion besteht aus drei Teilen:

- einer Vergleichsbedingung
- einem Ausdruck für das positive Vergleichsergebnis
- einem Ausdruck für das negative Vergleichsergebnis

Ein Struktogramm würde etwa so aussehen:

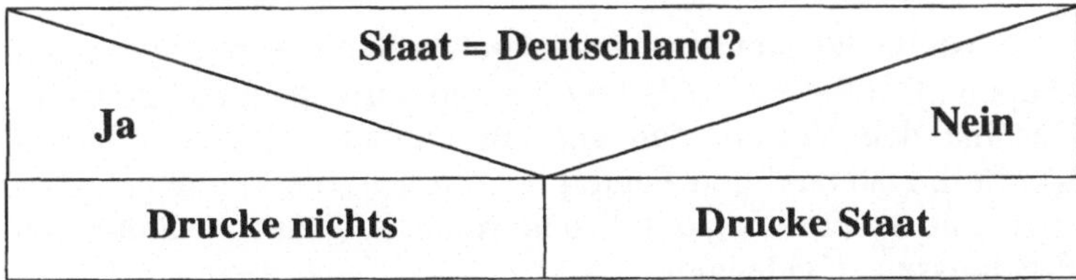

Im Formel-Editor ergänzen Sie für das Datenfeld „Adreßblock" die bisherige Verknüpfung um eine Zeilenschaltung und die Abfrage nach dem Inhalt des Datenfeldes „Staat". Ein Doppelklick auf die If-Funktion in der Funktionenliste veranlaßt FileMaker, sie in das Eingabefeld zu übertragen.

Die allgemeine Schreibweise der Funktion lautet :

```
If(Test; Ergebnis1; Ergebnis2)
```

Angewendet auf die Ausgabe des Staates im Adreßblock müßte die Funktion wie folgt aussehen:

```
If (Staat = "Deutschland";"";Staat)
```

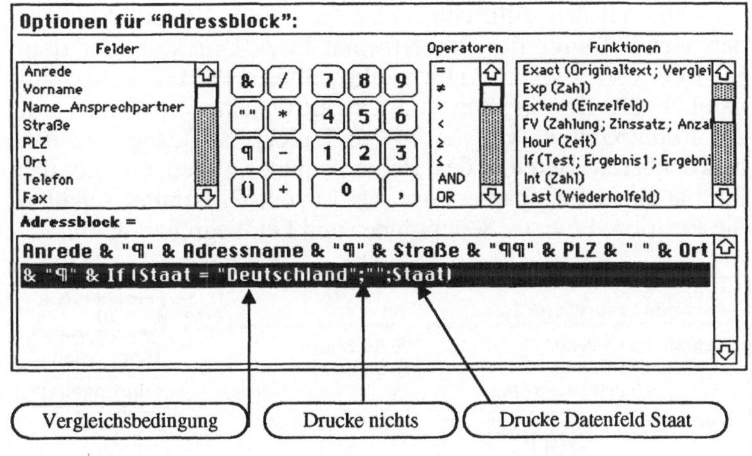

Adreßblock im Formel-Editor: Auswahl der Landesangabe

3.3 Der persönliche Briefkopf

Nachdem die Form der Aufbewahrung von Adressen zunächst einmal geklärt ist, wollen wir uns jetzt der Erstellung des persönlichen Briefkopfes zuwenden (Später sehen Sie, wie die Eingabe von Adressen zu vereinfachen ist). Für Ihren persönlichen Briefkopf öffnen Sie unter dem Menü *Bearbeiten* ein neues Layout.

Anstelle des Standardnamens geben Sie diesem Layout den Namen „Briefbogen". Als Layout-Typ wird „Blanko" gewählt. Das hat den Vorteil, daß wir ein Layout mit einem leeren Kopfteil, Datenteil und Fußteil bekommen. Sie können es aber auch mit anderen Layout-Typen versuchen, um zu ähnlichen Ergebnissen zu gelangen.

Ein **neues Layout** anlegen

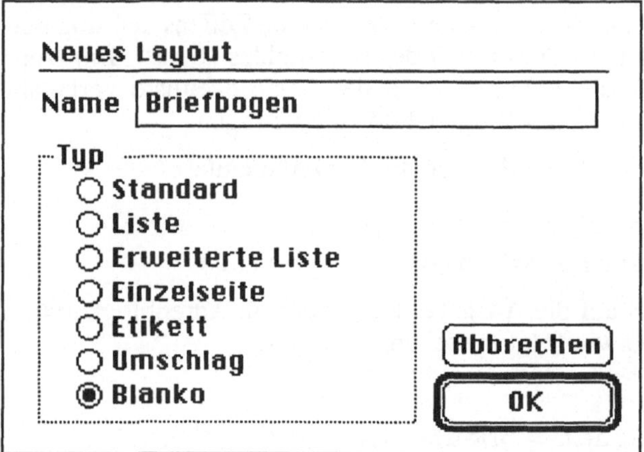

Nach der Bestätigung von Typ und Namen des Layouts erscheint auf dem Bildschirm eine leere Seite. Wählen Sie über das Menü *Ablage* das Papierformat Ihres Druckers, auf dem Sie Ihre Korrespondenz abwickeln wollen. FileMaker Pro mißt nämlich die Koordinaten von Layout-Objekten in Bezug auf die *Papierkanten* (vgl. S. 44) und nicht in Bezug auf den bedruckbaren Bereich des Papierformates. Kreuzen Sie das Format Ihres Briefpapiers an. Als Layout-Hilfsmittel schalten Sie Position, Lineale, Seitenränder und Feldbegrenzung ein.

Einstellung des **Papierformates** für die Korrespondenz

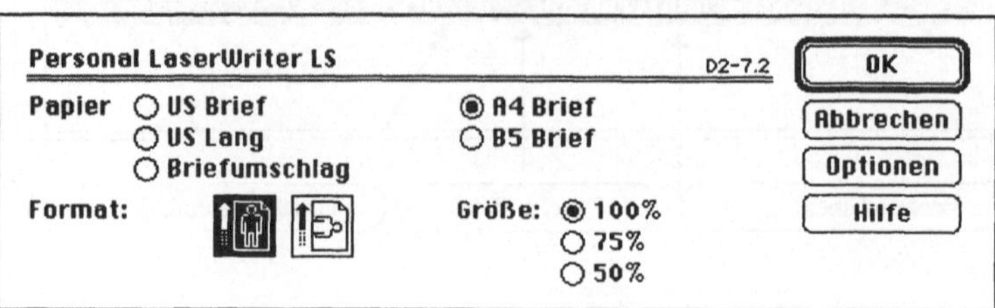

Das leere Layout sieht dann etwa so aus:

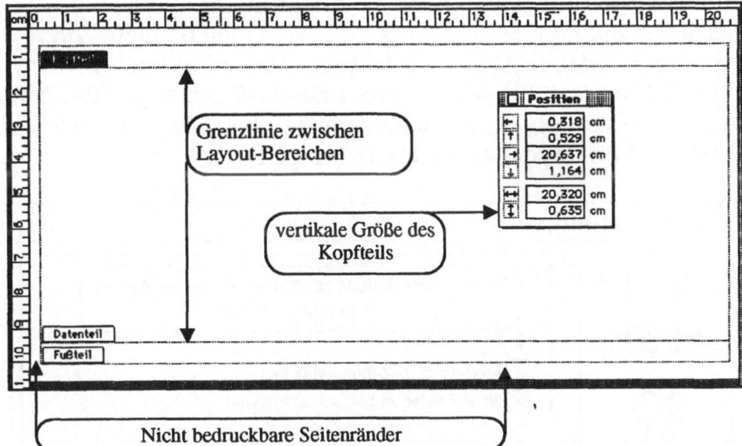

Blanko-Layout mit aktiviertem Kopfteil

Um die Absender- und Empfängerdaten im Briefkopf unterzubringen, wird der Kopfteil auf das erforderliche Maß vergrößert. Die Höhe des Briefkopfes schließt mit der Falzmarke ab; der Briefkopf erhält also eine Höhe von 10,2 cm zugewiesen. Sie können die vertikale Größe des Kopfteils auf zwei Wegen verändern:

- Sie ziehen die Grenzlinie mit gedrückter Maustaste, bis am Lineal das erforderliche Maß erreicht ist.
- Sie aktivieren den Kopfteil und tragen die gewünschten Maße in das Feld für die Objekthöhe und Objektbreite des Positionskästchens ein und bestätigen mit der Enter-Taste.

Als nächstes kümmern wir uns um die Absender-Angaben im Kopfteil. Die Absender-Angaben werden als Layout-Text eingetippt. Wählen Sie das Text-Werkzeug aus der Werkzeugpalette. Sobald Sie mit dem Mauszeiger in einen Layout-Bereich fahren, ändert der Mauszeiger seine Form, er wird zur Texteinfügemarke. Per Klick definieren Sie nacheinander drei Layout-Textfelder mit den jeweiligen Absender-Daten:

Name des Absenders;

PLZ, Ort, Straße, Telefon & Fax;

Postanschrift des Absenders

Anschließend formatieren Sie die Felder in der von Ihnen bevorzugten Schrift. Sollte der Zeilenumbruch in den Textfeldern von Ihren Vorstellungen abweichen, kann dies an der zu geringen Größe des Feldes liegen. Aktivieren Sie es und ziehen Sie den rechten oberen oder unteren Aktivpunkt weiter nach rechts.

Falls Sie immer wieder mit einem Werkzeug im Hintergrund arbeiten möchten, ohne es erneut in der Werkzeug-Box auszuwählen, können Sie dies jetzt in den allgemeinen *Voreinstellungen* (Menü: *Ablage*) FileMaker Pro mitteilen. Ab Version 2.0 schützt FileMaker Pro Layout-Werkzeuge, die Sie mehrmals verwenden wollen, solange, bis Sie ein anderes Werkzeug im Layout zum Einsatz bringen.

Layout-Werkzeuge in den *Voreinstellungen* *gen* **schützen**

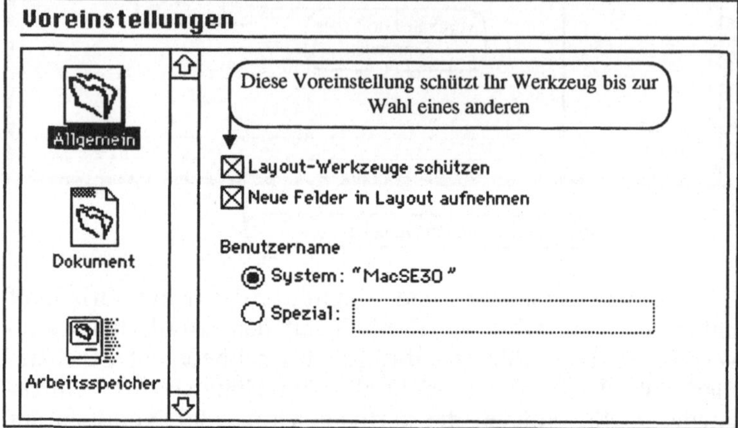

Im Kopfteil des Layouts befinden sich jetzt drei Hintergrund-Texte, die darauf warten, an die richtige Position verschoben zu werden.

Absender-Daten als **aktivierte Layout-Text-Objekte**

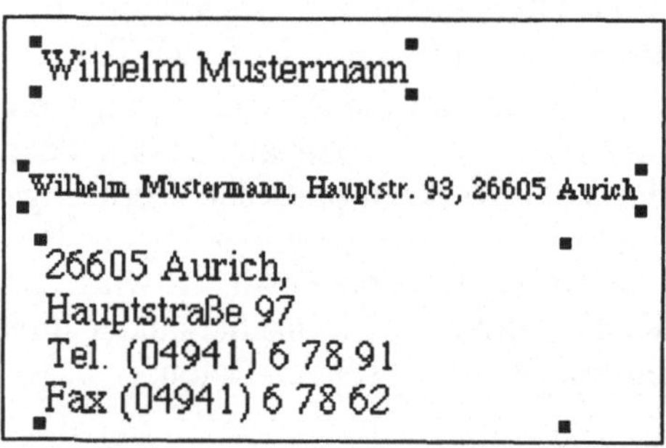

Der Name des Absenders und seine Postanschrift wandern an den linken Rand, die übrigen Absender-Angaben kommen in den rechten oberen Bereich des Kopfteils. Damit die Postanschrift des Absenders ganz oben in den Fenster-Briefumschlägen zu sehen ist, halten wir uns an einen bestimmten Abstand vom oberen und vom linken Papierrand. Der Abstand zum linken Rand sollte 2,5 cm betragen, der Abstand der Postanschrift des Absender vom oberen Rand 5 cm. Aus ästhetischen Gründen übertragen Sie den Abstand zum linken Papierrand auf alle weiteren Objekte, die am linken Rand positioniert werden. Dazu gehört auch der Name des Absenders.

Es sieht besser aus, wenn der Absendername, seine Anschrift, Telefon usw. im oberen Bereich des Kopfteiles auf der gleichen Fluchtlinie liegen. Eine mögliche Lösung mit den exakten Positionsangaben sehen Sie hier abgebildet.

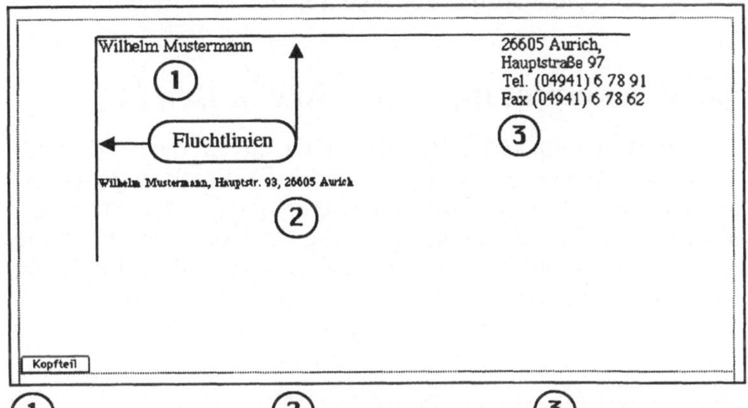

Exakte Positionierung von Layout-Textobjekten im Briefkopf

Um den Briefkopf zu vervollständigen, fehlt nur noch die automatische Eingabe des Datums. Dazu setzen wir per Textwerkzeug die Einfügemarke hinter "Aurich, ". Über das Menü *Bearbeiten* und das Untermenü *Einsetzen Spezial* wird der Platzhalter für das Datumssymbol "//" in den Layout-Text eingesetzt. Jeder Brief erhält damit automatisch das aktuelle Tagesdatum der Systemuhr Ihres Computers von FileMaker Pro zugewiesen. Falls Sie eine andere Datumsvergabe wünschen, können Sie aber auch ein eigenes Datenfeld dafür definieren.

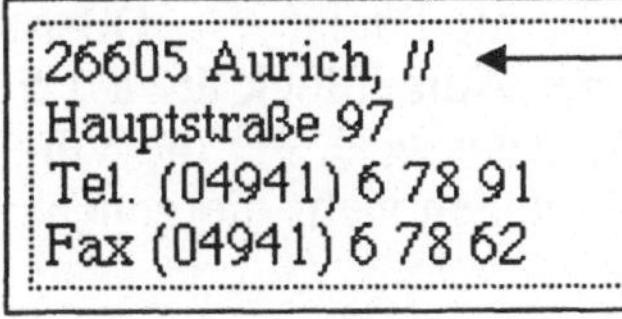

Einfügen eines **Datumssymbols** in den Layout-Text

Zur Fertigstellung des Briefformulars fehlen jetzt nur noch die folgenden vier Schritte:

- Einfügen des Adreßblocks in den Briefkopf

- Zeichnen einer Falzmarke

- Einfügen des Brieftextes in den Datenteil

- Einfügen eines Adressaten-Suchfeldes

3.4 Wie kommt mein Text in den Brief ?

Zum Einfügen von Datenfeldern ins Layout dient das Feldwerkzeug. Ziehen Sie ausgehend vom Feldwerkzeug mit gedrückter Maustaste das Feldwerkzeug in den gewünschten Layout-Bereich. Sobald Sie die Maustaste loslassen, erkennen Sie eine Feldschablone im Layout und das Auswahlfenster *Neues Feld*, in dem Sie das einzufügende Datenfeld markieren.

Einfügen eines Datenfeldes ins Layout

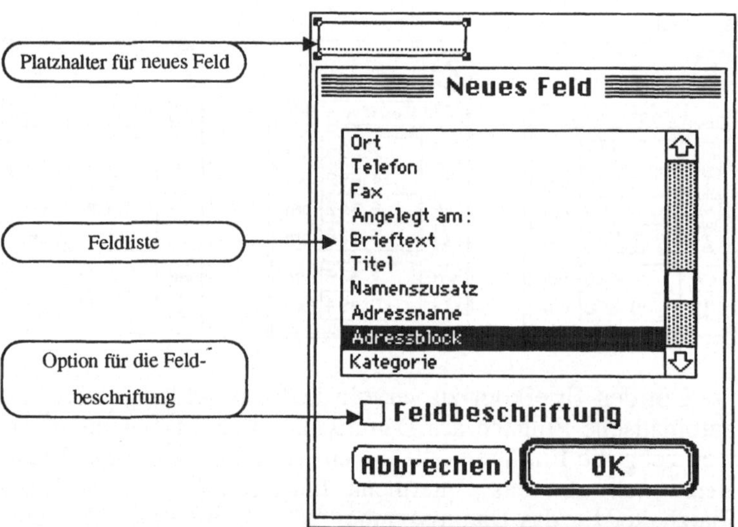

Wählen Sie den Adreßblock aus und ziehen Sie ihn in den Briefkopf. Vergrößern Sie ihn für die Darstellung einer kompletten Adresse.

Positionieren Sie jetzt den Adreßblock. Da die linke Randposition bereits von der Postanschrift des Absenders her feststeht, wird nur noch der Abstand Oberkante Papier <–> Oberkante Adreßblock so festgelegt, daß der Adreßblock etwa 1,5 cm unterhalb der Absenderangabe eingesetzt wird. Für die Verwendung von C6804-Fensterbriefumschlägen sieht die genaue Position des Adreßblocks dann so aus:

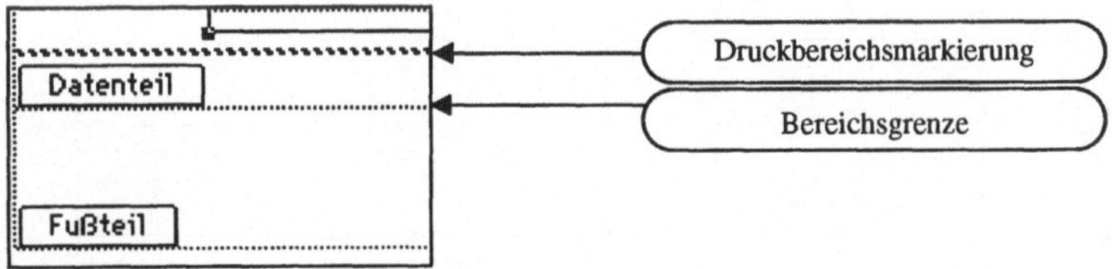

Position und Größe des Adreßblocks mit dem Positionsfeld einstellen

Vergrößern Sie als nächstes den Datenteil so weit, daß der Platz einer DIN-A4-Seite fast vollständig ausgeschöpft ist. Wird der Platz einer Seite überschritten, ist im Layout die Druckbereichsmarkierung sichtbar. Objekte jenseits dieser Markierung werden *nicht* gedruckt. Objekte, die die Bereichsgrenze berühren, ereilt das gleiche Mißgeschick. Achten Sie also auf einen sichtbaren Abstand von der Markierung, damit Ihre Druckergebnisse das gewünschte Aussehen haben.

Druckbereichsmarkierung im Layout

Fügen Sie anschließend das Feld „Brieftext" in das Layout ein. Allerdings mit einer Änderung: Es gehört in den Datenteil des Layouts. Vergrößern Sie das Feld „Brieftext" und richten Sie es am linken Rand aus. Die weiteren Koordinaten des Feldes entnehmen Sie bitte der nebenstehenden Abbildung.

Positionskoordinaten für den Brieftext

Mit dem Geraden-Werkzeug können Sie noch eine Falzmarke als Hilfslinie auf der Position 10,2 cm von oben am äußersten linken Rand einzeichnen.

Ihr fertiger Briefbogen sieht dann im Layout-Modus so aus:

Mit diesem Briefbogen können Sie jetzt Ihre Korrespondenz von FileMaker Pro erledigen lassen. Ihren Brief schreiben Sie im Datenfeld „Brieftext". Für formalisierte Anreden, eine Betreff-Zeile und entsprechende Grußformeln haben Sie je nach Adressat im Brieftext Gestaltungsmöglichkeiten. Falls Sie eine Betreff-Zeile fest einrichten möchten, können Sie sie oberhalb des Brieftextes im Layout des Briefbogens hinzufügen.

Damit Sie auch schnell den richtigen Adressaten für Ihren Brief finden, soll noch der Name als Suchbegriff im Layout erscheinen. Deshalb wird das Datenfeld „Name" mit dem Feldwerkzeug hinzugefügt. Da dieses Feld ausschließlich zum Suchen bei der Arbeit am Bildschirm dient, soll es als Objekt vom Drucken ausgeschlossen sein. Diese Einschränkung müssen Sie FileMaker Pro aber mitteilen.

Ziehen Sie also mit dem Feldwerkzeug eine Schablone für ein Datenfeld in den Kopfteil des Layouts, und wählen Sie das Datenfeld „Name" aus der Feldliste. Verzichten Sie auf die Feldbeschriftung und erstellen Sie stattdessen oberhalb des Feldes einen Layout-Text wie „Adressat suchen" und formatieren Sie ihn wie gewünscht.

Anschließend werden das Feld „Name" und der Layout-Text „Adressat suchen" aktiviert (Umschalt-Taste gedrückt halten und beide Objekte nacheinander anklicken). Unter dem Menü *Extras* wird jetzt das Auswahlfenster *Objekte angleichen* aufgerufen. FileMaker Pro sieht hier u.a. die Möglichkeit vor, *Objekte auf dem Bildschirm vom Drucken auszuschließen.*

Objekte angleichen aus dem Menüs *Extra* zum Ausschluß vom Drucken

Damit können Sie auch während der Arbeit im Layout Briefbogen nach Adressdaten suchen lassen. Wählen Sie *Suchen*, tragen Sie den Namen Ihres Adressaten in das Feld ein und lassen Sie ihn von FileMaker Pro finden und das Adressenfeld erstellen. Anschließend schreiben Sie Ihren Brief im Feld „Brieftext".

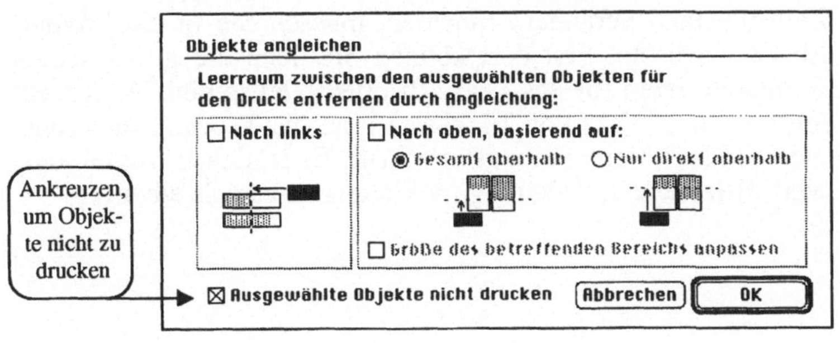

Objekte vom Drucken ausschliessen

Musterbrief der
Adressen-Datei

> Wilhelm Mustermann   26605 Aurich, 20.06.93
>   Hauptstraße 97
>   Tel. (04941) 6 78 91
>   Fax (04941) 6 78 62
>
>
> Wilhelm Mustermann, Hauptstr. 93, 26605 Aurich
>
>
> Herrn
> Dr. Franz van Dyk
> Frankfurter Allee 47
>
> 6800 Mannheim
>
>
> Sehr geehrter Dr. van Dyk,
>
> mit FileMaker Pro ist es jetzt noch einfacher, Briefe zu erstellen und zu versenden.
> Alles was Sie tun müssen, ist in den Layout-Modus zu wechseln und dieses vorhandene
> Design an Ihre Erfordernisse anzupassen. FileMaker Pro verfügt nun auch über Block-
> satz und verbesserte Textfunktionen. Zusätzlich setzt er Ihnen das aktuelle Datum auto-
> matisch ein.
>
> Natürlich können Sie auch Ihr eigenes Firmenzeichen einsetzen. Entweder Sie kopieren
> ein Logo aus der Zwischenablage, oder Sie verwenden den IMPORT-Befehl.
>
> Haben Sie Ihren Brief erst einmal erstellt, ist es kein Problem mehr, den Brief an die
> richtige Person zu adressieren. Wählen Sie SUCHEN aus dem Auswahl-Menü, und
> geben Sie den Namen der Person in das Feld "Adressat suchen" ein, an die Sie den
> Brief versenden möchten.
>
> Das ist schon alles. Um die Briefe auszudrucken, müssen Sie nur noch DRUCKEN aus
> dem Ablage-Menü wählen.
>
> Viel Vergnügen!

Hinweisen möchte ich hier auf einige Merkwürdigkeiten, mit denen das Programm bei der Formatierung von Textfeldern aufwartet. Ab Version 2.0 können Sie jetzt auch Blocksatz für Textfelder einstellen, die Integration in das Programm ist aber unglücklich gelöst. Während Sie die Schriftart, Schriftstil und Schriftgröße sowie die Textfarbe im Modus „Blättern" ändern können, ist diese Möglichkeit für die Menü-Befehle Textausrichtung und Zeilenabstand nicht gegeben.

Falls Sie Ihren Brief im „Blocksatz" schreiben oder den Zeilenabstand verändern möchten, müssen Sie in die Layout-Ebene wechseln. Erst dort können Sie dann die gewünschten Formatierungen für das Feld „Brieftext" einstellen. Außerdem fehlt bei der Wahl von Blocksatz eine die Wortabstände ausgleichende Silbentrennungsvorschrift. Es ist daher empfehlenswert, Brieftexte linksbündig im Flattersatz zu schreiben.

3.5 Rechtschreibprüfung

FileMaker Pro ist eine Datenbank mit integrierter Rechtschreibprüfung. Sie können Ihren gesamten Datenbestand und sogar die Layout-Texte einer Rechtschreibprüfung unterziehen. Dies mag sicherlich manchem überflüssig erscheinen, aber bei der Prüfung von Brieftexten ist eine Rechtschreibprüfung eine nützliche Hilfestellung.

Um den geschriebenen Brieftext zu prüfen, markieren Sie ihn und rufen anschließend die Rechtschreibprüfung auf. Unter dem Menü *Bearbeiten* finden Sie den Aufruf der Rechtschreibprüfung, wählen Sie die Option *Auswahl prüfen*.

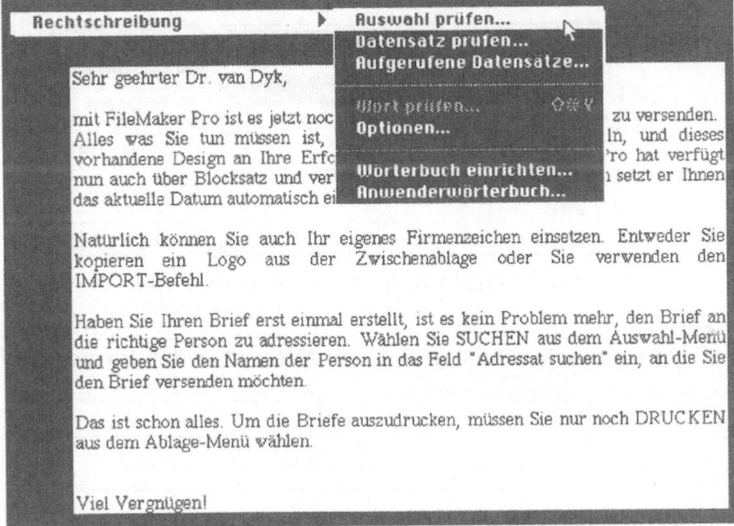

Aufruf der Rechtschreibprüfung für den markierten Brieftext

Die Option *Datensatz prüfen* prüft den Text im aktuellen Datensatz, die Option *Aufgerufene Datensätze* überprüft die aktuelle Datensatzauswahl. Darüberhinaus können Sie mit verschiedenen Wörterbüchern und Anwenderwörterbüchern arbeiten und die grundlegende Arbeitsweise der Rechtschreibprüfung einstellen.

Einstellungsmöglichkeiten der Rechtschreibprüfung

Der Layout-Text wird nur im Layout-Modus bei eingeschaltetem Text-Werkzeug geprüft.

Während der Rechtschreibprüfung zeigt das Feld „Wort" unbekannte Wörter an. In einer Liste schlägt Ihnen FileMaker Pro ähnliche Wörter zur Auswahl vor. Über das SchlüsselSymbol können Sie den Kontext des Wortes einblenden lassen. Wenn Sie aus der Vorschlagsliste ein Wort übernehmen wollen, klicken Sie es entweder doppelt an oder geben den Tastaturbefehl ein. Sie können es auch markieren und die Taste „Ersetzen" betätigen.

Korrekturmöglichkeiten mit der Rechtschreibprüfung

Schlüsselsymbol zum Einblenden des Kontextes

Wörter, die korrekt geschrieben sind und in das Anwenderwörterbuch kommen sollen, können Sie über die Taste „Lernen" aufnehmen lassen. Sollen sie nicht aufgenommen werden, wird die Taste „Übergehen" betätigt.

Wollen Sie ein Wort korrigieren, schreiben Sie es neu oder positionieren Sie die Einfügemarke im Feld „Wort" und führen die Korrektur durch.

Sie können die Rechtschreibprüfung auch während des Schreibens des Briefes eingeschaltet haben. Über das Auswahlfenster *Optionen* können Sie die entsprechenden Einstellungen vornehmen. Bei eingeschaltetem Warnton werden Sie bei jedem falsch geschriebenen, d. h. auch bei unbekannten Wörtern, gewarnt. Allerdings verlangsamt sich die Texterstellung dabei nicht unwesentlich. Eine nachträgliche Prüfung ist also empfehlenswerter.

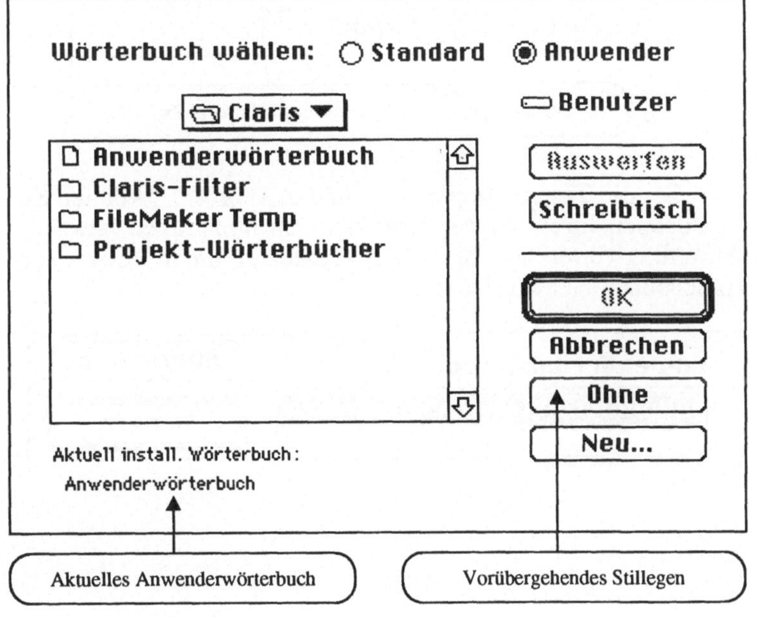

Einstellungen der
Rechtschreibprüfung

Sie können für die Rechtschreibprüfung auch verschiedene Wörterbücher aus unterschiedlichen Sprachräumen und Fachgebieten verwenden. Über den Menü-Befehl *Wörterbuch einrichten* wird Ihnen das aktuelle Standard-Wörterbuch und das aktuelle Anwender-Wörterbuch angezeigt. Über das Auswahl-Fenster können Sie das Wörterbuch wechseln und installieren. Über die Taste „Ohne" können Sie das Anwenderwörterbuch vorübergehend stillegen. Die Reaktivierung erfolgt über eine erneute Einrichtung des Anwenderwörterbuches.

Wörterbücher einrichten

Die Anwenderwörterbücher können übrigens in dreierlei Weise gestaltet werden:

- während der Rechtschreibprüfung lernt das Anwenderwörterbuch neue Wörter
- das Anwenderwörterbuch wird unmittelbar als Textdatei bearbeitet
- dem Anwenderwörterbuch wird eine importierte Textdatei hinzugefügt

Den Befehl zur Bearbeitung des Anwenderwörterbuches und zum Import bzw. Export von Textdateien finden Sie in dem Untermenü *Anwenderwörterbuch.*

Bearbeiten des Anwenderwörterbuches

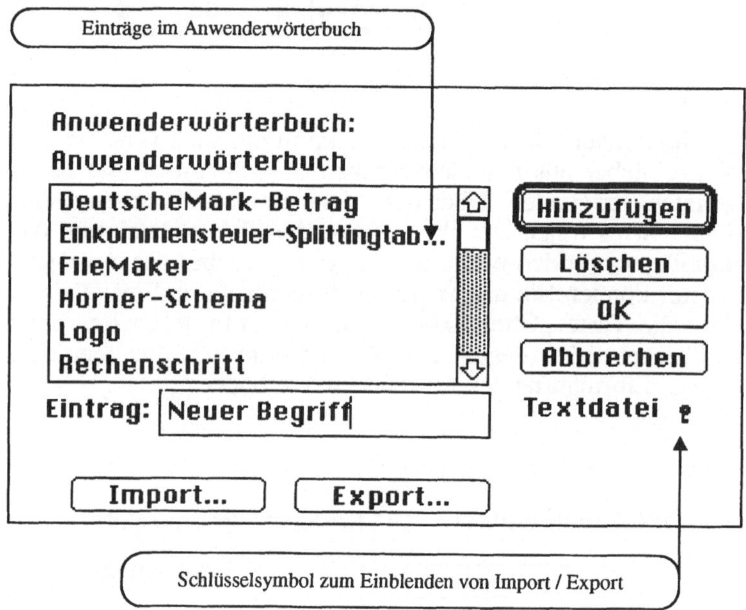

Über die Tasten „Import . . .“ und „Export . . .“ können Sie Textdateien Ihrem Anwenderwörterbuch hinzufügen bzw. das Anwenderwörterbuch als ASCII-Textdatei unter einem entsprechenden Namen sichern.

Exportieren des Anwender-Wörterbuches

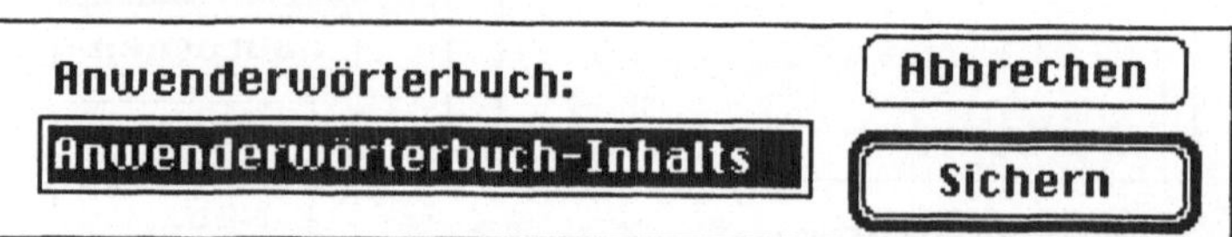

3.6 Programmsteuernde Tasten

Bisher wurden diese Layout-Objekte kurz angesprochen:

- *Datenfelder*
- *Layout-Text*
- *Grafik*
- *Layout-Bereiche*

Ein weiteres Layout-Objekt ist die *programmsteuernde Taste*. Mit diesem Objekt können Sie FileMaker Pro dazu bringen, Befehle und Befehlssequenzen, sogenannte Stapelverarbeitungen oder auch Makros, auszuführen. Mit dem Drucken der Korrespondenz per Mausklick wollen wir einmal beginnen. Dazu zeichnen wir zunächst einmal eine Taste. Mit dem Text-Werkzeug erstellen wir einen Layout-Text mit dem Inhalt „Brief drucken". Diesen Text formatieren Sie: Die Tastenbeschriftung kann z. B. in der System-Menü-Schrift „Chicago" in der Größe 12 Punkt erfolgen. Vereinen Sie dann die zwei Layout-Objekte zu einer Taste. Aktivieren Sie beide Objekte bei gedrückter Umschalt-Taste und richten Sie die Objekte aus.

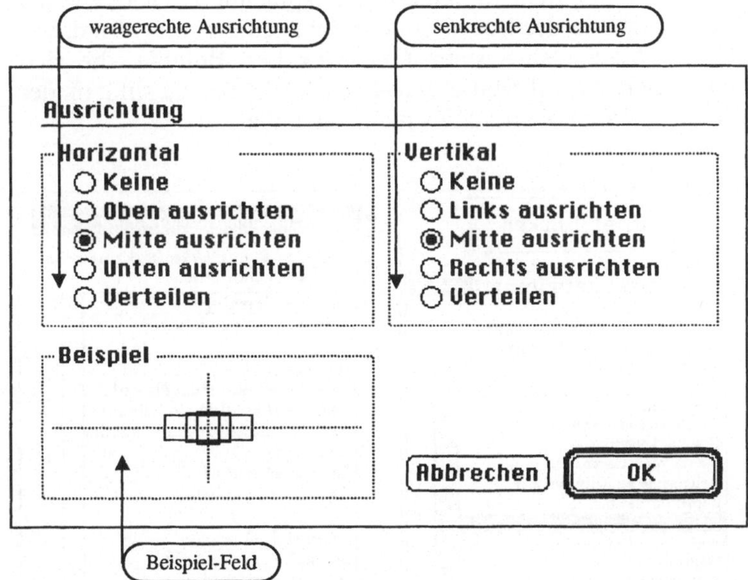

Einstellung der **Ausrichtung von Objekten**

Unter dem Menü *Extra* findet sich eine Rubrik, die sich mit dem Ausrichten von Objekten befaßt. Die Ausrichtung können sie über das Auswahlfenster *Ausrichten . . .* einstellen; der Befehl *Ausrichten* ordnet die aktivierten Objekte anhand einer vorher eingestellten Ausrichtung an. Es empfiehlt sich, die eingestellten Ausrichtungen erst einmal zu überprüfen. Die

Ausrichtung aneinander kann in der Waagerechten und Senkrechten geschehen. Das Beispiel-Feld zeigt immer die möglichen Konsequenzen der gewählten Einstellung.

Für die Taste „Brief drucken" sollen beide Objekte konzentrisch ausgerichtet werden, d.h. sowohl in der Horizontalen als auch in der Vertikalen sollen sie dasselbe Zentrum haben. Damit Grafik- und Text-Objekt zu einem Objekt verschmolzen werden können, wenden Sie jetzt auf die aktivierten Objekte noch den Befehl *Gruppieren* («Befehl-G») aus dem Menü *Extra* an. Auf dem neuen Grafik/Text-Objekt steht zwar „Brief drucken", es handelt sich vorläufig allerdings noch um eine Attrappe. Es fehlt noch die Verbindung mit dem Befehl zum Drucken. Unter dem Menü *Spezial* hält FileMaker über den Befehl *Taste definieren* einen stattlichen Befehlsvorrat für Tasten bereit. Der Befehlsvorrat mit den zugehörigen Wirkungen und Befehls-Optionen ist auf den folgenden Seiten dokumentiert.

In der Windows-Version von FileMaker Pro findet sich derselbe Befehlsvorrat, eine Taste heißt dort *Schaltfläche* und der entsprechende Menü-Befehl unter dem Menü *Spezial* lautet eben *Schaltfläche definieren*. Die sprachliche Differenz hat ihre Ursache in der Begriffsbildung von Microsofts Windows. Die für Macintosh-System 7 entwickelten Befehle, die sich hinter dem Aufruf von *Apple-Events* verbergen, sind in der Windows-Version allerdings nicht verfügbar.

Taste mit dem Befehl *Drucken [. .]* unterlegen

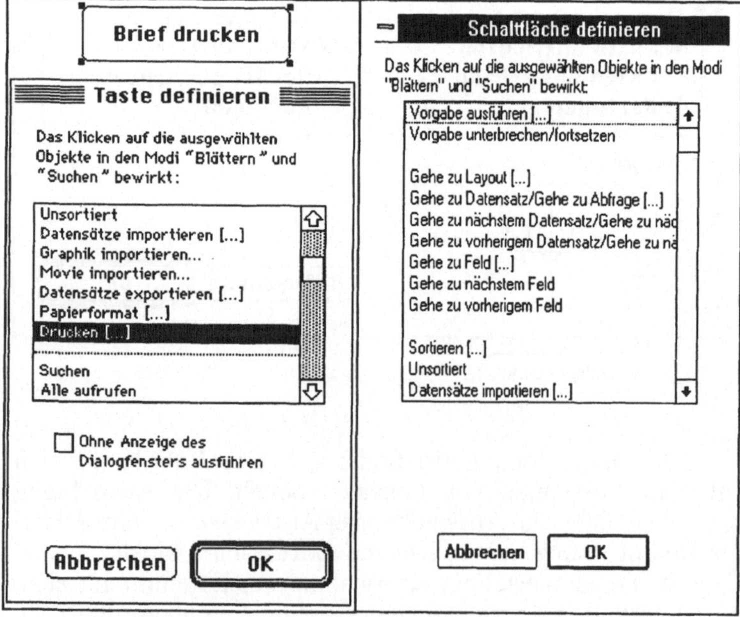

ScriptMaker-Befehl	Wirkung	Optionen
Vorgabe ausführen [...]	Ausführen einer Vorgabe innerhalb einer Vorgabe	Teilvorgaben ausführen; Vorgabe angeben
Vorgabe unterbrechen/fortsetzen	Unterbrechen einer Vorgabe, Fortsetzung nach Benutzerkommando	
Gehe zu Layout [...]	Wechseln in ein bestimmtes Layout der Datei	Angabe des Layouts; Aktualisierung des Bildschirms
Gehe zu Datensatz/Abfrage [...]	Wechsel zu einem bestimmten Datensatz oder Abfrage	Ohne Anzeige des Dialogfensters; Datensatz/Abfrage angeben
Gehe zum nächsten Datensatz/nächster Abfrage [...]	Wechsel zum nächsten Datensatz/Abfrage	Vorgabe nach dem letztem Schritt beenden
Gehe zu vorher. Datensatz/Abfrage [...]	Wechsel zum vorherigen Datensatz/Abfrage	Vorgabe nach letztem Schritt beenden
Gehe zu Feld [...]	Wechseln in ein bestimmtes Feld der Datei	
Gehe zum nächsten Feld	Wechseln in das nächste Feld	
Gehe zum vorherigem Feld	Wechseln ins vorherige Feld	
Sortieren [...]	Sortieren der Datensätze entsprechend der aktiven Sortierfolge	Sortierordnung übernehmen; Ohne Anzeige des Dialogfensters ausführen
Unsortiert	Wiederherstellen der ursprünglichen Datensatzreihenfolge	

ScriptMaker-Befehl	Wirkung	Optionen
Datensätze importieren [...]	Importieren von Datensätzen aus der angegeben Datei	Importordnung übernehmen; Datei angeben; Ohne Anzeige des Dialogfensters ausführen
Graphik importieren [...]	Importieren einer Graphik aus einer Datei	
Movie importieren [...]	Importieren eines QuickTime-Movies	
Datensätze exportieren [...]	Exportieren von Datensätzen in eine neue Datei gemäß festgelegtem Dateiformat, -namen und Speicherort	Exportordnung übernehmen; Datei angeben; Ohne Anzeige des Dialogfensters ausführen
Papierformat [...]	Einstellen der Optionen im Dialogfenster *Papierformat*	Optionen für die Einstellung; Ohne Anzeige des Dialogfensters ausführen
Drucken [...]	Drucken mit Einstellungen des Dialogfensters *Drucken*	Ohne Anzeige des Dialogfensters ausführen
Suchen [...]	Suchen nach Datensätzen, die der oder den Abfrage(n) entsprechen	Suchabfragen übernehmen
Alle aufrufen	Alle Datensätze aufrufen	
Erneut suchen	Letzte Suchabfrage wird wiederholt	
Ausschließen	Stillegen des aktuellen Datensatzes	
Ausschluß umkehren	Umkehrung der gefundenen Datensatzgruppe	

ScriptMaker-Befehl	Wirkung	Optionen
Mehrere ausschließen [...]	Stillegen von Datensätzen, ausgehend vom aktuellen Datensatz, in der angegebenen Anzahl	Datensatz angeben; Ohne Anzeige des Dialogfensters ausführen
Blättern aktivieren [...]	Zum Modus *Blättern* wechseln	Pause
Suchen aktivieren [...]	Zum Modus *Suchen* wechseln	Suchabfragen übernehmen; Pause
Seitenansicht aktivieren [...]	Zur *Seitenansicht* wechseln	Pause
Neuer Datensatz/Abfrage	Neuer Datensatz/Abfrage wird angelegt	
Datensatz/Abfrage duplizieren	aktueller Datensatz/Abfrage wird verdoppelt	
Datensatz/Abfrage löschen [...]	aktueller Datensatz/Abfrage wird gelöscht	Ohne Anzeige des Dialogfensters ausführen
Aufgerufene Datensätze löschen [...]	Löschen der aktuell aufgerufenen Datensatzgruppe	Ohne Anzeige des Dialogfensters ausführen
Einsetzen aus Index [...]	Anzeigen des Index für das Feld	Gesamten Inhalt auswählen; Feld angeben
Einsetzen aus vorherigem Datensatz [...]	Einsetzen der Daten aus einem Feld des zuletzt geänderten Datensatz in dasselbe Feld des aktuellen Datensatzes oder der aktuellen Abfrage	Gesamten Inhalt auswählen; Feld angeben
Einsetzen Datum [...]	Einsetzen des aktuellen Systemdatums in ein Feld	Gesamten Inhalt auswählen; Feld angeben

ScriptMaker-Befehl	Wirkung	Optionen
Einsetzen Zeit [...]	Einsetzen der aktuellen Systemzeit in ein Feld	Gesamten Inhalt auswählen; Feld angeben
Einsetzen Benutzername [...]	Einsetzen des aktuellen Benutzernamens in ein Feld	Gesamten Inhalt auswählen; Feld angeben
Einsetzen Literal [...]	Einsetzen einer Zeichenkette in ein Feld	Text angeben
Ersetzen durch Feldinhalt [...]	Ersetzen desselben Feldes durch den Inhalt des aktuellen Feldes in allen aufgerufenen Datensätzen der Datei	Ohne Anzeige des Dialogfensters ausführen; Feld angeben
Ersetzen durch Seriennummer [...]	Fortlaufende Numerierung eines Feldes in den aufgerufenen Datensätzen	Ohne Anzeige des Dialogfensters ausführen; Feld angeben
Referenz wiederholen [...]	Kopieren neuer Werte aus der Referenzdatei in die aktuelle Datei	Ohne Anzeige des Dialogfensters ausführen; Feld angeben
Rückgängig	Widerrufen der letzten Aktion	
Ausschneiden [...]	Ausschneiden des Feldinhaltes und plazieren in der Zwischenablage	Gesamten Inhalt auswählen; Feld angeben
Kopieren [...]	Kopieren des Feldinhaltes in die Zwischenablage	Gesamten Inhalt auswählen; Feld angeben
Einsetzen [...]	Einsetzen des Zwischenablageinhaltes in ein Feld	Gesamten Inhalt auswählen; Feld angeben; Einsetzen ohne Stil
Löschen [...]	Löschen des Feldinhaltes	Gesamten Inhalt auswählen; Feld angeben

ScriptMaker-Befehl	Wirkung	Optionen
Alles auswählen	Auswählen des gesamten Feldinhaltes	
Auswahl prüfen [...]	Rechtschreibprüfung im ausgewählten Feld	Gesamten Inhalt auswählen; Feld angeben
Datensatz prüfen	Rechtschreibprüfung im Datensatz	
Aufgerufene Datensätze prüfen	Rechtschreibprüfung in den aufgerufenen Datensätzen	
Statusbereich umschalten [...]	Ein-/Ausblenden des Statusbereiches	Ein-/ Ausblenden; Umschalten;
Auflisten umschalten [...]	Auflisten ein-/ausschalten	Ein-/Ausschalten; Umschalten
Fenster umschalten [...]	Ausblenden oder Größenänderung des aktuellen Fensters	Ausblenden; Zoomen; Rückgängig; Bildschirm aktualisieren
Pos 1	Zum Beginn des Layouts rollen	
Bild auf	Um eine Bildschirmseite nach oben blättern	
Bild ab	Um eine Bildschirmseite nach oben blättern	
Ende	Zum Ende des Layouts rollen	
Apple-Event senden [...]	Senden eines Events	Angeben
Hilfe...	Hilfe einblenden	
Öffnen [...]	Öffnen einer Datei	Datei angeben
Schließen	Schließen aktueller Datei und beenden aktueller Vorgaben	
Kopie sichern [...]	Sichern einer Kopie der Datei	Format, Ort, Datei angeben
Felder definieren...	Öffnen des Auswahlfensters *Felder definieren*	
Beenden	Schließen aller Dateien und beenden des Programms	

Wählen Sie aus der Liste den Befehl *Drucken[...]*. Wer beim Drucken auf die Anzeige des Dialogfensters verzichten möchte, kann die entsprechende Option ankreuzen. Einen vollständigen Überblick über den gesamten Befehlsvorrat für Tasten gibt die Liste aller Befehle. Als programm- und ablaufsteuernde Tasten können Sie im Layout jedes Grafik- und Bildobjekt, Layout-Text und gruppierte Objekte definieren. Nicht als Taste definiert werden können Objekte vom Typ Datenfeld. Bei einem Versuch erhalten Sie die entsprechende Fehlermeldung vom Programm.

Fehlermeldung beim Versuch, ein Datenfeld als Befehlstaste zu definieren

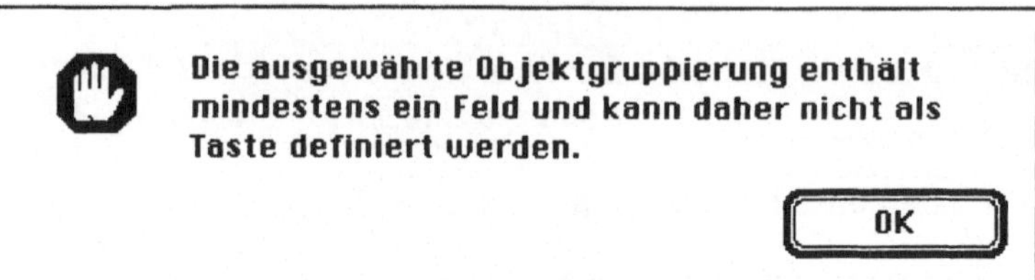

Nach der Zuordnung des Druck-Befehls zur entsprechenden Taste steht der Auslösung des Druckbefehls per Mausklick im Blättern- oder Suchen-Modus nichts mehr entgegen. Dennoch sind Sie gut beraten, erst noch einmal zur Kontrolle in die Seitenansicht zu wechseln.

Befehlstaste im Briefbogen

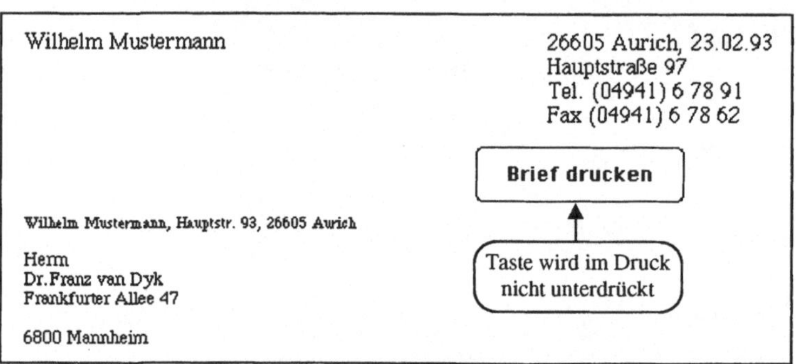

Das Ergebnis ist einigermaßen enttäuschend: Der Druck der Korrespondenz enthält auch die Objekte, die nur für die Arbeit am Bildschirm einen Sinn machen. Grundsätzlich sind erst einmal *alle Objekte im Layout auch für den Druck bestimmt.* Ausgenommen davon sind die Objekte, die nur für den Bildschirm vorgesehen sind. Diese *Ausnahmen müssen Sie File-Maker Pro mitteilen.*

Der Befehl, um Objekte wie Tasten und andere zu reinen Bildschirmobjekten zu machen, findet sich im Layout unter dem Menü *Extras* und dem Auswahl-Fenster *Objekte angleichen.* Das Auswahl-Fenster dient hauptsächlich dazu, Leerräume zwischen gewählten Objekten nach links oder nach oben anzugleichen. So nebenbei ist in dem Auswahlfenster unten die Markierung zur Definition reiner Bildschirmobjekte untergebracht (siehe S. 73).

Nachdem die Taste „Brief drucken" vom Drucken ausgeschlossen worden ist, liefert die Seitenansicht die gewünschten Ergebnisse. Beim Klicken auf die Taste im Blättern-Modus erscheint das Druck-Dialogfeld über den ausgewählten Drucker. Da das Programm in den Druck-Optionen Ihnen die Wahl zwischen fünf Möglichkeiten anbietet, sollten Sie sich vergewissern, daß die Druckoption richtig auf „Aktuellen Datensatz" eingestellt ist. Außerdem können Sie dort zwischen dem Drucken der Felddefinitionen, der Vorgaben-Scripts, dem Druck eines leeren Datensatzes oder aller Datensätze wählen.

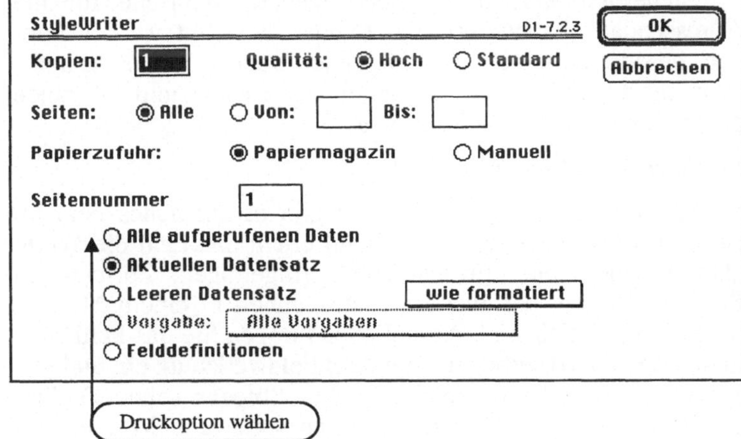

Dialogfeld „Drucken" in File-Maker Pro

3.7 Erweiterungen der Adressendatei

Das Eintragen Ihrer Adressen und das Schreiben Ihrer Briefe müssen Sie noch selber tun, um beides miteinander zu verbinden und auf Papier zu bringen, benutzen Sie jetzt File-Maker Pro.

- Im Layout # 1 können Sie Ihre Adreßdaten eingegeben.

- Im Layout „Briefbogen" schreiben Sie Ihre Briefe; Datum und Adresse werden von FileMaker Pro eingetragen. Ihr persönliches Briefpapier haben Sie immer zur Hand.

- Das Drucken übernimmt FileMaker Pro über eine programmsteuernde Taste.

Dennoch werden Sie die eine oder andere Unvollkommenheit zu bemängeln haben:

- Es fehlt ein Vermerk für postalische Beförderung (Drucksachen etc.).
- Der Schriftverkehr mit juristischen Personen und deren Ansprechpartnern ist nicht berücksichtigt.
- Im Adreßnamen und Adreßblock tauchen bei fehlenden Titeln oder Namenszusätzen Leerschritte auf.
- Die Verbindung beider Layouts ist nicht harmonisiert, die Dateneingabe erfolgt, gemessen an den Möglichkeiten von FileMaker Pro, relativ hölzern.
- Pro Adresse ist nur ein Brief zu speichern; eine elektronische Historie der Briefe läßt sich nicht über die Adressendatei rekonstruieren.

Sicherlich werden Sie noch weitere Wünsche für die Adressendatei haben. Wie die Mängel beseitigt werden können, beschreibe ich auf den folgenden Seiten. Vielleicht kommen die Ergebnisse Ihren Vorstellungen näher und Sie fügen die eigenen Wünsche selbst hinzu?

Einfügen postalischer Vermerke

Für die postalischen Vermerke gibt es ein neues Feld im Eingabe-Layout. In der Vorauswahl erhält das Feld die Werte „Drucksache" und „Einschreiben" eingetragen. Formatieren Sie das Feld so, daß weitere Eintragungen in einem Markierungsfeld möglich sind. Anschließend tragen Sie das Feld auch in das Layout „Briefbogen" mit dem Feldwerkzeug ein und setzen es linksbündig oberhalb des Adreßblocks (ohne Feldbeschriftung) ein. Die Textformatierung sollte den Vermerk im Brief deutlich hervorheben.

Postalischer Vermerk im Eingabe-Layout (links) und Briefbogen (rechts)

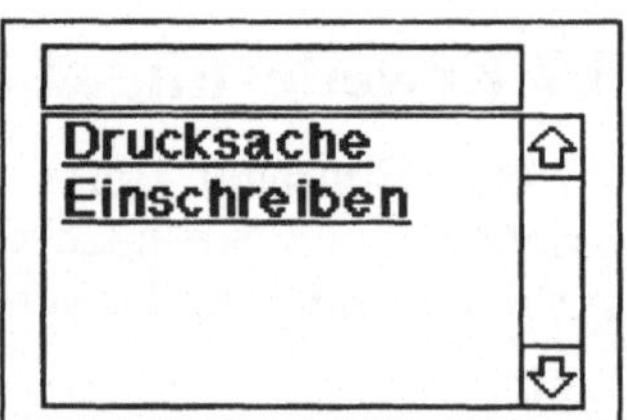

Schreiben an Firmen und Ansprechpartner

Die Änderungen beginnen auch hier mit der Definition der entsprechenden neuen Datenfelder im Eingabe-Layout #1. Fügen Sie ein Feld „Kategorie" hinzu, daß die Werte „Privatperson" und „Firma" als Auswahlfeld enthält.

Definieren Sie darüberhinaus ein weiteres Textfeld mit dem Namen „Firma" für die Firmenbezeichnung. Zur Abrundung können Sie des weiteren noch das Textfeld „Zustellvermerk" mit der Vorauswahl „z. Hd." und „- persönlich -" und der Option „Weitere Eintragungen . . ." neu erstellen.

```
Kategorie  ● Privatperson  ○ Firma    Zustellvermerk
                                       ☐ z. Hd.
                                       ☐ - persönlich -

                                       ☐ Weitere...
```

Neue Datenfelder in der Adressendatei

Der so gestaltete Adreßblock ermöglicht es Ihnen, als Adressaten eine Firma, Behörde etc. einzutragen. Falls vorhanden, sprechen Sie darauffolgend eine Ansprechpartnerin oder einen Ansprechpartner mit einem Zustellvermerk an. Für die Daten des Ansprechpartners können Sie die Felder Name, Vorname, Titel und Namenszusatz weiterverwenden. Die Formel für die Berechnung des Adreßnamens und des Adreßblocks bedarf dann allerdings einiger Modifikationen. Das komplette Adreßfeld sieht dann bei juristischen Personen so aus:

```
Einschreiben


Heimatverein Aurich e.V.

z. Hd. Herrn Dr. Joop van Nessen

Esenser Str. 97


26605 Aurich
```

Verändertes **Adressenfeld** mit postalischem Vermerk

Ist kein Ansprechpartner vorhanden oder in der Adresse gewünscht, bleibt das Feld leer und die Position des Feldes „Straße" rückt nach oben. Verfügt der Adressat über ein Postfach, tragen Sie es anstelle der Straße in das Feld „Straße" ein, beachten Sie bitte die entsprechend veränderte Postleitzahl. Bei den Privatpersonen schließen Sie die unerwünschten Leerschritte bei nicht vorhandenem Titel und/oder Namenszusatz per If-Abfrage aus. Nach der Anlage der neuen Datenfelder liegt das Augenmerk im Formel-Editor. Die Verknüpfungen für die Textfelder „Adreßname" und „Adreßblock" sind grundlegend zu überarbeiten. Zunächst werden die Änderungen für den „Adreßnamen" beschrieben.

Der Adressenaufbau bei der Kategorie „Firma" unterscheidet sich vom Aufbau der Adresse bei der Kategorie „Privatperson". Die Eventualitäten bei den Zustellvermerken und Ansprechpartnern antizipieren Sie über eine geschachtelte Wenn-Dann-Sonst-Abfrage. Ansonsten können Sie die Formel des Adreßnamens bei Privatpersonen weiterverwenden. Einen groben Überblick gibt hier ein Struktogramm:

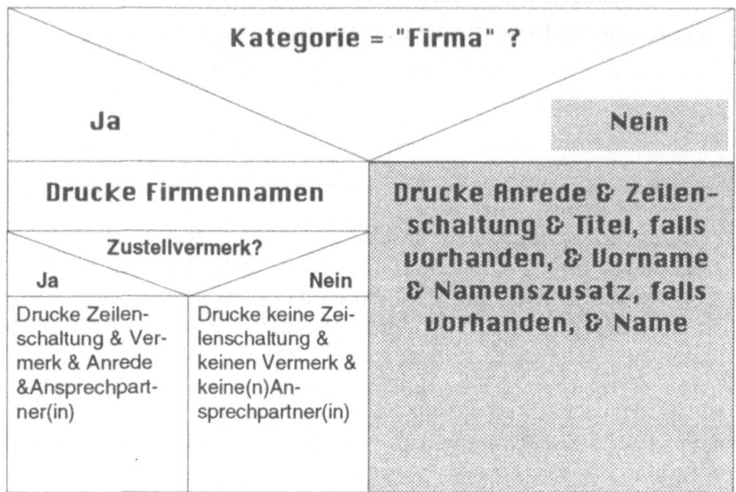

Im Formel-Editor sieht die etwas umfangreichere Verknüpfung für das Feld „Adreßname" jetzt so aus:

Verändertes **Formelfeld für den Adreßnamen**

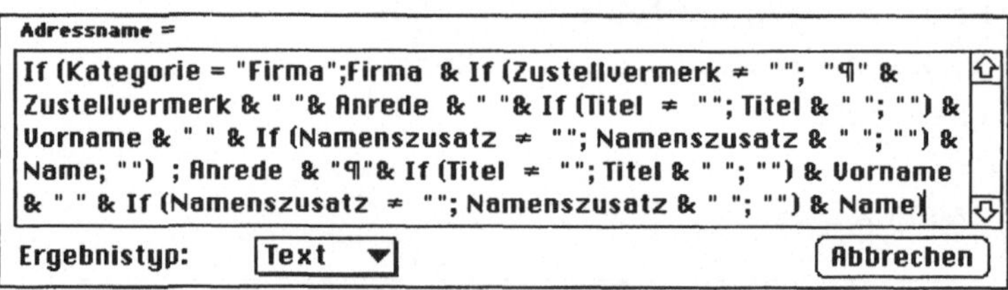

Nur geringfügig verändert sich die Formel für den Adreßblock. Die Abfrage nach dem Druck des Empfängerlandes integrieren wir in die Zeichenkette, die Anrede ist Bestandteil des Feldes Adreßname.

Verändertes **Formelfeld für den Adreßblock**

Zwei Layouts – eine Korrespondenz-Datei

Das Wechseln zwischen beiden Layouts – eines für die Eingabe der Adressen und eines für das Schreiben der Briefe – ist bislang nur über das entsprechende Werkzeug im Status-Bereich von FileMaker Pro möglich. Außerdem erfordert die Arbeit mit der Korrespondenz-Datei viel zu oft den Zugriff auf die Menü-Befehle des Programms. Und fürs Briefeschreiben muß man die Befehle nicht unbedingt kennen. Programmsteuernde Tasten ermöglichen hier eine effektive Vereinfachung, jeder Benutzer kann ohne große Einarbeitungszeit intuitiv mit der Datei umgehen. Um diese nützlichen Erleichterungen einzurichten, beginnen wir mit der Umbenennung von Layout #1. Das Layout soll nun auch „Adresseneingabe" heißen, und File-Maker Pro soll beim Öffnen der Datei dieses Layout zeigen. Über das Menü *Layout* und den Befehl *Layout-Optionen* wird es möglich, den Dateinamen zu ändern.

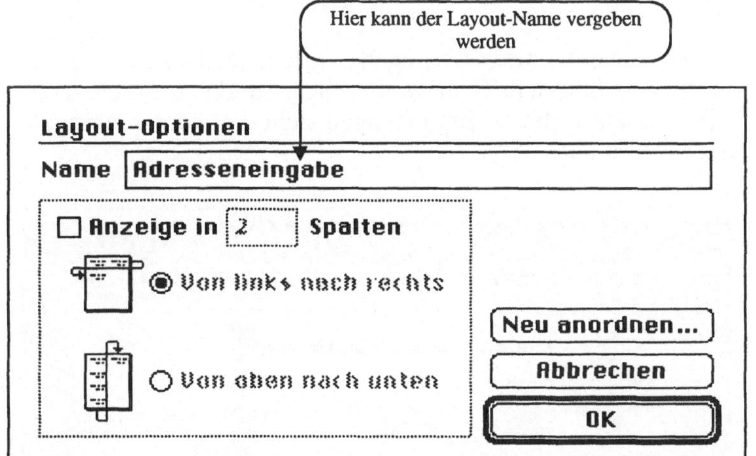

Andern des Layout-Namens

Über den Menü-Befehl *Voreinstellungen* und die Rubrik *Dokument* können Sie dieses Layout als Startlayout beim Öffnen der Datei auswählen.

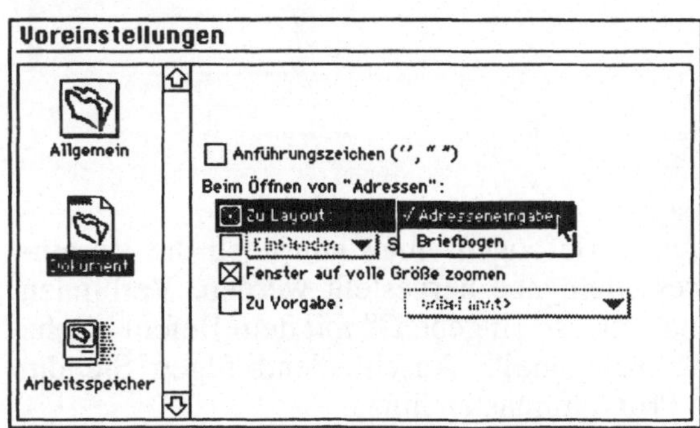

Startlayout festlegen

Gruppieren Sie nun die Datenfelder und ihre Bezeichnungen so, daß die programmsteuernden Tasten darunter auf eine Flucht gesetzt werden können. Man kann die Tastensteuerung auch durch einen dünnen Querstrich von dem Datenteil trennen. Zunächst erstellen wir drei neue Tasten:

Dieser Taste wird der Befehl „Neuer Datensatz[...]" aus dem Menü *Taste definieren* zugeordnet. Bei Mausklick auf die Taste wird ein neuer Datensatz angelegt.

Diese Taste hat den Befehl „Suchen[...]" zugeordnet bekommen. Beim Mausklick wird in den Suchen-Modus gewechselt.

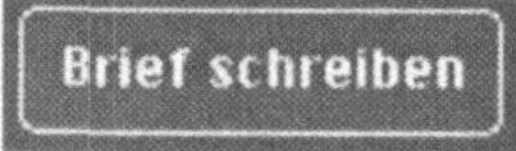

Mausklick auf diese Taste bewirkt das Wechseln in das Layout „Briefbogen".

Das Layout „Adresseneingabe" erhält jetzt noch eine entsprechende Überschrift in weißer Schriftfarbe mit schwarzer Füllfarbe. Nach diesen Ergänzungen sieht die Adresseneingabe jetzt etwa so aus:

Adresseneingabe-Layout mit Befehlstasten

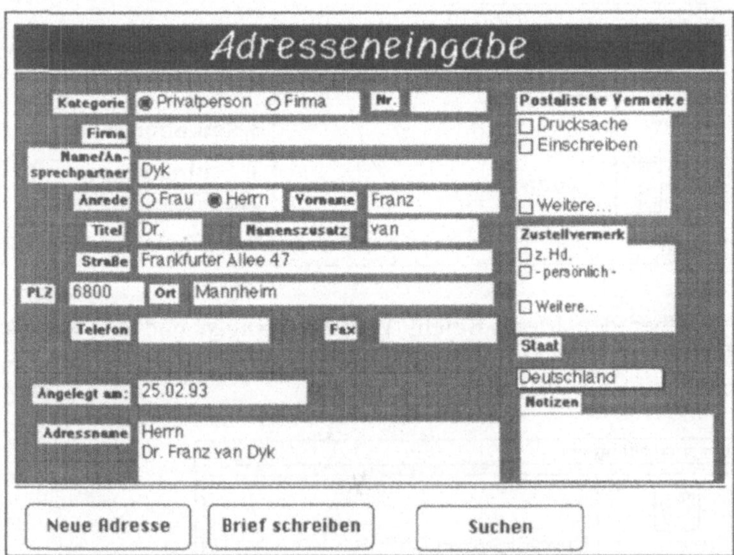

Auch im Layout „Briefbogen" muß nun noch die Verbindung mit der Adresseneingabe hergestellt werden. Verbinden Sie die Taste „Neue Adresse eingeben?" mit dem Befehl „Gehe zu Layout [Adresseneingabe]". Anschließend fügen Sie die Taste den anderen Programmtasten hinzu.

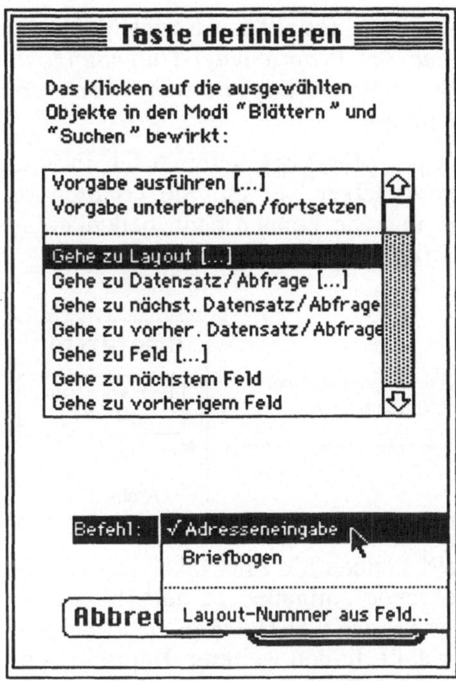

Layout-Wechsel per
Tastenklick festlegen

Jetzt haben Sie eine Verbindung zwischen beiden Layouts hergestellt; für Ihre grundlegenden Arbeiten mit der Korrespondenz-Datei – Adressen eingeben, Briefe schreiben und Adressaten suchen – brauchen Sie sich der FileMaker Pro-Befehle nicht mehr zu erinnern: Per Mausklick steuern Sie die Arbeit von FileMaker Pro.

3.8 ScriptMaker™ in Aktion – ein elektronisches Briefarchiv

Die bislang geschaffene Adressendatei mit integrierter Korrespondenz legt jeden Brief als Textfeld im zugehörigen Datensatz ab. Jeder neue Brief muß also in dem Textfeld geschrieben werden, in dem der vorherige Brief bereits steht. Und das bedeutet, daß der Inhalt des alten Briefes überschrieben wird und in der Datei verloren ist. Nun kann man selbstverständlich von der Datei eine Sicherheitskopie nach jedem Brief erstellen, oder aber es könnten all die Datensätze mit Brieftexten in eine Archivierungsdatei exportiert werden. Der Arbeitsaufwand entspricht mindestens dem der Prozedur *Speichern unter* in jeder Textverarbeitung und der Speicherplatzbedarf ist beim ersten Verfahren im Vergleich zum Speichern von Textdateien unverhältnismäßig groß. Mit der neuen Version von FileMaker Pro bietet sich hier die automatische Archivierung durch die Einbindung eines Vorgaben-Scriptes, erstellt mit Script-Maker™, an. *ScriptMaker™ ist eine Art Programmier-Umgebung, in der Sequenzen von FileMaker Pro-Abläufen beschrieben werden können (*Stapelverarbeitung*).*

Ihre Briefe sollen nun per Mausklick automatisch in eine Briefarchivierungsdatei geschrieben werden. Sie erhalten so eine elektronische Ablage und Sie können dann bedenkenlos die alten Briefe im Feld „Brieftext" überschreiben.

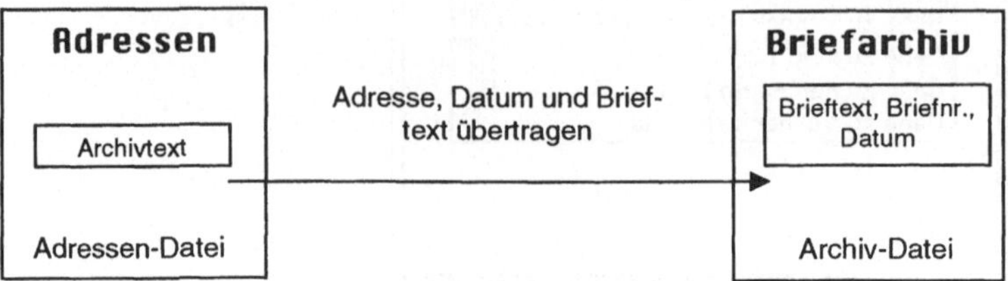

Mit dem ScriptMaker™ können Sie FileMaker Pro anweisen, bestimmte, wiederkehrende Aufgaben zu automatisieren. In diesem Kapitel wird das *Senden von Daten in ein Datenfeld einer anderen Datei* dargestellt. In den weiteren Kapiteln können Sie andere Anwendungsmöglichkeiten von ScriptMaker™ kennenlernen. Um die Adressendatei zum Senden von Daten vorzubereiten, definieren Sie zunächst einmal zwei neue Datenfelder. Führen Sie diese Aktion am besten im Layout-Modus für das Layout „Briefbogen" durch, dann plaziert das Programm die neuen Felder dort, wo sie hingehören.

- Das Feld „Briefdatum" soll die automatische Eingabe des aktuellen Datums im Briefkopf ersetzen. Den Inhalt des Datums lassen Sie automatisch erstellen, wenn der Datensatz geändert wird. Das automatisch erzeugte Datum soll nicht fixiert werden. Die wichtigste Änderung eines Datensatzes ist das Schreiben eines neuen Briefes. Über die „Optionen" aus dem Auswahlfeld „Felder definieren. . ."

Automatische Datumseingabe-Optionen des Feldes „Briefdatum"

wählen Sie die automatische Eingabe des Änderungsda-
tums. Das neue Feld wird oben rechts im Briefkopf positioniert und der Text wie der Briefkopf z.B. in Times, Standard, 14 Punkt formatiert.

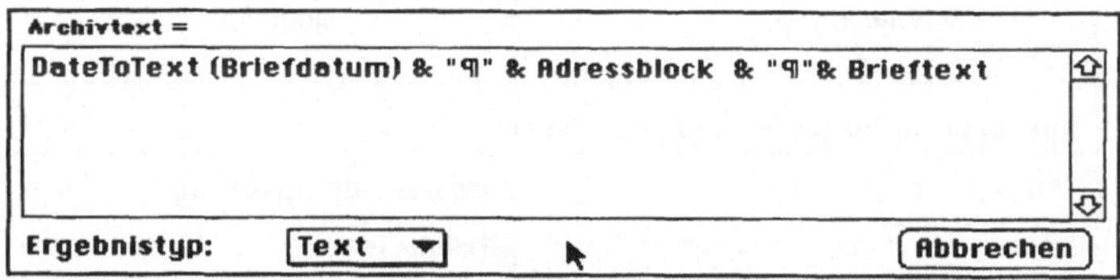

Verbindung des Feldes
„Briefdatum" mit Layout-
Text

- Zum Sammeln des im Archiv abzulegenden Textes brauchen Sie ein neues Formelfeld mit dem Namen „Archivtext". Als Ergebnis wird eine Zeichenkette gewünscht. Der
Inhalt des Feldes soll aus dem Briefdatum, dem Adreßblock und dem Brieftext bestehen. Das Briefdatum müssen
Sie noch in einen Text verwandeln lassen. Inklusive der
notwendigen Zeilenschaltungen sieht die Verknüpfungsformel für die neue Zeichenkette dann folgendermaßen aus:

Verknüpfungsformel
für das Feld „Archiv-
text"

Vom Feld „Archivtext" benötigen wir im Layout nur einen
„Schatten". Positionieren Sie es unterhalb der Taste „Brief
drucken". Schließen Sie das Feld jetzt vom Drucken aus,
später soll eine im Vordergrund plazierte Taste das Feld
verdecken.

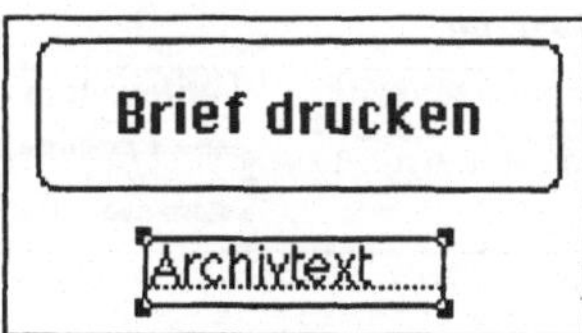

Plazierung des Feldes „Archivtext"
im Layout

Damit sind die Vorbereitungen in der Datei „Adressen"
abgeschlossen. Als nächstes wird die Zieldatei, das Briefarchiv,
erstellt. Sie besteht nur aus drei Feldern: dem Textfeld
„Archivtext", dem Datum und dem Zahlenfeld „Briefnr.". Die
Datenfelder „Datum" und „Briefnr." sollen von FileMaker Pro
bei der Anlage eines neuen Datensatzes automatisch mit Daten

Felder definieren für "Briefarchiv"			3 Felder
Name	Typ	Optionen	Anzeige nach Erstellung ▼
✢ Archivtext	Text		
✢ Datum	Datum	Erstellungsdatum, Fixiert	
✢ Briefnr.	Zahl	Autom. Seriennr., Wert erforderlich, Eindeutig, Zahl..	

Datenfelder der Da-
tei „Briefarchiv"

gefüllt werden. Für spätere Suchabfragen im Briefarchiv können Sie nützliche Dienste leisten.

Datum Hier wird automatisch das Archivierungsdatum des Briefes eingetragen. Dies Datum ist das Erstellungsdatum des Datensatzes, es ist nicht veränderbar, also fixiert.

Briefnr. Das Datenfeld wird automatisch mit einer Seriennummer bei der Erstellung eines neuen Datensatzes versehen. Die Seriennummer beginnt bei 1 und wird im Intervall von 1 pro Datensatz erhöht. Zusätzlich werden Plausibilitätskontrollen (FileMaker Pro nennt dies „Feldwert-Überprüfung") eingeschaltet, daß dieses Feld einen Wert enthalten muß, daß er eindeutig ist (also nicht zweimal auftreten darf) und vom Typ „Zahl" sein muß.

Automatische Vergabe einer Seriennummer: Optionen für das Feld „Briefnr." in der Datei „Briefarchiv"

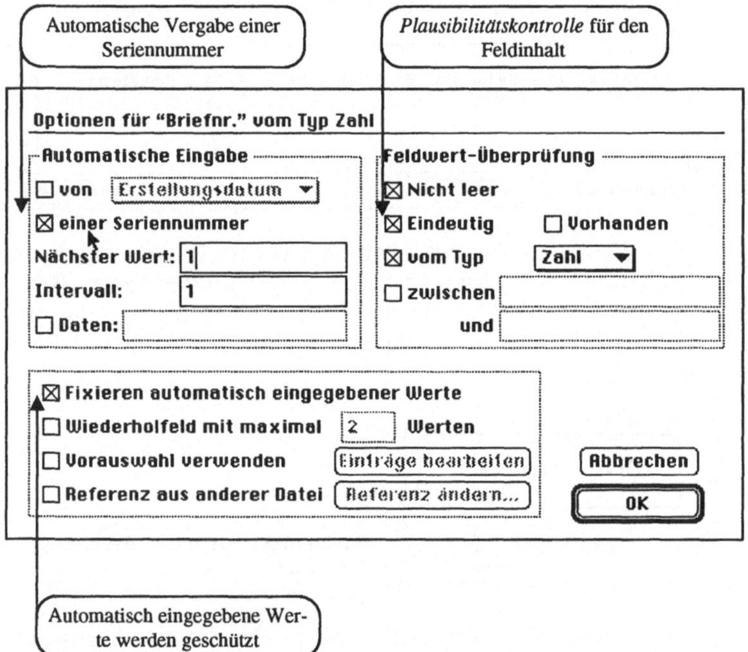

Damit sind die Felder der Archiv-Datei fertig. Benennen Sie das Layout #1 mit dem Namen „Briefe"; die Datenfelder positionieren Sie entsprechend der folgenden Abbildung. Die Größe der Felder passen Sie Ihren Erfordernissen an. Für das Feld „Archivtext" sollte genügend Platz gelassen werden, damit möglichst viel vom Archivtext sichtbar ist; über den Befehl „Feldformat" können Sie das Feld zusätzlich mit einem vertikalen Rollbalken ausstatten.

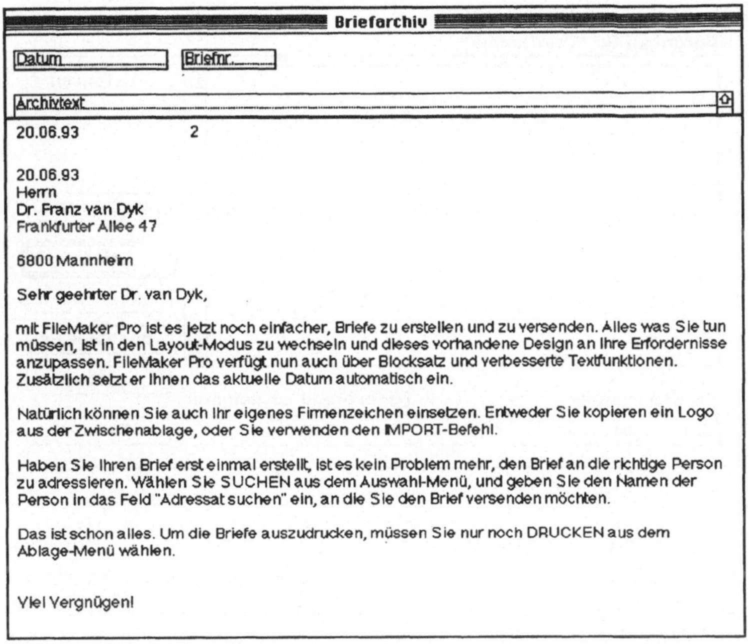
Briefarchiv

Datum | Briefnr.

Archivtext

20.06.93 2

20.06.93
Herrn
Dr. Franz van Dyk
Frankfurter Allee 47

6800 Mannheim

Sehr geehrter Dr. van Dyk,

mit FileMaker Pro ist es jetzt noch einfacher, Briefe zu erstellen und zu versenden. Alles was Sie tun müssen, ist in den Layout-Modus zu wechseln und dieses vorhandene Design an Ihre Erfordernisse anzupassen. FileMaker Pro verfügt nun auch über Blocksatz und verbesserte Textfunktionen. Zusätzlich setzt er Ihnen das aktuelle Datum automatisch ein.

Natürlich können Sie auch Ihr eigenes Firmenzeichen einsetzen. Entweder Sie kopieren ein Logo aus der Zwischenablage, oder Sie verwenden den IMPORT-Befehl.

Haben Sie Ihren Brief erst einmal erstellt, ist es kein Problem mehr, den Brief an die richtige Person zu adressieren. Wählen Sie SUCHEN aus dem Auswahl-Menü, und geben Sie den Namen der Person in das Feld "Adressat suchen" ein, an die Sie den Brief versenden möchten.

Das ist schon alles. Um die Briefe auszudrucken, müssen Sie nur noch DRUCKEN aus dem Ablage-Menü wählen.

Viel Vergnügen!

Layout der Datei „Briefarchiv“ [oben] und archivierter Brief [unten]

Jetzt können Sie eine erste Stapelverarbeitung mit den Makros von FileMaker Pro schreiben: Unter dem Menü *Spezial* öffnen Sie den *Script-Maker™*. Die Vorgaben gehören zur jeweiligen Datei und werden jeweils mit ihr zusammen gesichert.

Im folgenden Auswahlfenster *Vorgaben* erhält jedes Script einen Namen. Optional können Sie bis zu zehn Vorgaben mit den Tastaturkommandos «Befehl-1» bis «Befehl-10» unter dem Menü *Spezial* aufnehmen lassen. 40 weitere Vorgaben nimmt das Menü *Spezial* darüber hinaus ohne Tastaturkommandos auf. Verschiedene Tasten sorgen im Auswahlfenster für die Verwaltung der Vorgabenliste: Neu, Löschen, Duplizieren, Umbenennen, Bearbeiten und Ausführen sind die angebotenen Funktionen. Die Vorgabenreihenfolge in der Liste können Sie durch Verschieben verändern, über die Taste „Zurück“ führt Sie das Programm in den vorherigen Modus.

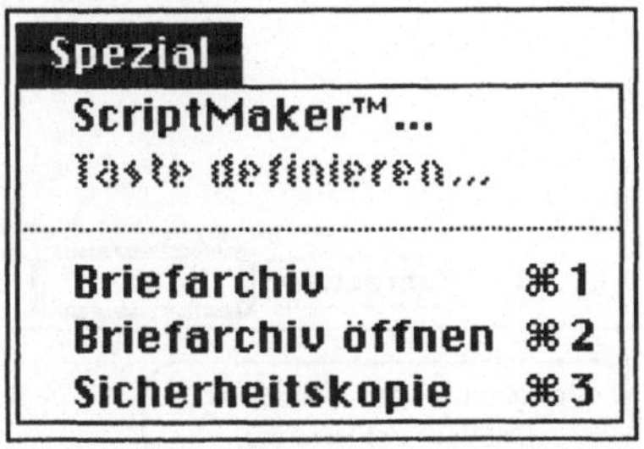

Vorgabenliste unter dem Menü *Spezial*

Anlegen eines neuen Scriptes: Auswahlfenster für die Erstellung von Vorgaben-Scripts in der Datei Briefarchiv

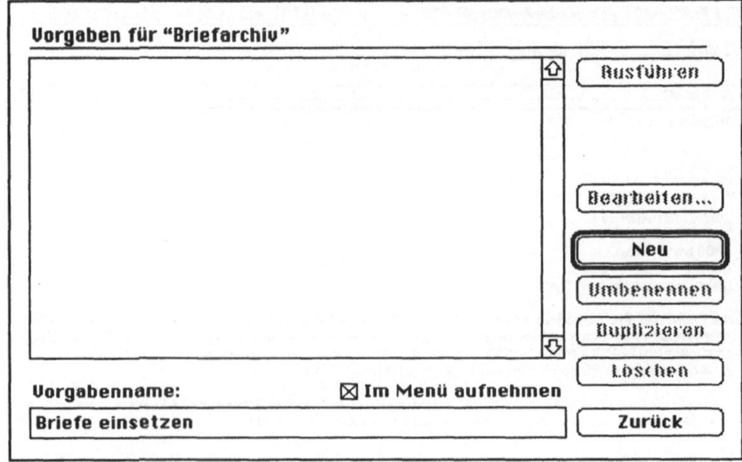

Die erste Vorgabe in der Datei „Briefarchiv" soll dafür sorgen, daß die von der Datei „Adressen" gesendeten Daten in das dafür vorgesehene Feld „Archivtext" gelangen. Nennen Sie die Vorgabe also „Briefe einsetzen". Nach der Bestätigung von „Neu" können Sie nun eine Vorgabe neu erstellen. Dabei erhalten Sie zunächst einmal eine Vorgabe von Standard-Befehlen. In diesem Falle können Sie einige nicht benötigte, vorgegebene Befehle über das Schaltfeld „Löschen" aus der Vorgabe entfernen.

Eingabefenster für das Erstellen von Vorgabe-Sequenzen

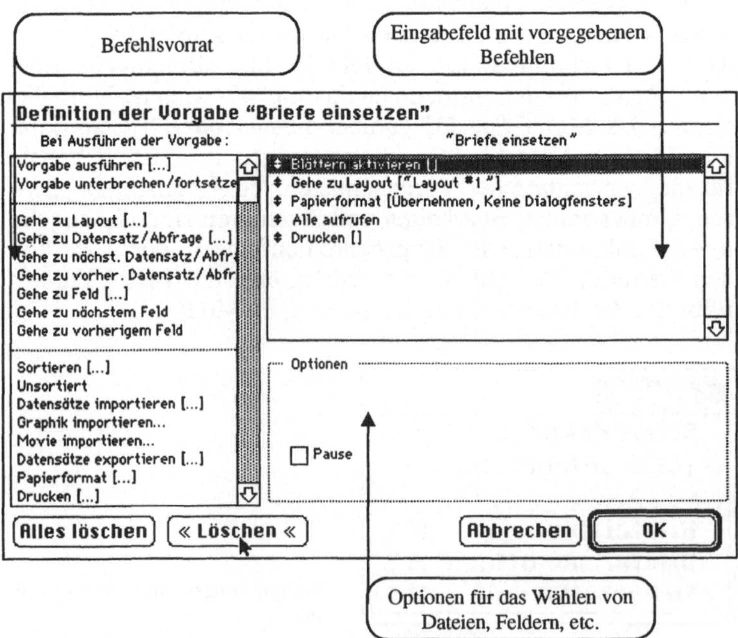

Optionen für das Wählen von Dateien, Feldern, etc.

Es sind dies die Befehle „Alle aufrufen" und „Drucken", denn unsere Vorgabe soll weder alle Datensätze aufrufen noch soll sie einen Druckvorgang einleiten. Der Befehlsvorrat des Aufklappmenüs entspricht im Umfang der auf den Seiten 81ff abgebildeten Zusamenstellung. Mit dem ScriptMaker™ haben Sie jetzt die Möglichkeit, sich eine Befehlsliste im Eingabefeld anzulegen. ScriptMaker™ führt dann die Befehle sequentiell aus. Sobald Sie einen Befehl aus der Vorratsliste anklicken, verwandelt sich die entsprechende Taste „Löschen" in „Kopieren", durch Anklicken lassen Sie den Befehl in das Script kopieren.

Die eckigen Klammern [...] hinter den Befehlen verweisen jeweils auf Einträge, die Sie im Feld „Optionen" vornehmen können. Auch hier brauchen Sie in den überwiegenden Fällen nur zwischen verschiedenen Angeboten per Klick zu wählen. Die Vorgabe „Briefe einsetzen" soll nun folgendes bewirken:

– Den Modus „Blättern" für die Dateneingabe aktivieren

– Das Layout „Briefe" wählen

– Das eingestellte Papierformat übernehmen

– Einen neuen Datensatz mit den automatisch gefüllten Datenfeldern „Datum" und „Briefnr." anlegen

– Das Feld „Archivtext" auswählen"

– Den Inhalt der Zwischenablage in das Feld einsetzen

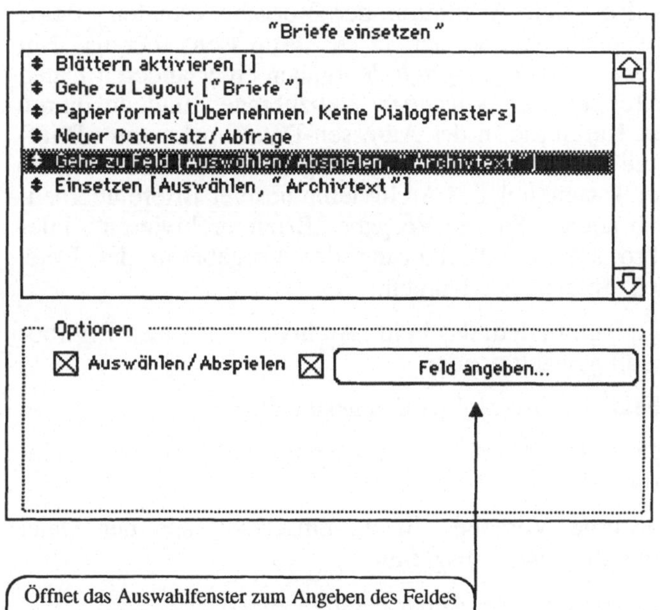

Vorgaben-Script
„Briefe einsetzen" der
Datei „Briefarchiv"

Öffnet das Auswahlfenster zum Angeben des Feldes
in der Liste definierter Felder

Zum Wählen von Layouts, Datenfeldern, Dateien und anderen Vorgaben im Optionsfeld des jeweiligen Befehles erscheint beim Klicken in die Taste eine Liste der Felder, Layouts etc. zur Auswahl.

Auswahlfenster für Datenfelder im ScriptMaker™

Herzlichen Glückwünsch, Sie haben soeben eine – im Fachjargon sogenannte „Batch-Datei" – erstellt. Diese Datei können Sie zum Archivieren Ihrer Korrespondenz nutzen. Dazu muß FileMaker nur noch den Archivtext aufbereiten und einen Aufruf zum Ausführen der Vorgabe erhalten. Beide Vorgänge erfolgen aus der Datei „Adressen" heraus. Mit *Script-Maker™ ist es möglich,* Vorgaben einer anderen Datei, sogenannte *„externe Vorgaben"* einzubinden und ausführen zu lassen. Rufen Sie in der Adressen-Datei im Layout „Briefbogen" die ScriptMaker™-Umgebung auf. Die neue Vorgabe soll ja per Tastenklick das Archivieren unserer Briefe übernehmen. Also nennen Sie die Vorgabe „Briefe archivieren". FileMaker Pro soll bei Ausführung der Vorgabe in der Datei „Adressen" folgendes erledigen:

– das Layout, in dem das Feld „Archivtext" ist, also Briefbogen, soll gewählt werden

– das Feld „Archivtext" wird angesteuert

– der ganze Inhalt des Archivtexte wird in die Zwischenablage kopiert

– die externe Vorgabe „Briefe einsetzen" aus der Datei „Briefarchiv" wird ausgeführt

– Zurückkehren in die Adresseneingabe

Die Vorgabe sieht im Eingabefeld dann so aus:

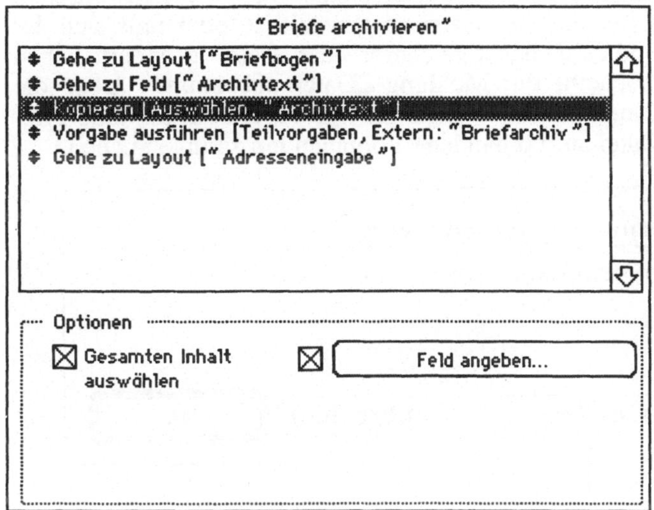

Vorgaben-Script
„Briefe archivieren"

Die Einbindung der externen Vorgabe geschieht über den Befehl „Vorgabe ausführen [...]". Die externe Vorgabe wird als Teilvorgabe eingebunden. In dem Aufklapp-Menü *Befehl* erscheint eine Liste mit allen Vorgaben der Adressendatei sowie die Möglichkeit, eine externe Vorgabe zu wählen. Wählen Sie die externe Vorgabe aus, und ScriptMaker™ weist Ihnen den weiteren Weg von einer Datei zu der zugehörigen Liste externer Vorgaben.

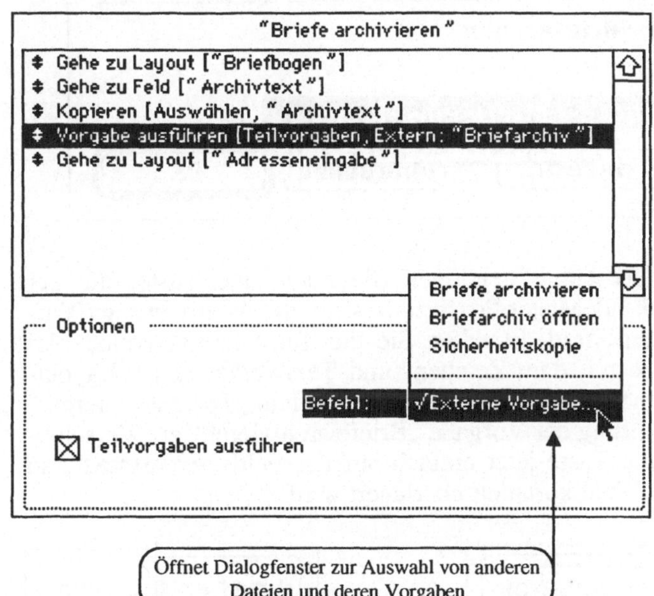

Auftakt zum **Einbinden von externen Vorgaben** in ein Script

Als nächstes erwartet das Programm eine Mitteilung darüber, in welcher Datei es sich nach einer Vorgabenliste umsehen soll. Falls noch keine Datei ausgewählt ist, oder falls sich der Name und/oder der Speicherort der Datei geändert haben sollte, erscheint die Meldung „Datei unbekannt". Über die Taste „Datei ändern" weisen Sie das Programm an, eine File-Maker-Datei auf vorhandene Vorgaben hin zu untersuchen.

Externe Datei für die Suche nach Vorgaben auswählen

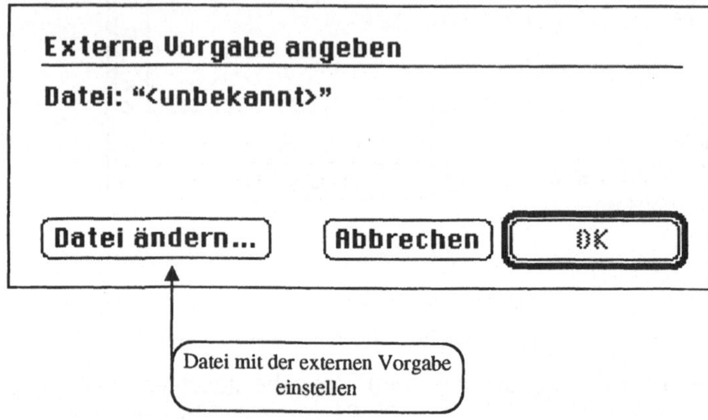

Die Untersuchungsergebnisse aus der Zieldatei erscheinen als Vorgaben-Liste im Aufklapp-Menü *Externe Vorgaben angeben*. Sie brauchen nur noch auszuwählen.

Externe Vorgabe festlegen

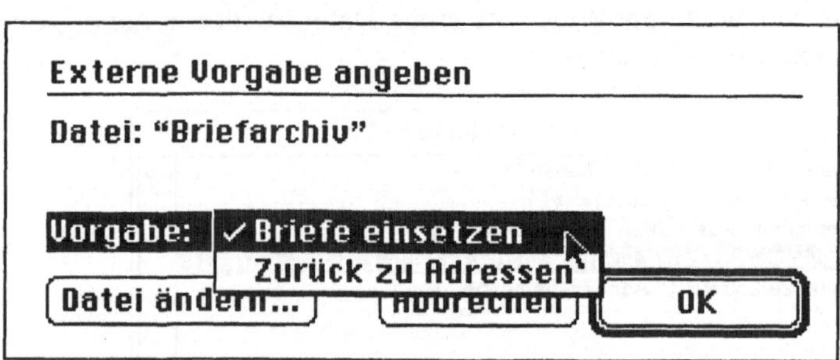

Zum Abschluß benötigen Sie noch eine Taste, die per Mausklick FileMaker Pro dazu bewegt, die Archivierungs-Vorgabe auszuführen. Erstellen Sie die Taste auf gewohnte Art und Weise mit dem Zeichen- und Textwerkzeug im Layout-Modus und weisen Sie ihr über den Befehl „Taste definieren" die Ausführung der Vorgabe „Briefe archivieren" zu. Verschieben Sie die Taste jetzt einfach auf das Feld „Archivtext", so daß dieses Feld komplett überlagert wird.

Vorgabentaste im Layout-[links] und Blättern-Modus [rechts]

Um ganz auf Nummer sicher zu gehen, stellen Sie die Taste in den Vordergrund, das Archivtext-Feld setzen Sie in den Hintergrund. Das Archivtext-Feld funktioniert damit unsichtbar im Hintergrund, im Vordergrund sehen Sie nur Ihre Taste „Brief archivieren"

Damit haben Sie eine Adressendatei erstellt, mit der Sie Ihre Adressen verwalten lassen, Briefe schreiben und archivieren können. Zur Abrundung binden Sie in die Adressendatei jetzt noch eine Vorgabe ein, mit der Sie per Mausklick zum Briefarchiv umschalten. Der Vorgabe-Befehl heißt einfach „Datei öffnen [Briefarchiv]".

Auf dieselbe Art und Weise können Sie eine Vorgabe zwecks Erstellung einer Sicherheitskopie der Adressendatei zusammenstellen und einer Taste unterlegen. Das Format, den Speicherort und den Namen der Sicherungskopie legen Sie in der Vorgabe fest.

Das Layout für die Adresseneingabe könnten Sie nun auch noch für die Suche nach Telefonnummern nutzen, obwohl es für diesen Zweck nicht geschaffen ist. Es fehlt noch ein neues Layout zum schnellen Finden von Telefonnummern. Und da das Eingabe-Layout auf manchem Bildschirm nicht mehr vollständig zu sehen ist, sollten Sie überlegen, ob Sie nicht auf den Statusbereich verzichten wollen. Zum Ersatz für das Buchwerkzeug gestalten Sie doch ein eigenes Werkzeug zum Blättern zwischen den Adressen!

Adresseneingabe-Maske mit Programm- und Vorgabensteuernden Tasten

Dabei lernen wir eine Technik, die uns hilft, eine Menge an Arbeit einzusparen: Wir „klauen" Tasten aus einer anderen Datei. Zum Lieferumfang von FileMaker Pro gehört auch eine Beispiele-Diskette. Und auf dieser Diskette finden Sie im Ordner „Schablonen" eine Datei mit dem Namen „Tasten". Öffnen Sie die Datei und schalten Sie auf die „Symbole schwarz/ weiß". Dort finden Sie die Tasten, die nützlich sind, um das Buchwerkzeug zu ersetzen. Doch bevor Sie die Tasten kopieren können, muß erst der Layout-Modus eingeschaltet werden. Jetzt können Sie die Pfeil-Tasten zum Vor- und Zurückblättern aktivieren und in die Zwischenablage kopieren.

Tastenvorrat in der
Datei „Tasten"

Jetzt schalten Sie nur noch in das Layout „Adresseneingabe" um und stellen den Layout-Modus ein. Aus der Zwischenablage können Sie dann die Tasten einfügen und plazieren. Geben Sie der Links-Pfeil-Taste den Befehl *Gehe zum vorherigen Datensatz* und der Rechtspfeil-Taste den Befehl *Gehe zum nächsten Datensatz*. Danach können Sie den Status-Bereich ausschalten und diesen Zustand auch den Dokument-Voreinstellungen mit auf den Weg geben.

Vielleicht möchten Sie ihre Adressendatei auch noch um eine persönliche Telefonauskunft ergänzen? Dann läßt sich die Anlage eines neuen Layouts nur schwerlich umgehen. Nennen Sie es ruhig „Telefon?" und suchen Sie sich den Typ „Blanko" aus. Den Fußteil des Layouts können Sie gleich wieder löschen, und in den Kopfteil tragen Sie den erläuternden Layout-Text ein.

Die Datenfelder können Sie ruhig etwas kräftiger formatieren, denn so viele werden zum Suchen der Telefonnummer nicht benötigt: Name, Vorname, Firma, Telefon und Fax. Vielleicht brauchen Sie ja noch das eine oder andere Feld zusätzlich. Richten Sie die Felder schön bündig aus, dann haben Sie etwa folgendes Aussehen:

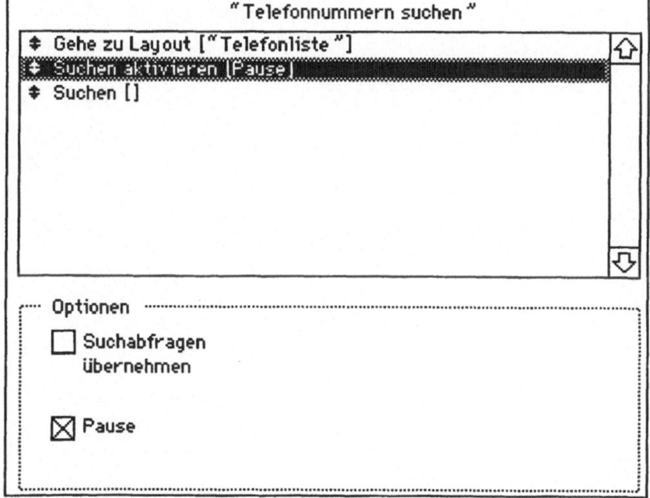

Layout zum **Suchen von Telefonnummern**

Steht das Layout, dann müssen wir es nur noch mit den entsprechenden anderen Layouts verbinden. Die Taste „Adresseneingabe" sorgt beim Anklicken für den Rücksprung. In der Adresseneingabe wird folgendes Vorgaben-Script erstellt und der Taste „Telefon ?" zugeordnet. Vergessen Sie bitte nicht die Option „Pause" beim Befehl „Suchen aktivieren". Die Folge wäre eine Suchabfrage, in der Sie keine Suchkriterien eingeben können. Bei der Ausführung der Vorgabe gelangen Sie in den Suchen-Modus und brauchen nur Namen, Firma oder ein anderes Suchkriterium einzutragen. Die Telefonnummer erhalten Sie dann zum Ablesen.

Vorgaben-Script zum **Finden von Telefonnummern**

Die Adresseneingabe ist mit einer zusätzlichen Taste um
eine wichtige Funktion erweitert worden.

**Eingabemaske mit
neuer Taste „Tele-
fon?"**

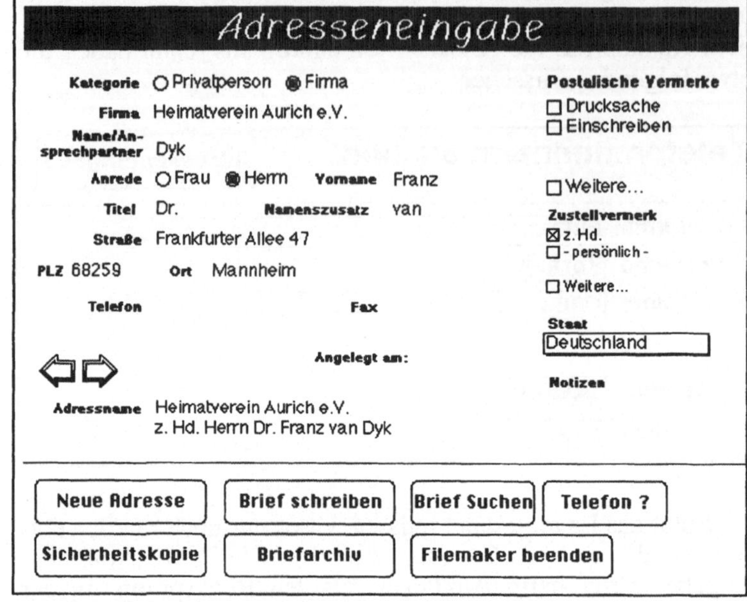

4

Vereinsdatenbank: die Mitglieder-Datei

Das Kapitel informiert über:

- **Formate für Zahlen und Datum**
- **Reihenfolge der Dateneingabe**
- **Layout-Techniken**
- **Drucken von Etiketten**
- **Import von Datensätzen**

Vereinsdatenbank:
die Mitglieder-Datei

Gehören Sie auch zu den ca. 80 % der Bevölkerung, die Mitglied in einem Verein sind? Haben Sie schon einmal lange und eventuell vergeblich auf Ihre Spendenbescheinigung gewartet? Auch wenn Ihnen dieser Ärger bisher glücklicherweise erspart geblieben ist: Ob ehrenamtlich oder professionell abgewickelt, ob lebendiges Vereinsleben oder nicht, Vereinsverwaltung umfaßt auch allerhand Schreib- und Organisationsarbeit. Einladungen zu Mitgliederversammlungen, Rundschreiben an die Mitglieder, Versandetiketten für das Vereinsblatt, Listen über Mannschaften, Alters- und Neigungsgruppen, Beitragseinzug im Lastschriftverfahren, Spenden- und Beitragsbescheinigungen, Vermögensaufstellungen und Mittelverwendungsnachweis für das Finanzamt: All dies sind Verwaltungshandlungen, die zum Vereinsleben gehören und von den Vorständen und ihren Beauftragten, meistens ehrenamtlich während der Freizeit, zu organisieren sind.

In diesem Kapitel wird zunächst die Mitgliederverwaltung eines Vereins in einer Mitglieder-Datei organisiert. Dazu gehört die Erstellung einer Reihe von Layouts und Vorgaben-Scripts zur Erledigung folgender Aufgaben:

- Eingabe der Mitgliederdaten
- Korrespondenz mit dem Vereinsmitgliedern
- Listendruck von Mitgliedern und Mitgliedergruppen
- Etikettendruck für den Versand des Vereinsblattes
- Gestaltung eines Formulars zum Lastschrifteneinzug
- Erstellung eines Eintritts-Formulars
- Bereitstellung einer Spendenbescheinigung

Um die Datei mit Mitgliederdaten zu füllen kann auf Datenbestände zurückgegriffen werden, wenn Sie bereits in gespeicherter Form, z.B. im Format einer dBase-Datei, vorliegen. Der Import von Datensätzen ist daher ebenso ein Schwerpunkt des Kapitels wie auch die Gestaltung von verschiedenen Layouts zum Drucken von Etiketten.

Alle Aufgaben der Mitgliederverwaltung sollen von einem Hauptmenü der Datei per Mausklick angesteuert werden können. Die Gestaltung des Menüs der Mitgliederverwaltung steht daher am Ende des Kapitels.

4.1 Die Mitglieder-Datei

Dateien, die Informationen über Personen aufbewahren, haben immer eine ähnliche Struktur: Name, Vorname, Telefon etc., all diese Datenfelder kommen immer wieder vor. Warum also sich doppelte Arbeit machen, wenn eine derartige Struktur schon vorhanden ist? Wir übernehmen die bereits vorhandenen Felddefinitionen: Die Mitglieder-Datei kann auf viele Elemente der Adressen-Datei zurückgreifen. Verschiedene Datenfelder sind identisch, aber Layouts und Vorgaben passen Sie der neuen Anwendung an. Mit einer Clone-Kopie erhalten Sie die Struktur einer Datei ohne Daten. Über das Menü *Ablage* und den Befehl *Kopie sichern* legen Sie eine Datei mit dem Namen „Mitglieder" im Format „Clone" an.

Folgende Datenfelder können Sie aus der Adressendatei übernehmen:

Feldname	Feldtyp	Formel / Optionen
Anrede	Text	Auswahl: Herrn, Frau
Titel	Text	Auswahl: Dr. , Prof.,
Vorname	Text	
Namenszusatz	Text	Auswahl: van, von, van der, van de,
Name	Text	
Straße	Text	
PLZ	Text	
Ort	Text	
Telefon	Text	Feld mit 2 Wiederholungen
Fax	Text	
Post. Vermerke	Text	Auswahl: Drucksache, Einschreiben
Adressblock	Formel	
Brieftext	Text	
Notiz	Text	
Archivtext	Formel	
Briefdatum	Datum	

Zusätzlich legen Sie die in der Tabelle gezeigten Datenfelder über den Befehl *Felder definieren* neu an. Die Mitgliedschaft des Muster-Vereins besteht aus den Gruppen Eltern, Schülern und Lehrer, denen jeweils bestimmte Jahres-Beitragssätze zugeordnet sind. Auch Sponsoren sind willkommen und werden erfaßt, ihr Mitgliedsbeitrag beginnt bei DM 100,00. Nehmen Sie die Felder aus folgender Übersicht. Vergessen Sie nicht, die Definition in dem Layout vorzunehmen, das die Felder anschließend aufnehmen soll: das Layout „Adresseneingabe". Im Layout-Modus können Sie es anschließend mit dem Namen „Mitgliedereingabe" versehen.

Feldname	Feldtyp	Formel / Optionen
Mitgliedsnr.	Text	Seriennummer mit aktuellem Wert: 500, Zählschritt „1", Wert erforderlich, eindeutig
Geburtsdatum	Datum	
Alter	Formel	
Eintrittsdatum	Datum	
Austrittsdatum	Datum	
Beitragsklasse	Text	Auswahl: Schüler, Eltern, Lehrer, Sponsor
Beitrag Soll	Zahl	Auswahl: 12; 24; 48; 100
Beitrag Ist	Zahl	
Spende	Zahl	
Summe Zahlungen	Formel	
Offener Beitrag	Formel	
Rechnungsjahr	Datum	Automatisch:1993
Lastschrifteinzug?	Text	Auswahl: Ja, Nein
Bankkonto	Text	
Bankleitzahl	Text	
Bankname	Text	
Eintrittsdatum	Datum	
Austrittsdatum	Datum	
Anredetext	Formel	

Noch einige Erläuterungen zu den Formeln und Optionen der neuen Felder:

Das Datenfeld „Mitgliedsnr." soll automatisch eine Seriennummer erhalten; bei der Anlage der Datei legen Sie den Anfangswert und das Zählintervall fest. Der Anfangswert sei hier einmal mit 500 angesetzt. Die Mitgliedsnummer ist obligatorisch zu vergeben, d.h. kein Mitglied wird ohne Nummer erfaßt. Keine Mitgliedsnummer darf doppelt vergeben werden, daher die Option „eindeutig". Da die Mitgliedsnummer ein Ordnungsbegriff ist, kann sie den Typ „Text" zugewiesen bekommen.

```
Optionen für "Mitgliedsnr." vom Typ Text

┌─Automatische Eingabe──────────┐   ┌─Feldwert-Überprüfung──────────┐
│ ☐ von  [Erstellungsdatum  ▼]  │   │ ☒ Nicht leer                  │
│ ☒ einer Seriennummer          │   │ ☒ Eindeutig    ☐ Vorhanden    │
│ Nächster Wert: [500]          │   │ ☐ vom Typ    [Zahl  ▼]        │
│ Intervall:     [1]            │   │ ☐ zwischen [            ]     │
│ ☐ Daten: [              ]     │   │        und [            ]     │
└───────────────────────────────┘   └───────────────────────────────┘
```

Automatische Vergabe der Mitgliedsnummer: Eingabe-Optionen für das Feld „Mitgliedsnr."

Das Formelfeld „Alter" berechnet mit zwei Datumsfunktionen jeweils das Alter des Mitgliedes zum Zeitpunkt des Tagesdatums. Bei jedem Öffnen der Datei werden alle Datenfelder, die die Today-Funktion verwenden, neu berechnet. Besonders für Sportvereine, deren Mannschaften nach Altersklassen gebildet werden, dürfte das von Bedeutung sein.

```
Alter =

Year(today) - Year (Geburtsdatum) - If (DayofYear (Today) <        ⇧
DayofYear (Geburtsdatum); 1; 0)

                                                                   ⇩

Ergebnistyp:  [Zahl  ▼]                               ( Abbrechen )
```

Jahr und Tag: Formel zur Berechnung des Alters

Die Werteliste für die Beitragsklasse ergibt sich aus den besonderen Vereinsstrukturen, ebenso die Werteliste für die Beiträge. Das Feld „Beitrag Ist" wird zunächst ohne weitere Optionen definiert, den tatsächlich gezahlten Beitrag und gezahlte Spenden lassen wir uns später aus der Zahlungen-Datei von FileMaker Pro übertragen. Das Feld „Summe Zahlungen" addiert die Beträge der Felder „Spenden" und „Beitrag Ist". Der offene Beitrag ist die Differenz zwischen „Beitrag Soll" und „Beitrag Ist". Das Feld „Lastschrifteinzug?" erhält eine Werteliste als Vorauswahl mit den Einträgen „Ja" und „Nein", die im Layout als Auswahlfeld festgelegt sind. Damit lassen sich alle Beitragszahler für das Lastschrift-Einzugsverfahren schnell finden.

Für die Spendenbescheinigungen benötigen Sie ein besonderes Text-Feld, das Feld „Anredetext". Hier soll eine Abfrage beim Datenfeld „Anrede" dafür sorgen, daß die richtige grammatische Form gewählt wird. Also nicht „Sehr geehrte(r) Frau Meier, " sondern „Sehr geehrte Frau Meier, ". Da im Anredetext auch Titel und Namenszusätze vorkommen können, werden in der Textverknüpfung immer wieder Abfragen danach eingebaut, ob diese Textfelder nicht leer sind. Nur dann lassen Sie FileMaker Pro den Titel bzw. Namenszusatz jeweils mit Leerschritt in den Anredetext einfügen.

Formel für den „Anredetext" und dessen Anwendung im Briefbogen

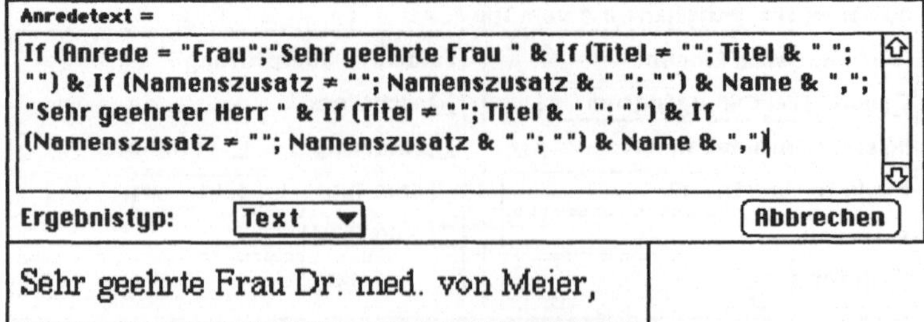

Nach der ergänzenden Definition von neuen Feldern verändern wir als nächstes das Eingabe-Layout. Über die Layout-Optionen erhält es den Namen „Mitgliedereingabe". Aus der Überschrift „Adresseneingabe" wird „Mitgliedereingabe". Außerdem setzen wir den Vereinsstempel als Grafik aus dem Album, der Zwischenablage oder über den Befehl „Importieren" oben links ein. Die neu definierten Felder haben den Datenteil des Layouts vergrößert, sie müssen jetzt positioniert, formatiert und ausgerichtet werden. Dabei bemühen wir uns, sachlich zusammenhängende Datenfeldregionen zu bilden, um die Eingabearbeit zu erleichtern.

Die besonderen Formatierungsmöglichkeiten für Zahlen- und Datumsfelder sind im nächsten Kapitel im Detail erläutert. Angesichts der zahlreichen Datenfelder in der Eingabe sollten wir nun aufräumen. Nach dem Abschluß der Ausrichtungen erhält der Eingabebereich dann mehr Übersichtlichkeit. Um ihn besonders hervorzuheben, kann er mit einem Rechteck unterlegt werden. Dieses Rechteck erhält ein bestimmtes Füllmuster zugewiesen und wird ganz nach hinten gestellt. Auf einem Farbmonitor lassen sich zusätzlich farbliche Abgrenzungen in den Hintergrund einfügen. Um die Datenfelder gegen das Füllmuster und eventuell auch gegen die Füllfarbe abzugrenzen, wählen Sie alle Felder aus («Befehl-A») und geben Ihnen einen Feldrahmen. Sollten Sie keine Felder aktiviert haben, definieren Sie einen Standard-Feldrahmen, der dann für alle neu definierten Felder wirksam wird.

Standard-Feldrahmen: Feldrahmen-Einstellung für das Eingabe-Layout

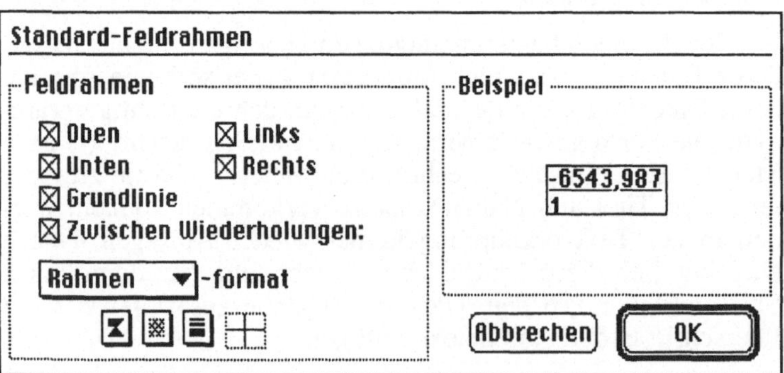

Ohne einen abgetrennten Bereich für die programmsteuernden Tasten könnte die Eingabe-Maske jetzt etwa so aussehen:

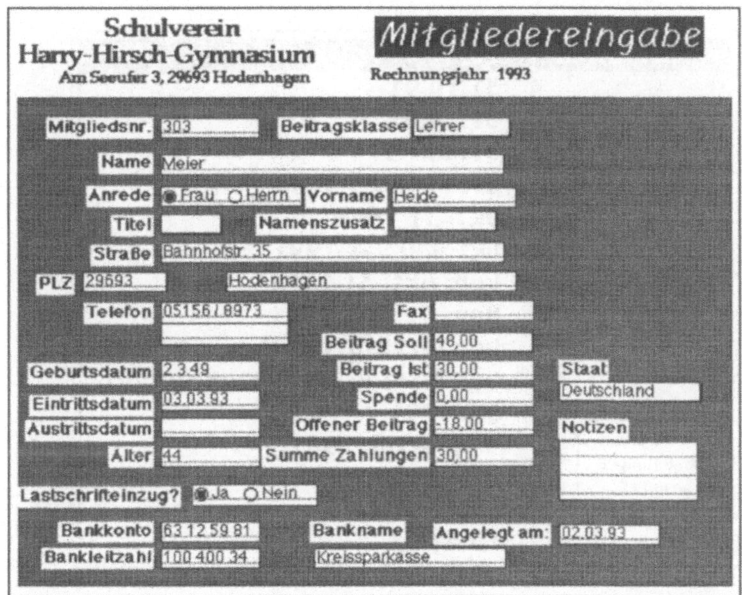

Eingabe-Layout für die Mitgliederdaten

4.1.1 Zahlen- und Datumsformate

Die Mitgliederdatei enthält sehr viele Felder vom Typ *„Datum"*. Werden diese Objekte im Layout per Doppelklick behandelt, erscheint das folgende Auswahlfenster für das Datumsformat.

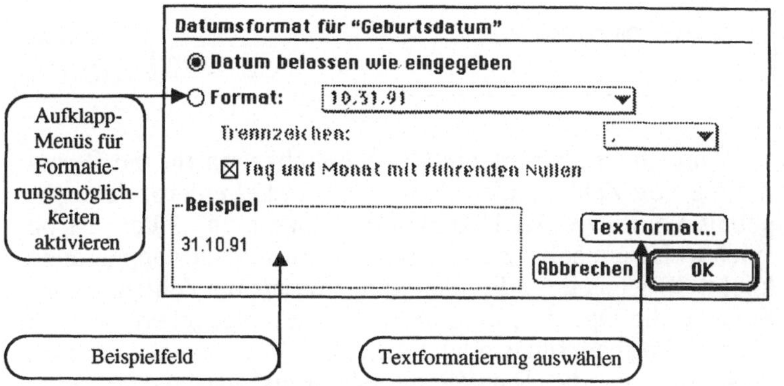

Formateinstellungen für **Datums-Felder**

Die Formatierungsmöglichkeiten verbergen sich hinter Aufklappmenüs, erst nach dem Anklicken der „Format"-Option sind sie verfügbar. Für die Darstellung des Datums ist eine Reihe von Voreinstellungen aufgelistet, für die Erstellung eigener Darstellungen dient der Befehl *Spezial*.

Vorgegebene **Formate des Datums**

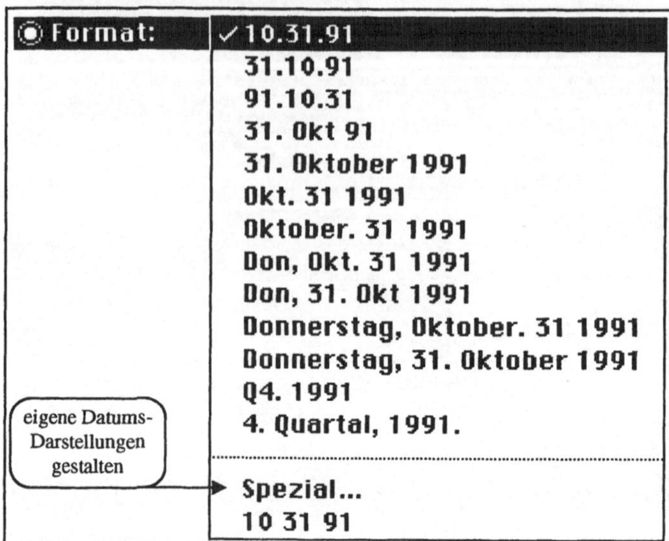

Über das Aufklapp-Menü „Trennzeichen" kann man das Trennzeichen zwischen Tag/Monat/Jahr einstellen. Die Taste „Textformat. . ." führt zu den Festlegungen von Schrift, Schriftstil, Schriftausrichtung, Farbe etc., wie sie für die Textfelder üblich sind.

Zusätzliche Datums-formate: Möglichkeiten zum Erstellen eigener Datumsformate

Ähnlich strukturiert sind die Möglichkeiten für die Formatierung von Zahlenfeldern bzw. von Formelfeldern, deren Ergebnis vom Typ „Zahl" sein sollen. Das Feld „Alter" ist beispielsweise ein solches Feld. Wird es im Layout doppelt angeklickt, öffnet sich das Formatierungsfenster für Zahlenformate. Solange die Option „ Zahl belassen wie eingegeben" gewählt ist, sind Formatierungsmöglichkeiten nicht vorhanden. Vorweg einstellbar ist die Darstellung des Tausenderpunktes, einer Währungs- oder Prozentangabe sowie die Verwendung von Dezimalstellen. Die Anzahl der Dezimalstellen sagt allerdings nichts über die Rechengenauigkeit aus, intern rechnet FileMaker Pro mit allen nicht sichtbaren Nachkommastellen weiter wie bisher. Formatierungen von Zahlen sind kosmetische Aufbereitungen des Zahlenwerkes, keineswegs aber wertmäßige Veränderungen, wie sie z.B. durch Auf- oder Abrunden erfolgen können.

Achten Sie bitte bei Einstellung einer Prozentanzeige darauf, daß der vorgefundene Wert als Rechenwert mit dem Prozentzeichen versehen und mit 100 multipliziert wird. Beträgt der mit Prozent formatierte Wert 1, werden also 100% dargestellt, beträgt der Rechenwert 0,01, wird 1% angezeigt.

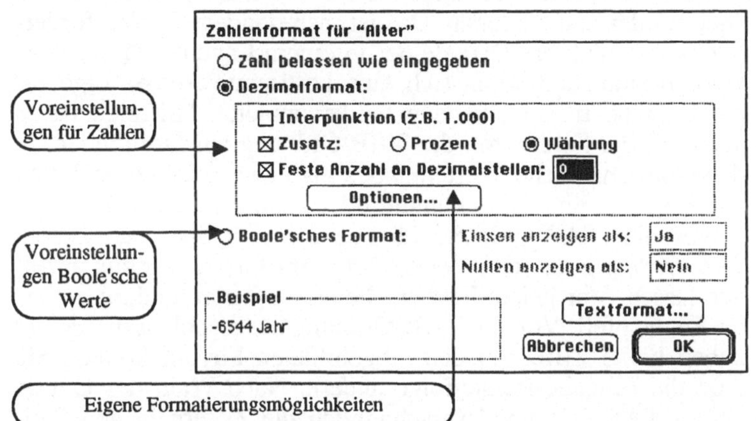

Einstellungen für **Zahlenformate**

Mit der Option „Boole'sches Format" können Sie die Ausgabe von logischen Ergebnissen einstellen: Beim Wahr-Wert können Sie „Ja" (statt 1) und beim Falsch-Wert „Nein" (statt 0) anzeigen lassen. Über die Taste „Optionen" können Sie zusätzliche die Währungs- oder Prozentangabe editieren, allerdings stehen dazu nur bis zu 5 Zeichen zur Verfügung. Die Position der Währung können Sie verändern, und rote Zahlen können Sie, wie alle anderen negativen Zahlen, mit Farbe und einem besonderen Negativ-Format versehen.

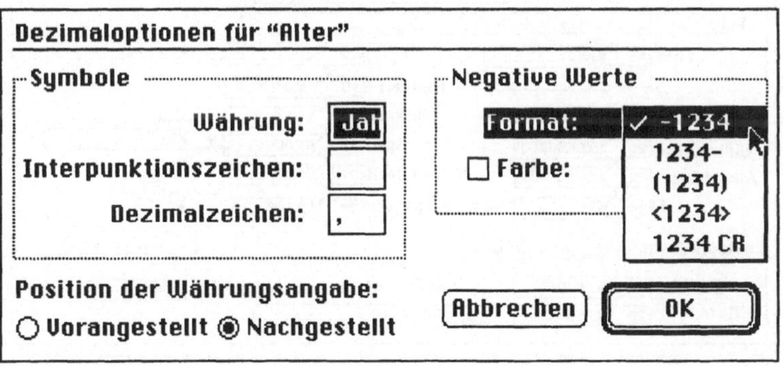

Zusätzliche Möglichkeiten, **eigene Zahlenformate** zu definieren

Im Layout „Mitgliedereingabe" bleiben alle Datumsangaben in der Form „TT.MM.JJ". Die Zahlenfelder, die Geldbeträge beinhalten, formatieren Sie mit zwei Nachkomma-Stellen und der Tausender-Interpunktion. Das Feld Alter ergänzen Sie um die Angabe „Jahr".

4.1.2 Die Reihenfolge der Eingabe: TAB-Ordnung

Die Reihenfolge, in der Sie im Blättern-Modus mit der Tabulator-Taste von Feld zu Feld gelangen, nennt sich in File-Maker Pro „TAB-Ordnung". Diese Reihenfolge können Sie ändern oder neu festlegen. Das ist insbesondere dann erforderlich, wenn mehrere Datenfelder in einem Layout neu definiert worden sind, und wenn sich eine bestimmte Reihenfolge für die Eingabe in verschiedene Felder anbietet. Hilfreich ist es auch, all die Felder von der TAB-Ordnung auszuschließen, in denen automatische Werteingaben erfolgen, oder deren Inhalt das Ergebnis einer Berechnung oder Auswertung ist. Die voreingestellte TAB-Ordnung können Sie sich über den Befehl *TAB-Ordnung* aus dem Menü *Extra* im Layout-Modus anzeigen lassen. Vor jedem Feld erscheint ein fortlaufend numerierter Rechtspfeil. Von der TAB-Ordnung ausgeschlossene Felder haben keine Ziffer. In dem abgebildeten Layout können Sie jetzt die Eingabe-Reihenfolge ändern. Nach Wahl der Option „Neue TAB-Ordnung" verschwinden die Ziffern in den Pfeilen, und per Mausklick legen Sie jetzt die neue Reihenfolge fest.

Reihenfolge der Dateneingabe: Voreingestellte TAB-Ordnung für die Mitgliedereingabe

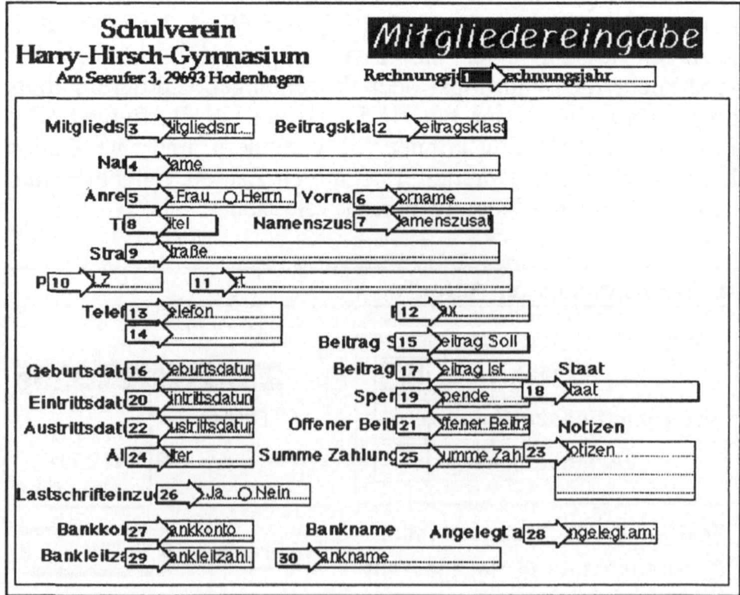

Diejenigen Datenfelder, die von der Eingabe ausgeschlossen werden sollen, erhalten keine Ziffer. Vor dem Wirksamwerden der neuen Reihenfolge weist FileMaker Pro darauf hin, daß bestimmte Felder ausgeschlossen worden sind und verlangt eine ausdrückliche Bestätigung.

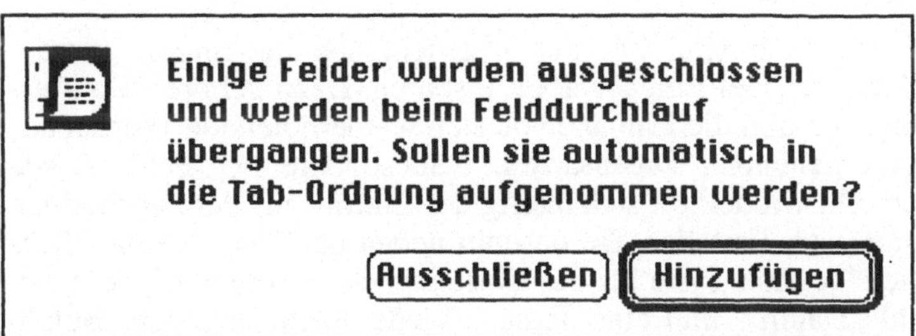

Der **Ausschluß von Feldern aus der TAB-Ordnung** muß bestätigt werden

Nach abgeschlossener Änderung und der Bestätigung des Ausschlusses einiger Felder über die Taste „Ausschließen" wird die neue TAB-Ordnung von FileMaker Pro für das betroffene Layout gesichert.

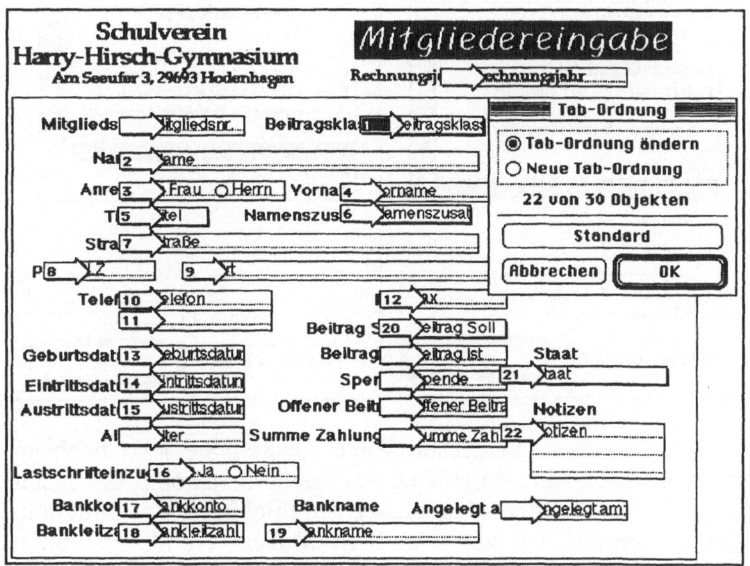

Neue **TAB-Ordnung** für die Mitgliedereingabe

4.1.3 Befehlstasten für die Mitgliedereingabe

Die Mitgliederdatei muß jetzt noch mit Befehls- und Vorgabetasten ausgestattet werden. Die erste Befehlstaste dient zum Anlegen eines neuen Mitglieder-Datensatzes. Dazu duplizieren Sie die Taste „Neue Adresse" im Layout («Befehl-D»)

und heben die vorhandene Gruppierung auf («Befehl-Um-schalt-G»). Das Text-Objekt „Neue Adresse" ändern Sie in „Neues Mitglied". Anschließend richten Sie Text- und Grafik-Objekt wieder aus und gruppieren. Über den Befehl *Taste definieren* aus dem Menü *Spezial* weisen Sie den Befehl „Neuer Datensatz" zu.

Hilfreich sind bei der Dateneingabe diejenigen Tasten-klicks, die viel Eingabearbeit ersparen. Dazu gehören Datums-eingaben und die Eingabe von sich wiederholenden Werten aus vorhergehenden Datensätzen. Insbesondere bei Feldern wie dem Ort wiederholt sich häufig der Eintrag aus dem vorherigen Datensatz. Erstellen Sie deshalb neben der Taste „Neues Mit-glied" je eine Taste für das Einsetzen des Datums mit dem Be-fehl „Datum" und eine Taste „Wiederholen" mit dem Befehl „Aus vorherigem Datensatz einsetzen".

Tastenbefehle defi-nieren: Befehle für die Tasten „Datum" und „Wiederholen"

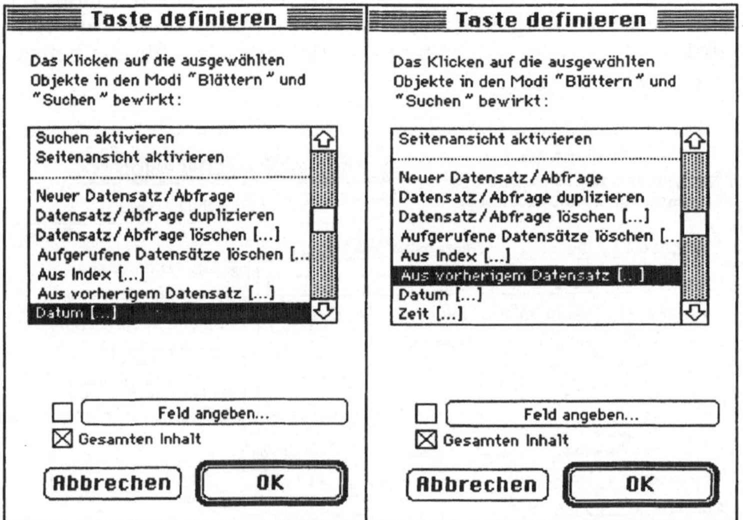

Die Vorgabe „Sicherheitskopie" passen Sie jetzt noch an die neue Datei an, sie soll ja eine Sicherheitskopie der Datei „Mitglieder" anlegen. Das müssen Sie FileMaker Pro mitteilen. Öffnen Sie die Vorgabe über ScriptMaker™, und bestimmen Sie den Namen der Sicherheitskopie und den Speicherort neu.

Sicherungskopien erstellen: Name und Format der Sicher-heitskopie im Script einstellen

4.1.4 Erstellung eines Briefformulars

Für die Korrespondenz mit den Vereinsmitgliedern passen
wir jetzt noch das Layout „Briefbogen" an. Als Absender tragen wir die Vereinsadresse ein. Selbstverständlich plazieren
wir auch das Vereinslogo im Briefkopf. Wechseln Sie im Layout-Modus in das Layout „Briefbogen". Mit dem Textwerkzeug wird die kleine Absenderangabe aktiviert und durch die
Vereinsadresse ersetzt. Die Schriftgröße muß evtl. so weit ver-
kleinert werden, daß die Absenderangabe noch im Brieffenster
vollständig lesbar ist.

Anstelle des „Wilhelm Mustermann" als Absender wird der
Vereins-Schriftkopf eingesetzt. Auf der rechten Seite fügen wir
das Vereinslogo über das Album oder die Zwischenablage ein
und passen es in den richtigen Proportionen an. Darunter werden die Absenderdaten des Vereins mit dem Feld „Briefdatum"
gruppiert. Die Schriftart im Vereins-Schriftkopf und den Absenderdaten ist hier einmal „Palatino". Die Tasten gruppieren
Sie ein wenig um, ebenso bringen Sie das Feld „Anredetext"
mit dem Brieftext zusammen im Datenteil unter. Die äußere
Form des Briefbogen hat sich damit in Vereins-Briefpapier verwandelt. Das angepaßte Formular sieht dann im Layout-Modus
folgendermaßen aus:

Briefformular: Briefbogen im Layout-Modus

Die weiteren Anpassungsschritte für das Layout „Briefbogen" bestehen aus der Modifizierung der Tasten und ihrer Befehle. Die Taste „Adressat suchen" ändert sich nur in der Beschriftung, sie heißt jetzt „Mitglied suchen" und ist auch mit der Schrift Chicago, 12 Punkt, Standard, geschrieben. Die Taste „Adresse eingeben" verwandeln Sie in „Mitglied eingeben", das Ziel des Tastenbefehles „Gehe zu Layout [Adresseneingabe] ist jetzt das Layout „Mitgliedereingabe".

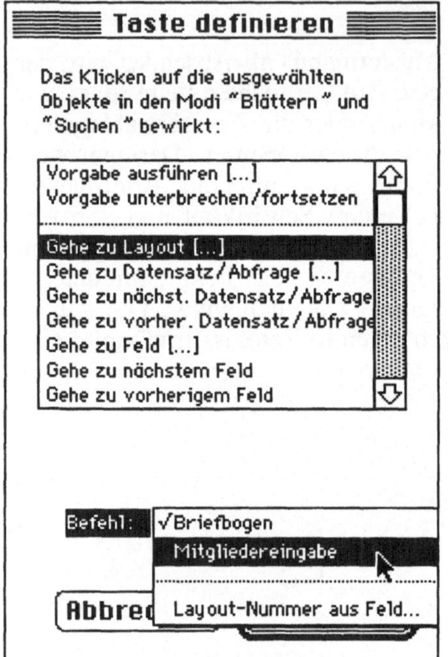

Per Mausklick das Layout wechseln: Anpassung der Taste „Mitglied eingeben?"

Die Taste „Brief drucken" kann unverändert bleiben. Für die Archivierung der Vereinskorrespondenz mit den Mitgliedern treffen Sie jetzt eine Entscheidung: Wollen Sie sie in einem gemeinsamen Archiv mit der allgemeinen Korrespondenz des Vereins sammeln oder sie gesondert aufbewahren? Mein Vorschlag wäre eine gesonderte Aufbewahrung, und die richten wir im folgenden ein.

Da auch die Archiv-Datei in ihrer Struktur schon vorhanden ist, lassen wir FileMaker Pro eine Clone-Datei mit dem Namen „Vereinsarchiv" in den Ordner „Schulverein" sichern. In der Clone-Datei öffnen wir ScriptMaker und benennen die Vorgabe „Zurück zu Adressen" in „Zurück zu Mitglieder" um. Bearbeiten Sie das Script inhaltlich dahingehend, daß der Rücksprung nicht mehr zu „Adressen" erfolgt, sondern eben zur Datei „Mitglieder". Damit sind alle notwendigen Änderungen an der Datei „Vereinsarchiv" vollzogen.

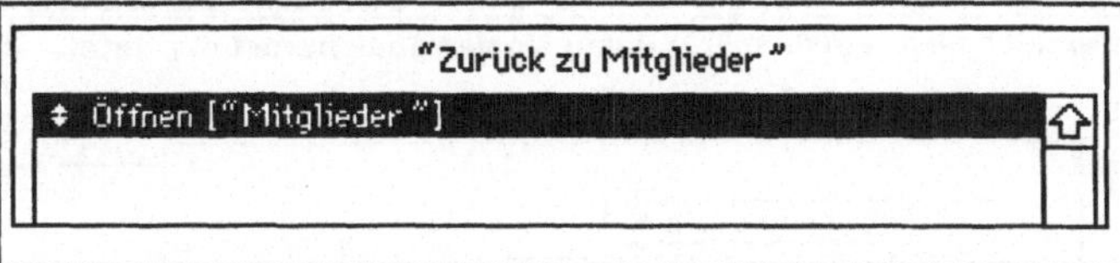

Vorgaben-Script
„Zurück zu Mitglieder"

Es fehlt noch die Einbindung der Datei „Vereinsarchiv" in das Briefbogen-Layout der Mitglieder-Datei. Nach einem Mausklick auf die alte Vorgabe „Briefarchiv" erscheint der Vorgabename im Eingabebereich. Sobald Sie die Einfüge-marke dort positionieren und ein Zeichen eingeben, wird die Taste „Umbenennen" aktiv. Benennen Sie nun die Vorgabe „Briefarchiv öffnen" in „Vereinsarchiv öffnen" um. Im Script selbst wählen Sie als zu öffnende Datei statt „Briefarchiv" nun „Vereinsarchiv".

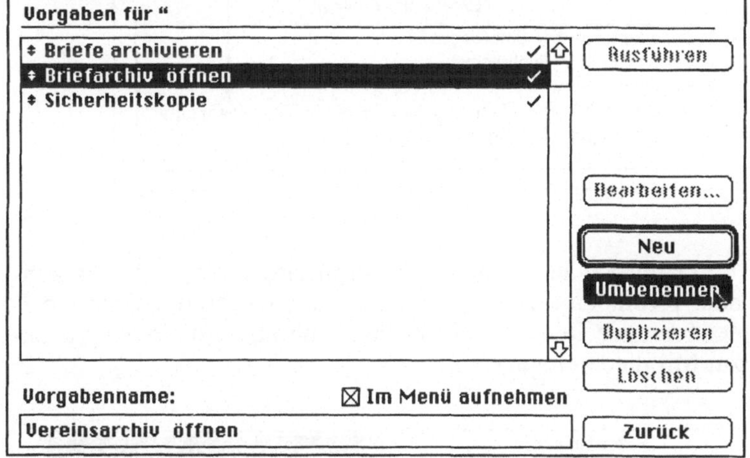

Ändern des Namens eines Vorgaben-Scripts

Etwas umfangreicher ist die Anpassung der Vorgabe „Briefe archivieren". Die von dieser Vorgabe der Mitglieder-Datei aufzurufende externe Vorgabe befindet sich jetzt in einer anderen Datei, denn die Datei heißt ja jetzt „Vereinsarchiv". Beim Versuch, eine externe Vorgabe einzubinden, meldet File-Maker Pro, daß die ursprünglich festgelegte Datei nicht auf-findbar ist, und daß Sie den Speicherort der Datei feststellen sollen. Anschließend schaltet das Programm nach der „OK"-Bestätigung in das „Datei öffnen"-Auswahlfenster um. Hier brauchen Sie die neue Datei „Vereinsarchiv" nur noch einstel-len und die Taste „Öffnen" bestätigen. Daraufhin kann FileMa-ker Pro die externe Vorgabe „Briefe einsetzen" im Aufklapp-menü von ScriptMaker™ anzeigen. Abschließend geben Sie im ScriptMaker™ noch das neue Layout an, das zum Abschluß der Vorgabe angesteuert werden soll.

Einbinden einer neuen externen Vorgabe: Die neue Datei mit der externen Vorgabe wird ausgewählt

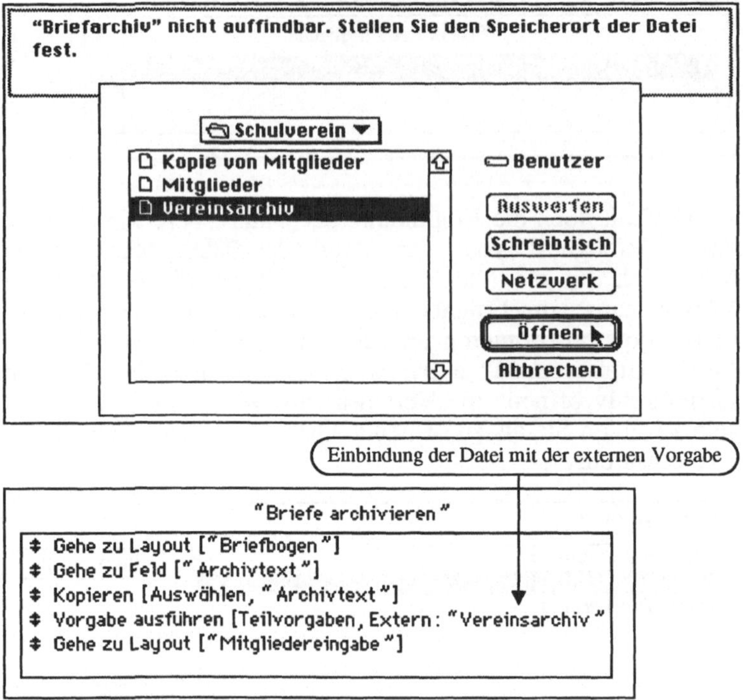

Damit Sie auch schnell im Vereinsarchiv nachschauen können, verbinden Sie jetzt noch die Vorgabe „Vereinsarchiv öffnen" mit der Taste „Briefe suchen" und fügen sie in das Layout zur Mitgliedereingabe ein.

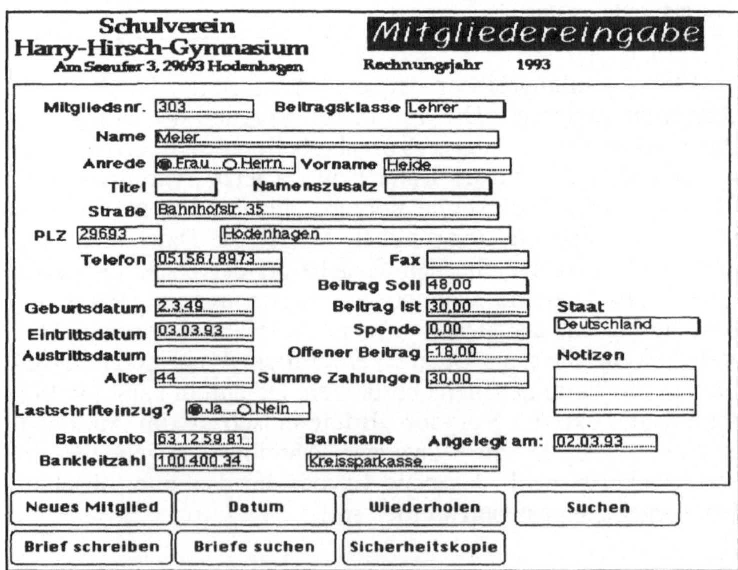

Eingabe-Layout mit Tastenbefehlen für die Mitgliedereingabe

4.2 Layouts à la carte

Vereine brauchen Mitglieder und deren Beiträge, und ein Schulverein ist auf viele zahlende Mitglieder angewiesen, um aktiv und fördernd in das Schulleben eingreifen zu können. Eine Eintrittserklärung muß daher überall im Umkreis des Harry-Hirsch-Gymnasiums schnell zur Hand sein. Mit einem Layout „Eintrittserklärung" kann FileMaker Pro hier als FormularMaker dienen.

Den Kopf der Eintrittserklärung übernehmen wir aus dem Layout „Briefbogen". Im Modus Layout wird unter dem Menü *Bearbeiten* über den Befehl *Layout duplizieren* der Briefbogen verdoppelt. Das Duplikat erhält von FileMaker Pro den Namen „Briefbogen kopieren". Über die Layout-Optionen benennen Sie die Kopie in eine „Eintrittserklärung" um.

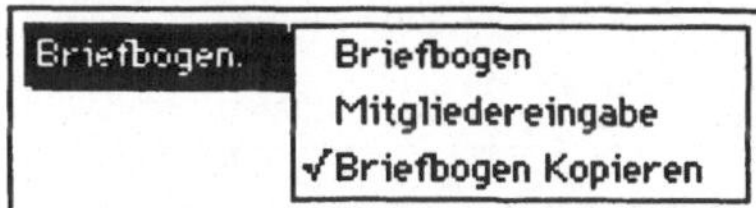

Standardname für ein dupliziertes Layout „Briefbogen"

Alle Datenfelder wie Brieftext, Briefdatum, postalischer Vermerk und Adressblock sowie Layout-Text für die Absenderangabe und alle Tasten außer der „Drucken"-Tasten können wir aktivieren und mit der Löschtaste entfernen. Mit der Werkzeug-Palette können wir jetzt eine Eintrittserklärung gestalten.

Sämtlicher Text ist Layout-Text von der Schriftart Palatino in verschiedenen Größen und Stilen. Ausnahmen sind lediglich die Zeichen ⌷ und ✂, sie entstammen dem Zeichensatz Zapf Dingbats. Die vorhandene Absenderangabe des Vereins ändern wir nun über das Textformat von der Schriftart „Times" in „Palatino". Striche zeichnen Sie entweder mit dem Geraden-Werkzeug, oder Sie schreiben Leerschritte, die den Schriftstil „Unterstrichen" zugewiesen bekommen. Das Layout-Textobjekt „Mitgliedsnummer" wird handschriftlich ausgefüllt und benötigt in diesem Falle kein entsprechendes Datenfeld. An das Ende der Eintrittserklärung hängen Sie eine abtrennbare Einzugsermächtigung für den Jahresbeitrag zwecks Vorlage bei der Vereinsbank an. Sie enthält die notwendigen Daten des Mitglieds für die Durchführung des Lastschrift-Einzugsverfahrens. Die fertige Eintrittserklärung enthält kein Datenfeld, es handelt sich um einen Erfassungsbeleg. Alle Eintragungen sind von den neuen Mitgliedern handschriftlich durchzuführen. Das Layout versehen Sie noch mit einer Drucktaste, die die Eintrittserklärung zum Ausdrucken an den Drucker sendet. Diese Befehlstaste „Drucken" schließen Sie über das Auswahlfenster *Objekte angleichen* vom Drucken aus.

Layout ohne Datenfelder: „Eintrittserklärung"

Schulverein Harry-Hirsch-Gymnasium
Am Seeufer 3, 29693 Hodenhagen

Eintrittserklärung

Mitgliedsnummer:

29693 Hodenhagen,
Am Seeufer 3
Kreissparkasse Hodenhagen
(BLZ 100 400 34)
Konto-Nr. 44 51 45 90

Hiermit erkläre ich meinen Beitritt zum Schulverein des Harry-Hirsch-Gymnasiums in Hodenhagen. Die Mitgliedschaft ist

☐ befristet bis zum Ablauf des Jahres 199_
☐ unbefristet bis auf Widerruf

[Brief drucken]

Der Jahresbeitrag beträgt DM 12,00 für Schüler
DM 24,00 für Eltern
DM 48,00 für Lehrer
DM 100,00 für Sponsoren

und wird zu Beginn des jeweiligen Kalenderjahres überwiesen auf das Konto der Kreissparkasse Hodenhagen Nr. 44 51 45 90 (BLZ 100 400 34).

☐ **Ich fördere den Schulverein durch eine Spende von DM _______.**
Eine Spendenquittung für das Finanzamt wird ausgestellt.

Vorname: ________________________

Name: ________________________ geboren am: ____________

Straße: ________________________

PLZ: ________________________

Telefon: ____________
Ort: ________________________ Fax: ____________

Ich bin damit einverstanden, daß meine persönlichen Daten für Zwecke der elektronischen Datenverarbeitung gespeichert werden.

Hodenhagen, den ________________________
(Unterschrift)

✄ -

Einzugsermächtigung

Hiermit ermächtige ich den Schulverein des Harry-Hirsch-Gymnasiums, meinen Jahresbeitrag in Höhe von DM_______ von meinen Konto-Nr. ____________
bei der ________________(Name Geldinstitut) BLZ ____________abzubuchen.

Datum: Unterschrift:

4.2.1 Spendenbescheinigung

Das Layout „Briefbogen" dient für die Spendenbescheinigung als Vorlage, duplizieren Sie es im Layout-Modus. Diesmal brauchen Sie lediglich das Feld „Brieftext" zu löschen, alles andere kann unverändert weiterverwendet werden. Die ablaufsteuernden Tasten passen wir am Ende der Gestaltung der Spendenbescheinigung an. Anstelle des Feldes Brieftext erstellen wir nun eine Mischung aus Layout-Text und Datenfeld-Text. Diese Mischung enthält die Datenfelder „Summe Zahlungen" und „Rechnungsjahr". Bescheinigt werden in der Spendenbescheinigung die gesamten Zahlungen, also Spenden und Beiträge in einer Summe, die an den als gemeinnützig anerkannten Verein im Rechnungsjahr geflossen sind.

**Schulverein
Harry-Hirsch-Gymnasium**
Am Seeufer 3, 29693 Hodenhagen

Schulverein Harry-Hirsch-Gymnasium, Am Seeufer 3, 29693 Hodenhagen

29693 Hodenhagen, 16.03.93
Am Seeufer 3
Kreissparkasse Hodenhagen
(BLZ 100 400 34)
Konto-Nr. 44 51 45 90

Frau
Heide Meier
Bahnhofstr. 35

29693 Hodenhagen

SPENDENBESCHEINIGUNG

Sehr geehrte Frau Meier,

der Betrag in Höhe von DM 1.200,00 , der uns im Jahr 1993 zur Verfügung
gestellt wurde, wird hiermit dankend quittiert.

Das Finanzamt Walsrode hat mit Schreiben vom 27.03.1975 unter der
Steuernummer St.-Nr. 75-901/8256 bescheinigt, daß der Schulverein des
Harry-Hirsch-Gymnasiums, 29693 Hodenhagen, ausschließlich und unmittelbar
gemeinnützigen Zwecken gemäß Ziffer 10 der Anlage 7 EStG dient und somit
allgemein als förderungswürdig anerkannt ist.

Der gespendete Beitrag wird von uns nur zur Durchführung der satzungs-
gemäßen Zwecke verwendet.

Mit freundlichen Grüßen

Schulverein des Harry-Hirsch-Gymnasiums e.V.

Dieses Schreiben wurde maschinell erstellt und ist daher nicht unterschrieben.

Das Layout „**Spen-
denbescheinigung**"

Achten Sie bei der Formatierung des Zahlenfeldes „Summe
Zahlungen" darauf, daß die voran- oder nachgestellte Währungsangabe mit einem Leerzeichen im Währungsfeld versehen
wird, damit Sie im Beispielfeld keine ununterbrochene Zeichenkette mit dem Betrag bildet.

Dezimaloptionen für "Summe Zahlungen"

Symbole

Währung: `DM`

Interpunktionszeichen: `.`

Dezimalzeichen: `,`

Negative Werte

Format: `-1234 ▼`

☐ Farbe:

Leerzeichen eingeben

Position der Währungsangabe:
◉ Vorangestellt ○ Nachgestellt

Abbrechen   OK

Leerzeichen nach der
Währungsangabe set-
zen

4.2.2 Mitgliederliste

Eine Mitgliederliste ist die Grundlage für verschiedene Sortierungen oder Suchvorgänge. Sie können die Mitglieder zu statistischen Zwecken aufgliedern oder Sparten und Mannschaften zusammenstellen. Eine Telefonliste können Sie von FileMaker Pro ebenso erzeugen lassen wie einen Überblick über Anteile der Elternschaft oder Lehrer an den Vereinsmitgliedern oder auch einen Überblick über die säumigen Beitragszahler.

Um eine Mitgliederliste zu erstellen, müssen Sie sich zuerst darüber Klarheit schaffen, welche Informationen in der Liste enthalten sein sollen. Die Telefonliste der Mitglieder ist schnell angelegt. Sie sollte eine laufende Numerierung, die Mitgliedsnummer, Name und Telefon bzw. Fax enthalten. Soll die Liste auch Titel, Namenszusatz und Vorname enthalten, empfiehlt es sich, vorher ein Formelfeld „Listenname" zu definieren. Damit ersparen Sie sich anschließend anfallende Ausrichtungsarbeiten.

Felddefinitionen verdoppeln: Definieren eines neuen Feldes durch Duplizieren

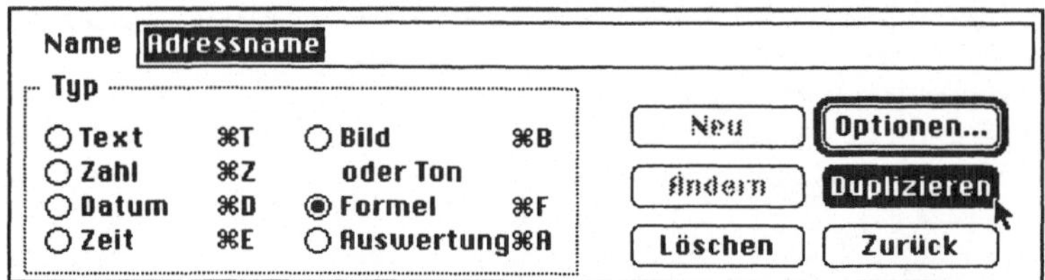

Da die Mitgliederdatei bereits das Feld „Adressname" enthält, öffnen Sie das Auswahlfenster *Felder definieren* und verdoppeln das in der Feldliste aktivierte Feld über die Taste „Duplizieren". Anschließend benennen Sie das Feld um und lassen es über die Taste „Ändern" mit dem neuen Namen in die Liste der definierten Felder aufnehmen. Jetzt müssen Sie nur noch die Formel zur Berechnung der Zeichenkette ändern. Da in der Liste keine Anrede mit Zeilenschaltung erscheinen soll, wird der betreffende Passus aus der Formel im Editor gestrichen.

Neue Namensfelder: Anpassen der Verknüpfungsformel für den Listennamen

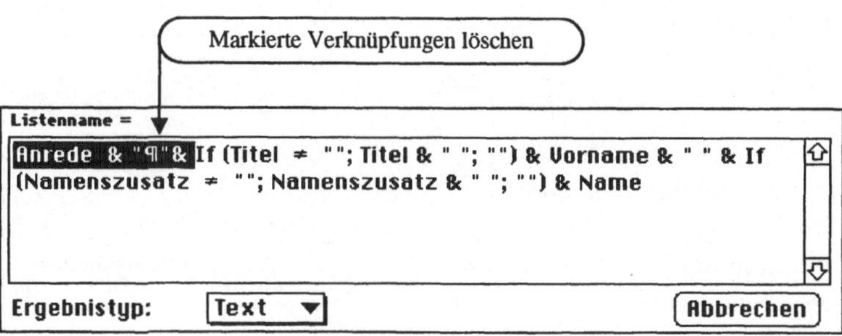

Jetzt legen Sie im Layout-Modus ein neues Layout an und nennen es „Telefonliste". Als Typ wählen Sie „erweitertes Listenlayout".

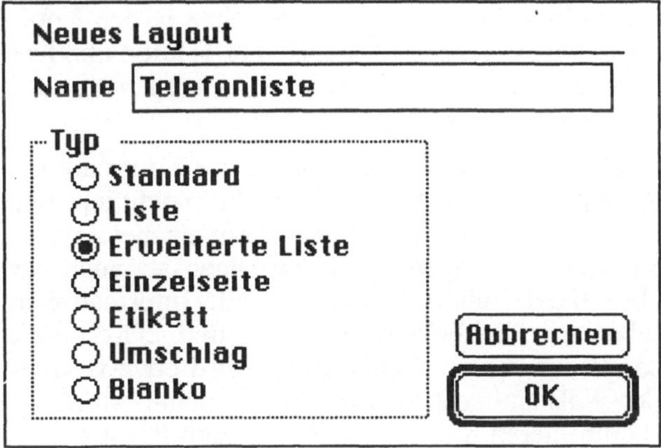

Eine **neues Layout** vom Typ „Erweitere Liste" anlegen

FileMaker Pro öffnet dann ein Auswahlfenster, in dem im linken Block die Liste der Datenfelder enthalten ist. Sobald Sie ein Datenfeld aus der Liste markieren, können Sie es über Klicken der Taste „Kopieren" in das neue Layout übernehmen. Die Felder Mitgliedsnr., Listenname, Telefon und Fax kopieren Sie so in die Feldordnung. Nach der Zusammenstellung der Feldordnung eröffnen Sie das neue Layout.

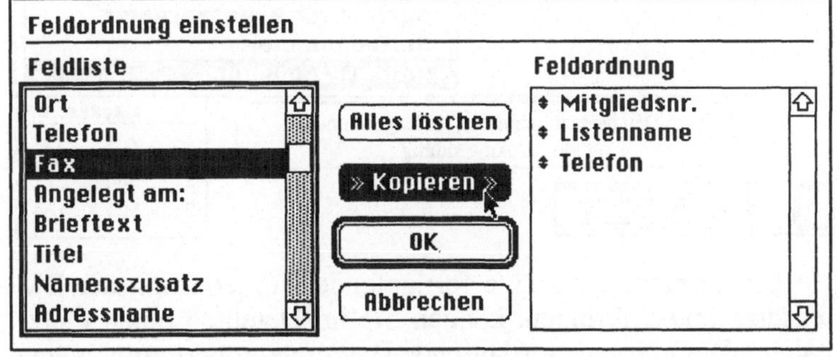

Feldordnung einstellen: die Felder für ein neues Layout werden zusammengestellt

Es besteht aus den Bereichen Kopfteil, Daten- und Fußteil. FileMaker Pro hat die Feldnamen im Kopfteil bündig zu den Feldern im Datenteil eingesetzt. Ausgehend von dieser Vorlage beginnt jetzt das Gestalten des Layouts „Telefonliste".

Ein Listenlayout: Telefonliste im Layout-Modus

Vergrößern Sie den Kopfteil und verschieben Sie die Datenfeldnamen senkrecht nach unten. Setzen Sie das Vereinslogo ein und verkleinern Sie es proportional auf eine angemessene Größe. Als Layout-Text fügen Sie „Telefonliste" mit dem Platzhalter für das aktuelle Datum (//) versehen in den Kopfteil ein. Die Feldnamen richten Sie so aus, daß Telefon und Fax rechts nach außen rücken, der Feldname „Listenname" wird mit dem Textwerkzeug in „Name" verändert.

Im Datenteil sind die Felder als Orte für die Informationsaufbewahrung abgebildet. Im Layout ist nicht ersichtlich, wie viele Datensätze der Datei in dieser Listenform erscheinen sollen. Deshalb tauchen im Layout für jeden Datensatz auch nur die ausgesuchten Felder als Statthalter für alle Informationen auf. Verschieben Sie die Felder „Telefon" und „Fax" nach rechts; die Länge des Feldes „Listenname" wird etwa verdoppelt, damit der vollständige Name erscheinen kann. Über die Seiteansicht kontrollieren Sie, welche Wirkungen Ihre Layout-Maßnahmen erzielen.

<table>
<tr><td>

Fortlaufende Datensatznumerierung:
Platzhalter für fortlaufende Datensatznummern in einer Liste

</td><td>

</td></tr>
</table>

Um in einer Liste eine fortlaufende Numerierung der Datensätze unterzubringen, können Sie im Datenteil einen Platzhalter (@@) für eine fortlaufende Datensatznumerierung unterbringen. Sie können die Datensatznumerierung über den entsprechenden Menü-Befehl oder über das doppelte Tippen der Tastenkombination «Wahl-Umschalt-1» einsetzen. Die Datensatznummer ist immer nur die *aktuelle Nummer in der Liste*, nicht die bei der Anlage des Datensatzes von FileMaker Pro intern vergebene Seriennummer. Um zwischen den Datensätzen einen Strich erscheinen zu lassen, ziehen Sie im Datenteil eine gerade Linie mit dem Geraden-Werkzeug. Möchten Sie nur die Feldnamen unterstreichen, ziehen Sie diese Linie im Kopfteil des Layouts.

Im Fußteil bringen Sie die fortlaufende Seitennumerierung unter. Den Platzhalter für die Seitennummer (##) fügen Sie entweder über das Text-Werkzeug oder aber über den Menü-Befehl wie in Bild 4.33 ein. Nun formatieren und positionieren Sie die Seitennumerierung wie ein Text-Objekt. Das Layout für die Telefonliste des Vereins ist damit fertiggestellt.

Seitenansicht vor dem Drucken: Layout „Telefonliste"

Probleme bei der Erstellung des Layouts kann es immer dann geben, wenn Objekte die Grenzen eines Bereiches berühren oder überschreiten. Befindet sich die Seitennumerierung auch nur zu einem Teil im Datenbereich, zum anderen Teil im Fußteil, wird die Seitennummer in jedem Datensatz gedruckt. Die Bereichsgrenze gilt bei FileMaker auch bei Berührung schon als überschritten.

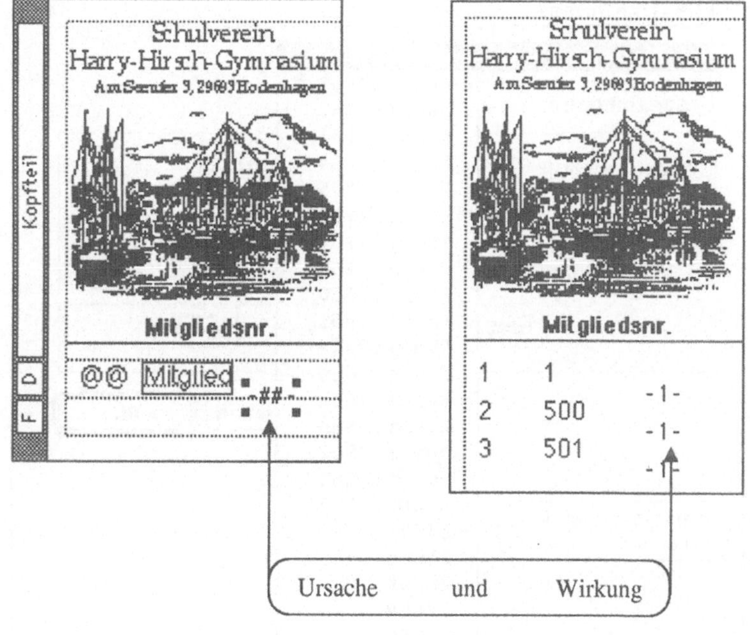

Bereichsgrenzen beachten: Auswirkung der Feldpositionierung auf der Grenzlinie zwischen Layoutbereichen

4.2.3 Versandetiketten

Ein richtiger Verein veröffentlicht auch ein Vereinsblatt, und das Vereinsblatt muß verschickt werden. Da Sie bereits über eine Mitgliederdatei verfügen, lassen Sie FileMaker Pro die Versandetiketten drucken. Beginnen Sie bei der Gestaltung von Etiketten-Layouts immer mit der Auswahl des Druckers, auf dem der Druck vonstatten gehen soll. In Abhängigkeit vom gewählten Drucker stellt FileMaker Pro nämlich das Papierformat für Etiketten ein. Bei einem Nadeldrucker, wie z. B. dem ImageWriter, verwenden Sie am besten Endlos-Etiketten. Nennen Sie hingegen einen Laser- oder Tintenstrahldrucker Ihr eigen, werden Sie in aller Regel Etiketten in der Größe des Papierformates „A4 Brief" einsetzen können. Je nach Drucker-Typ unterscheidet sich dann das weitere Verfahren.

Beim Laser- oder Tintenstrahldrucker können Sie im Layout-Modus ein neues Layout eröffnen. Wählen Sie den Typ „Etikett", und geben Sie dem Layout einen Namen wie „Versandetiketten, Größe xxx". FileMaker Pro hat mit der neuen Version über 24 vordefinierte europäische Etikettenformate für den Laserdrucker. Dabei fangen die sogenannten Avery-Etiketten-Nummern mit „L" an, die Zweckform-Etiketten beginnen mit „Z". Die Nummern beziehen sich auf die Artikelnummer des jeweiligen Herstellers (siehe Tabelle im Anhang).

Voreingestellte Laserdrucker-Etikettenformate

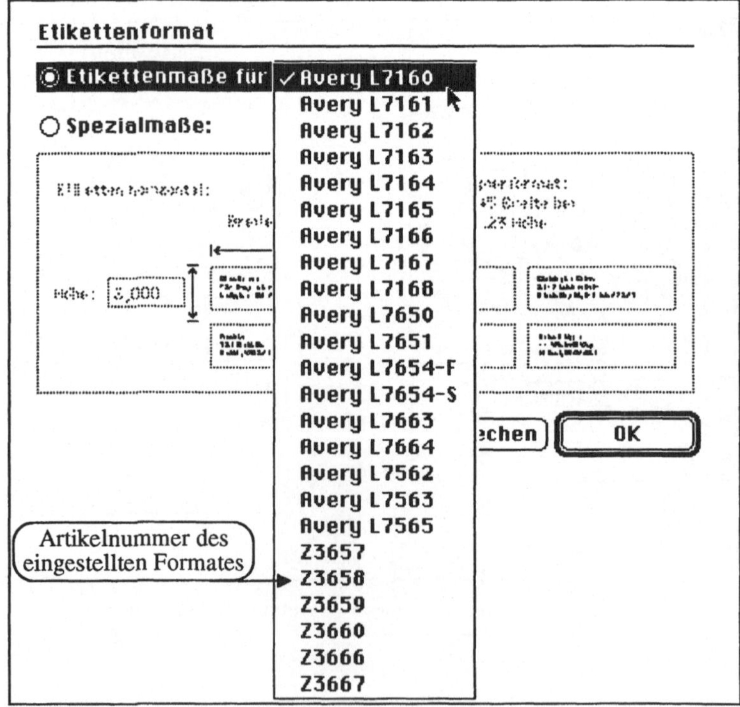

Wählen Sie einmal die Zweckform-Etiketten „Z3658" aus dem Aufklappmenü der Etikettenformate. Sollten Sie aber Etiketten verwenden wollen, die nicht in der Liste auftauchen, müssen Sie über die Option „Spezialmaße" die konkrete Größen einstellen (siehe nächstes Kapitel:„Endlos-Etikettendruck mit Nadeldrucker"). Nach der Auswahl des Etiketten-Formates „Z3658" werden Sie aufgefordert, die Feldordnung des neuen Layouts festzulegen. Wählen Sie das Feld „Adressblock", und kopieren Sie es in die Rubrik Feldordnung.

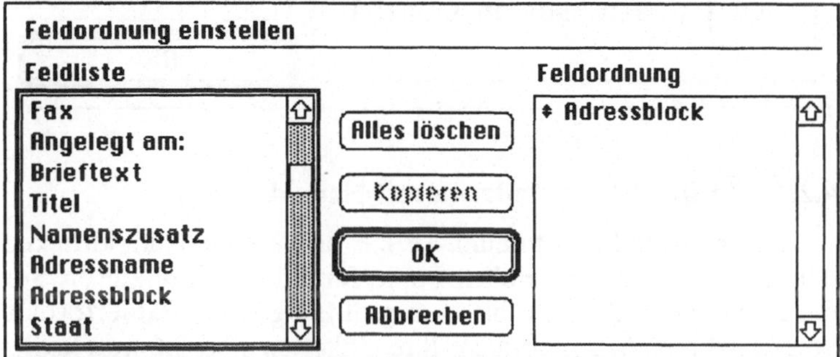

Feldordnung für das Etiketten-Layout

Stellen Sie anschließend noch die Feldgröße so ein, daß die gesamte Anschrift im Feld sichtbar wird, und das Feld im vorgegebenen Rahmen erscheint. Ihr Etiketten-Layout ist bereits fertig. Zusätzlich könnten Sie eine Datensatznummer als Kontrollzähler für die Anzahl gedruckter Etiketten verwenden.

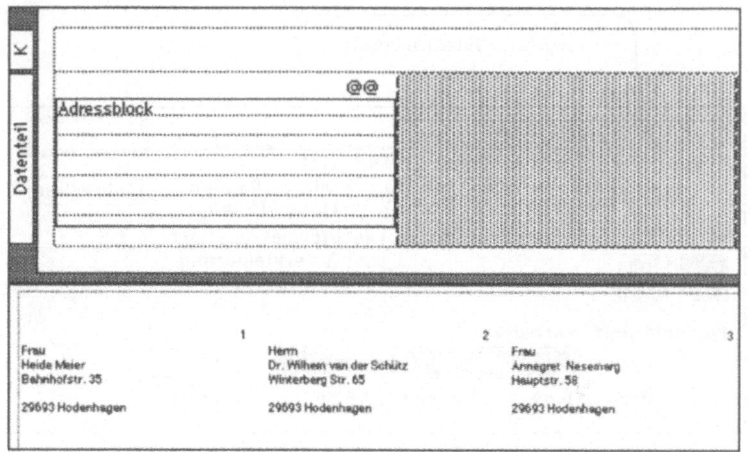

Kontrolle vor dem Drucken: „Versandetiketten" im Layout [oben] und in der Seitenansicht [unten]

Der Befehl *Layout-Optionen* ermöglicht es Ihnen, noch die Reihenfolge der Spalten beim Drucken der Etiketten festzulegen. In obiger Abbildung verläuft die Anordnung der Etiketten in den Spalten von links nach rechts.

Einstellung der **Spaltenanordnung** für das Layout „Versandetiketten"

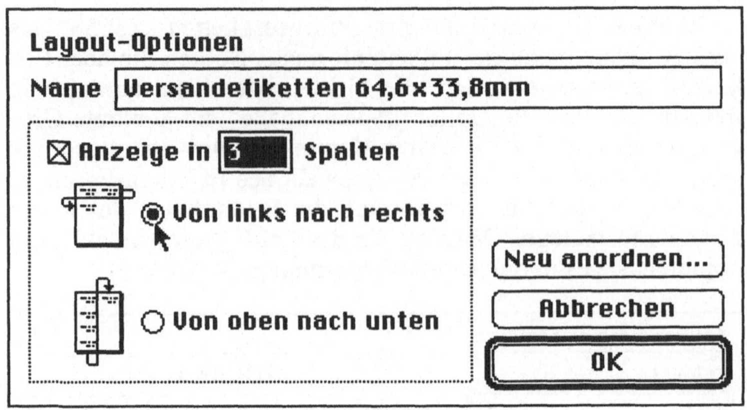

4.2.4 Endlos-Etikettendruck mit Nadeldrucker

Für den Endlos-Etiketten-Druck auf einem Nadeldrucker definieren Sie ein spezielles Papierformat. Multiplizieren Sie die Höhe Ihrer Etiketten bis zum größtmöglichen Papierformat von 91,44 cm. Angenommen, Ihre Etiketten sind 3,6 mm hoch, dann wählen Sie als Höhe des Papierformates 90 cm (3,6 mm * 25 = 90 cm). Wählen Sie ein beim ImageWriter selten benutztes Papierformat und bearbeiten Sie es: Geben Sie ihm einen Namen, tragen Sie die berechnete maximale Höhe und die tatsächliche Breite Ihrer Etiketten ein, und klicken Sie auf die Taste „Sichern".

Papierformat-Dialogfenster: Etikettenpapierformat für einen Nadeldrucker definieren

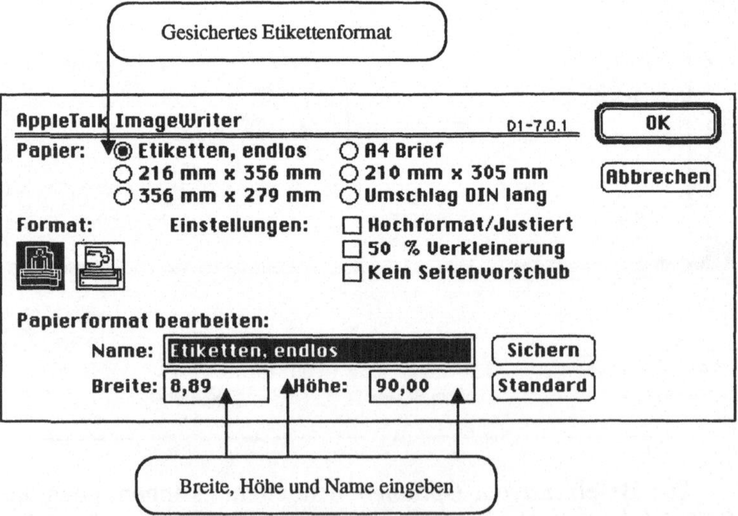

Beachten Sie bitte bei den Einstellungen, daß die Option „Kein Seitenvorschub" angekreuzt ist. Sie besorgt das lückenlose Drucken der Etiketten. Erst jetzt sollten Sie ein neues Layout vom Typ „Etiketten" öffnen. Wenn Sie mit mehreren Etikettengrößen arbeiten, geben Sie die Größe mit im Namen an. Das Etikettenlayout soll also jetzt „Versandetiketten, endlos" heißen. Sobald Sie Typ und Layout-Namen bestätigen, zeigt Ihnen FileMaker Pro ein Auswahlfenster zur Einstellung der Etikettenformate. Endlos-Etiketten finden sich nicht in der vorgegebenen Liste wieder, deshalb stellen Sie über die Option „Spezialmaße" die konkrete Etikettengröße ein.

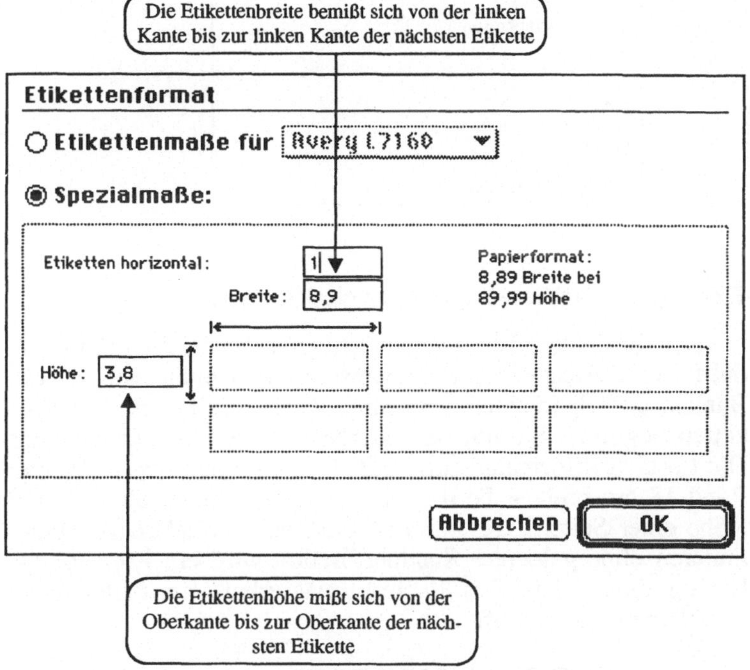

Spezialmaße für ein Endlos-Etikettenformat definieren

Die Feldordnung und Feldgröße tragen Sie wie im Kapitel 4.2.3 beschrieben ein. Sollten Sie mit einem ImageWriter drucken, löschen Sie bitte den Kopfteil, indem Sie in den Bereichsnamen klicken und die Löschtaste betätigen.

Layout für Endlos-Etiketten mit fortlaufender Numerierung

Seitenansicht vor dem Drucken: Endlos-Etiketten

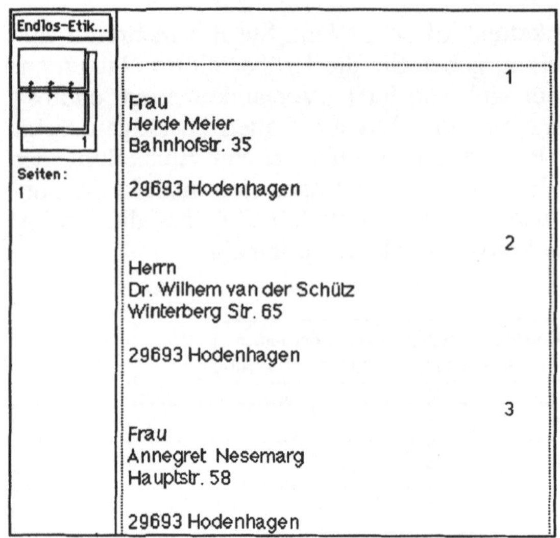

4.2.5 Lastschriften-Layout für Nadeldrucker

Eine besondere Variante des Etiketten-Layouts ist ein Layout für ein Lastschriften-(Überweisungs-)Formular, wie es von Banken und Sparkassen verwendet wird. Wie bei Endlos-Etiketten beginnen Sie mit der Bearbeitung des Papierformates. Die Lastschriftformulare sind z.B. 10,6 cm hoch und inclusive Rand 18 cm breit. 4 Formulare bilden eine Seite, also ist die Höhe einer Seite insgesamt 42,4 cm. Beim Drucken von Formularen ohne gelochter Randperforation wird ein Einzelblatt-Einzug empfohlen. Das Papierformat erhält sinnvollerweise den Namen „Lastschrift".

Eigene Papierformate definieren: Lastschrift-Papierformat für einen Nadeldrucker definieren

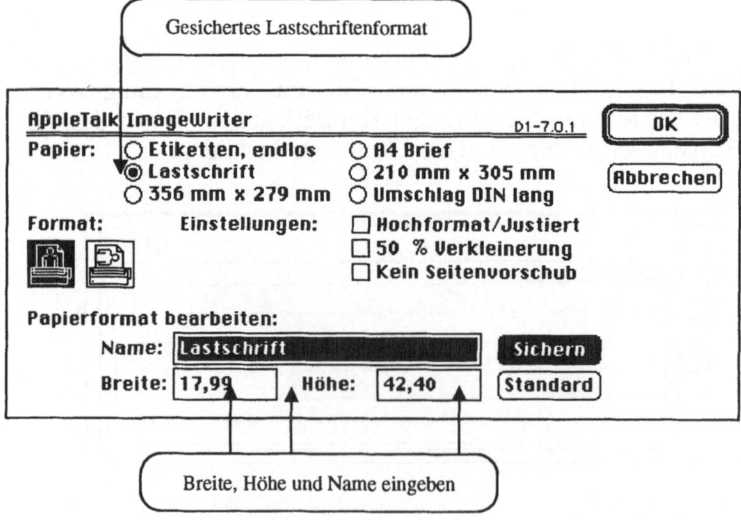

Nach der Festlegung des Papierformates legen Sie ein neues Layout vom Typ „Etiketten" mit dem Namen „Lastschrift" an. Wählen Sie die Option „Spezialmaße", und tragen Sie die Maße ein, setzen Sie die Anzahl in der Horizontalen auf „1".

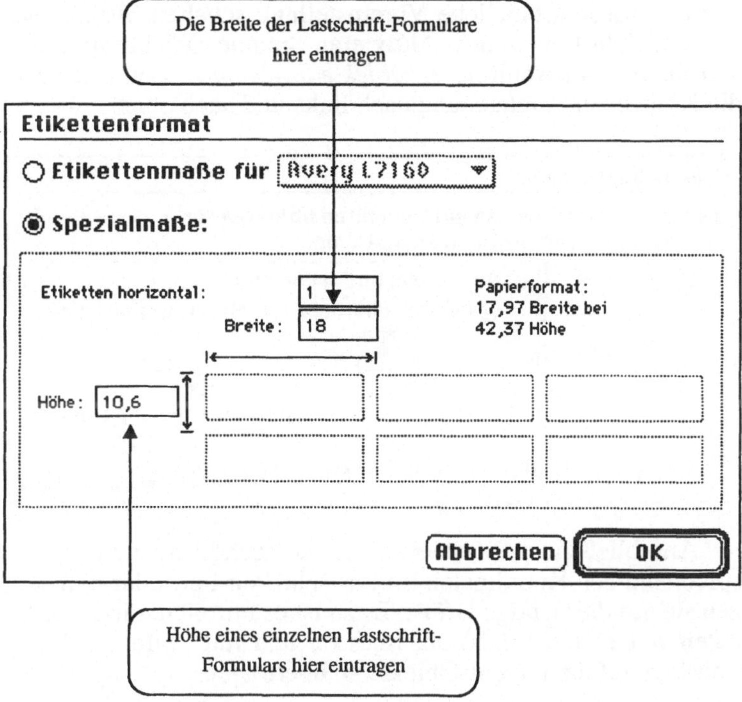

Eigene Maße für *ein* Lastschriftformular in FileMaker eintragen

Sollte im Anschluß an die konkrete Festlegung der Formulargröße folgender Hinweis kommen, sollten Sie ihn ignorieren und trotzdem fortfahren.

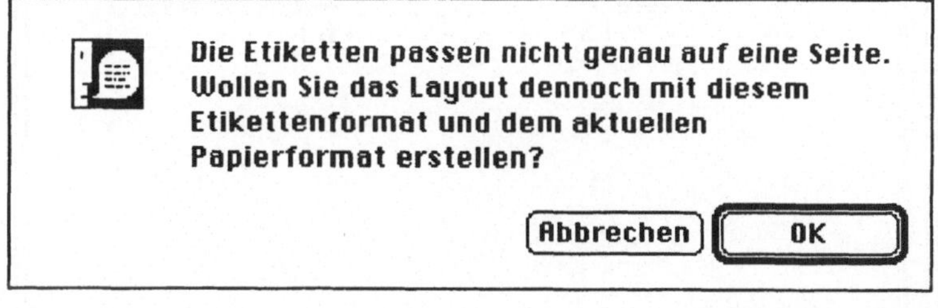

Hinweismeldung auf **Probleme mit dem Papierformat**

Die Felder, die Sie für die Lastschriften benötigen, sind die folgenden: Listenname, Bankkonto, Bankname, Bankleitzahl und Rechnungsjahr. Das eigene Kreditinstitut liefert Ihnen Vordrucke, auf denen das Konto des Zahlungsempfängers, Zahlungsempfänger und Bankleitzahl bereits enthalten ist.

Sollte im Layout ein Kopfteil erscheinen, löschen Sie ihn, er ist überflüssig. Die Layout-Objekte, die wir über die Feldordnung in ein Layout vom Typ „Etikett" übernehmen, sind alle standardmäßig so eingestellt, daß die Leerräume zwischen den Objekten nach links und nach oben ausgeglichen werden. Diese ansonsten nützliche Voreinstellung schalten Sie für das Lastschriften-Layout aus. Aktivieren Sie alle Objekte und öffnen Sie das Auswahlfenster *Objekte angleichen*. Entfernen Sie die Kreuze zur Angleichung nach links und nach oben.

Achtung beim Etikettenlayout: Voreingestellte Leerraum-Angleichung ausschalten

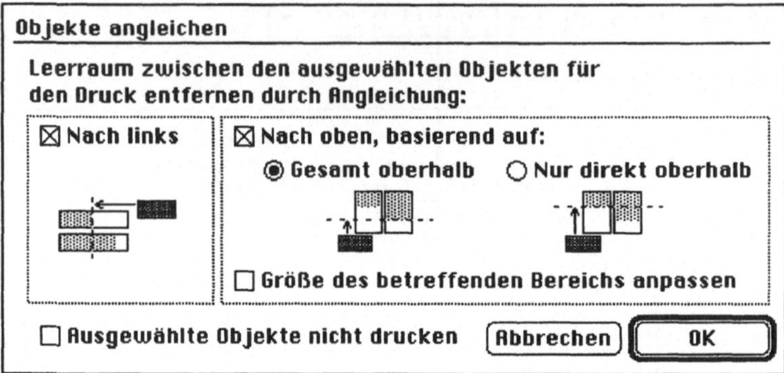

Anschließend positionieren Sie die sechs Datenfelder entsprechend den Koordinaten im Lastschriften-Formular und setzen sie auf die richtige Größe. Dazu ist es hilfreich, die Koordinaten mit einem Lineal abzumessen und mit Hilfe der Positionsbox auf die Layout-Objekte zu übertragen.

Drucken in Bankformulare: Fertiges Layout „Lastschriften"

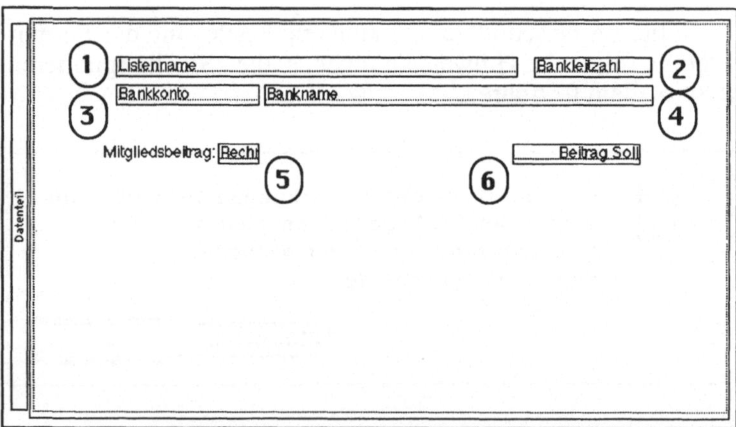

Bei der Übertragung von Koordinaten-Werten zwischen verschiedenen Feldern sind übrigens die Tastatur-Befehle zum Kopieren («Befehl-C»), Ausschneiden («Befehl-X») und Einsetzen («Befehl-V») in der Positonsbox verfügbar. Koordinaten-Änderungen werden erst wirksam, wenn sie mit der Enter-Taste bestätigt werden. Die genauen Positionierungen für die einzelnen Datenfelder im Lastschriften-Layout entnehmen Sie bitte den durchnumerierten Positionsfeldern.

Sämtliche Datenfelder sind in Helvetica, 12 Punkt, Standard, formatiert. Das Feld „Beitrag Soll" ist rechtsbündig ausgerichtet und hat eine vorangestellte Währungsangabe. Vor dem Rechnungsjahr fügen Sie als Layout-Text „Mitgliedsbeitrag:" ein; formatieren Sie das Datum so, das komplette Jahr „1993" erscheint. Die eingestellten Koordinaten sind getestet und funktionieren einwandfrei. Falls Sie es mit einer anderen Maßeinheit wie Pixel oder Zoll versuchen möchten, klicken Sie auf die Einheitenbezeichnung im Positionsfenster. Wenn Sie während des Druckens weiter mit Ihrem PC arbeiten wollen, können Sie das Drucker-Spooling einschalten. Der ImageWriter druckt dann im Hintergrund. Sollten Sie einen anderen Nadeldrucker als den Apple-ImageWriter verwenden, passen Sie die Koordinaten dem entsprechenden Druckbereich des Druckers an. Ebenso könnten unterschiedliche Vordrucke der Kreditinstitute Anpassungen an andere Papier- und Layoutformate erforderlich machen. Dann läßt sich der eine oder andere Testlauf kaum vermeiden.

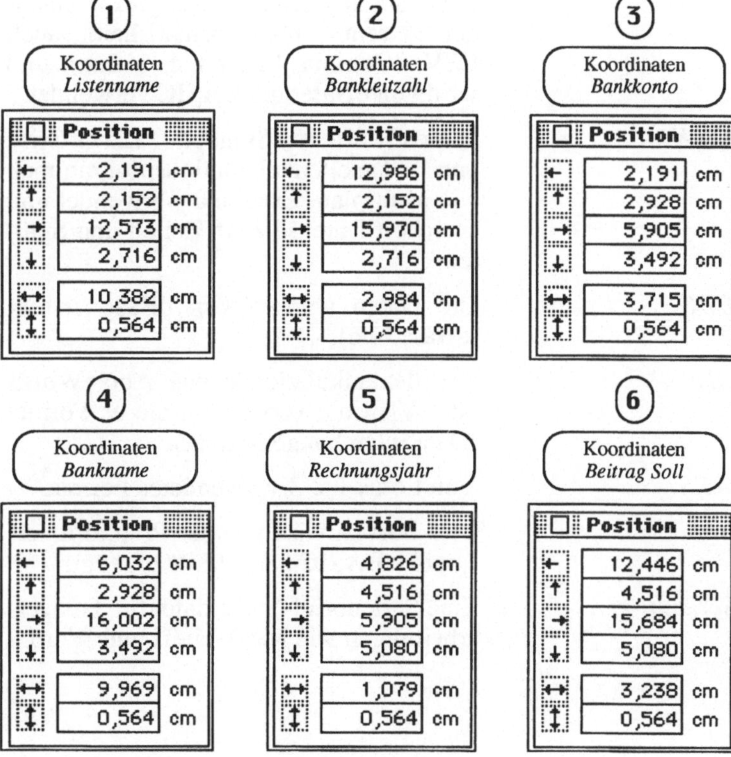

Positionskoordinaten der Datenfelder für das Layout „Lastschrift" bei Benutzung eines ImageWriters

4.3 Datensätze importieren

Sind Sie auch kein Freund von doppelter Arbeit? Dann importieren Sie Datensätze, die in anderen Dateien bereits vorliegen. FileMaker Pro hat hier Stärken entwickelt, die Sie bei anderen Datenbank-Programmen schmerzlich vermissen. Die Import-Datei kann z. B. vollkommen anders strukturiert sein als die Zieldatei. Bei FileMaker Pro können Sie entscheiden, welche Feldinhalte Sie übernehmen wollen und welche nicht. Die Anzahl der unterstützten Dateiformate umfaßt alle wesentlichen Formate, die auf modernen PCs verbreitet sind. In der neuen Version importiert FileMaker Pro endlich auch FileMaker Pro-Dateien in derselben Art und Weise wie Daten aus anderen Anwendungsprogrammen.

Die wählbaren Dateiformate sind im Anhang genau beschrieben, hier wird nur eine kurze Übersicht gegeben.

Text mit Tab	Die Datenfelder sind durch die Tab-Taste getrennt, die Inhalte werden als ASCII-Text importiert. Die meisten Anwendungsprogramme verfügen über dieses Format.
Text mit Komma	Die Felder sind durch Kommata, Datensätze durch Zeilenschaltung von einander getrennt. Das Format heißt auch CSV (Comma Separated Value) und wird von dBase und BASIC verwendet.
SYLK	Dieses Format (Symbolic Link) wird von Tabellenkalkulationsprogrammen wie Multiplan, Excel u.a. verwendet und speichert Datensätze in Zeilen und Spalten.
DBF	Die Daten wurden von dBase erstellt (dBase File).
DIF	Tabellenkalkulationen wie AppleWorks oder VisiCalc verwenden dieses Format (Data Interchange Format).
WKS	Von Lotus 1-2-3 verwendetes Format
BASIC	Dies Format wird von der Programmiersprache BASIC über Print# erzeugt.
Serienbrief	Eine Serienbrief-Steuerdatei für Textverarbeitungen wie MacWriteII und Word.

Stellen Sie sich vor, ein Kollege hatte zur Unterstützung des Vereins schon einmal versucht, die Mitgliederverwaltung des Schulvereins mit dBase zu organisieren. Bei der Erstellung von Berichten (Layouts) soll es größere Probleme gegeben haben. Freundlicherweise hat er seinen Datenbestand gesichert und dem neuen Vorstand auf Diskette übergeben. Sie importieren den alten Mitgliederbestand aus der Datei „Mitglied.dbf" (Bekanntlich dürfen DOS-Dateinamen nicht länger als 8 Zeichen sein).

Der Import von Datensätzen beginnt über den Befehl *Import/Export/Datensätze importieren* aus dem Menü *Ablage*.

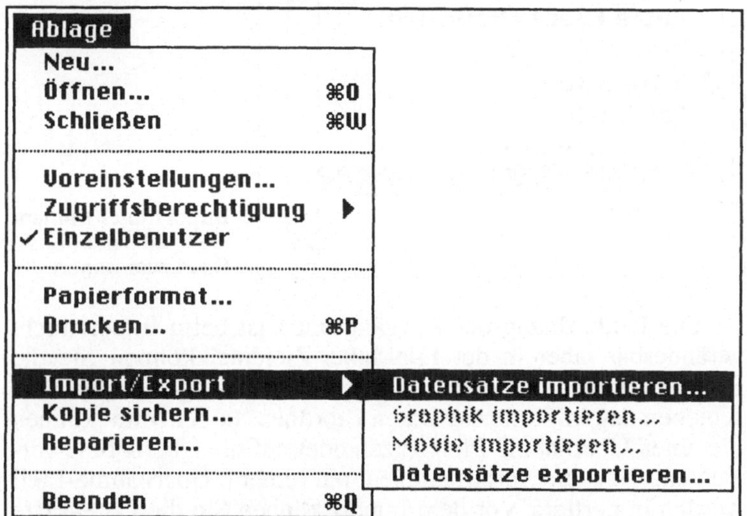

Daten übernehmen: Aufruf des Befehls *Datensätze importieren*

Es folgt ein Dialog-Feld, in dem Sie die Ausgangsdatei und über ein Aufklapp-Menü deren mögliches Dateiformat einstellen können. Bei der Einstellung „Alle verfügbaren" zeigt FileMaker Pro alle für einen Datensatzimport geeigneten Dateien.

Importierbare Dateien: Wahl des Dateiformates der Import-Datei

Mit einem Schreibtischprogramm wie „DOS-Mounter", „AccessPC" oder „PC File Exchange" kann jeder Macintosh MS-DOS-Disketten lesen. Damit werden MS-DOS-Dateien wie andere Dateien angezeigt. FileMaker Pro kann die Datei über Dateifilter im Claris-Ordner importieren. Aus der Liste verfügbarer Dateien wählen wir die dBase-Datei „Mitglieder.dbf." aus. In einem Fenster können Sie jetzt die Feldreihenfolge für den Import festlegen.

Importdatei wählen: Auswahl einer dBase-Datei zum Import

Über-nahme-pfeil für Daten-felder

Die Feldordnung der Ausgangsdatei ist beim Import nicht veränderbar, aber in der FileMaker-Zieldatei können Sie die Empfangsfelder mit dem Doppelpfeil-Mauszeiger durch Verschieben den importierten Daten zuordnen. In der Mitte können Sie einen Übernahme-Pfeil setzen oder auf die Übernahme verzichten. Nur die Informationen mit einem Übernahme-Pfeil werden importiert. Vor dem Import können Sie die Datensätze durchblättern und sich ansehen.

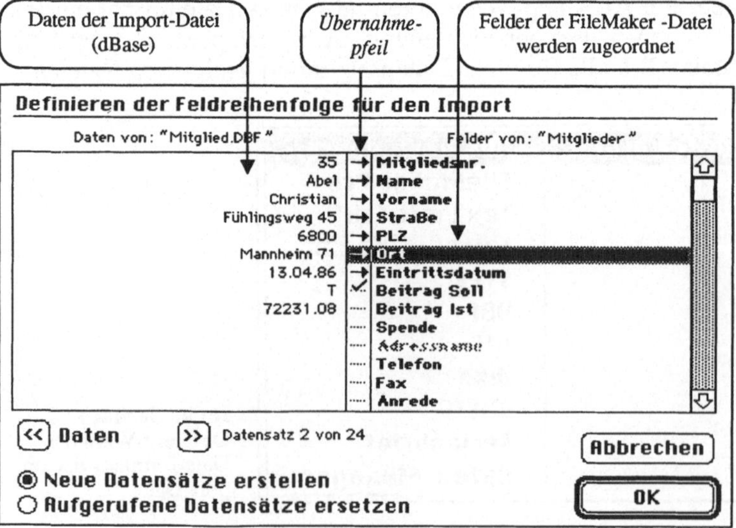

Datenübernahme einstellen: Feldreihenfolge für den Import von Datenfeldern festlegen

Dank der neuen Dateifilter werden jetzt auch die deutschen Umlaute und anderen spezifisch deutschen Zeichen wie das „ß" *vielfach* korrekt konvertiert. Während des Importierens werden Sie über den Stand der Dinge auf dem Bildschirm unterrichtet. Gelöst wurde mit der neuen Version auch das „Problem des ersten Satzes" bei einigen Dateiformaten. Bislang wurde häufig zuerst ein Datensatz mit den Datenfeldnamen als Dateninhalt importiert. Ab Version 2.0 werden die Datenfeldnamen richtig erkannt und nicht mit importiert.

```
Import von:
"Mitglied.DBF"

▓▓▓▓▓▓▓▓▓▓▓▓
Verbleibende Datensätze:      18
Abbrechen mit ⌘-.
```

Statusmeldung während des Imports von Datensätzen

Durch den Import haben wir jetzt 23 Mitglieder zusätzlich in die Datei aufgenommen. Da der Datensatzaufbau zwischen der Import-Datei und der Ziel-Datei unterschiedlich ist, müssen wir jetzt die Datensätze in einigen Feldern aktualisieren. Weil die importierten Datensätze noch eine Gruppe bilden, können wir in allen Datensätzen gemeinsame Feldinhalte, wie Rechnungsjahr und Staat, über den Befehl *Ersetzen* von FileMaker Pro eintragen lassen.

```
Mitglieder...    Soll in den abgerufenen 23 Datensätzen der
                 Inhalt von Feld "Rechnungsjahr" ersetzt
                 werden?

                 ◉ Ersetzen durch "1.1.93"?

Datensätze:      Soll in den abgerufenen 23 Datensätzen der
26               Inhalt von Feld "Staat" ersetzt werden?
Gefunden:
23               ◉ Ersetzen durch "Deutschland"?
Unsortiert
```

Feldinhalte für Datensatzgruppen ändern: Aktualisieren von Datenfeldern der importierten Datensätze

Auch die importierten Mitgliederdatensätze können Sie durch diesen Befehl in eine fortlaufende Seriennumerierung im Feld „Mitgliednr." einbeziehen. Die Einfügemarke setzen wir in das Datenfeld „Mitgliedsnr." und rufen den Befehl *Ersetzer* auf. Im Auswahlfenster *Ersetzen* sorgen die Optionen „Ersetzen durch eine Serienummer" und „Serienummer in "Eingabe-Optionen" aktualisieren?" dafür, daß vom Anfangswert ausgehend die importierten Datensätze fortlaufend mit Mitgliedsnummern versehen werden. FileMaker Pro paßt gleichzeitig die Seriennummer in den Eingabe-Optionen an die neuen Werte an.

Seriennummern aktualisieren: Aktualisieren der Mitgliedsnr. bei importierten Mitgliederdatensätzen

In derselben Art und Weise können Sie Datensätze aus nahezu allen gängigen PC-Programmen importieren. Voraussetzung ist dabei, daß das Programm, das die Ausgangsdatei erstellt hat, eines der Dateiformate (vgl. Seite 138) unterstützt. Wenn man den Angaben von Claris im FileMaker Pro-Handbuch Glauben schenken darf, sind die Probleme mit den deutschen Umlauten dabei noch nicht vollständig gelöst. Die oben gemachte Probe weist aber auf wesentliche Verbesserung hin.

4.4 Ein Layout zur Menüsteuerung

Die wichtigsten Bestandteile der Mitglieder-Datei haben Sie damit eigentlich erstellt. Was fehlt, ist eine sichere Navigation durch alle Layouts und Funktionen, die die Mitglieder-Datei mittlerweile umfaßt. Außerdem erstellen Sie noch einige Vorgaben-Scripts und gestalten auch noch einige neue Tasten zur Ablaufsteuerung. Wir beginnen jedoch mit der Anlage eines Fixpunktes der Datei, von dem aus alle Funktionen aufrufbar sind und wohin Sie aus jeder Situation wieder zurückkehren können: Ein Layout, in dem ausschließlich eine Menüsteuerung und keinerlei Datenfelder untergebracht sind. In der Arbeitsebene *Layout* eröffnen Sie ein neues Layout vom Typ „Einzelseite" und versehen es mit dem Namen „Menü-Mitglieder". Bei diesem Layouttyp zeigt FileMaker Pro alle Datenfelder. Da Sie hier keine Felder benötigen, aktivieren Sie alle Datenfelder («Befehl-A») und löschen sie. Die Überschrift gestalten wir als erstes mit dem Text- und Rechteck-Werkzeug. Das Rechteck erhält als Füllfarbe z.B. schwarz und wird nach hinten gestellt. Der Text „Mitgliederverwaltung" erhält die Textfarbe „weiß" zugewiesen und wird zusammen mit dem Rechteck konzentrisch ausgerichtet und gruppiert. Außerdem können Sie das Vereinslogo importieren und oben links positionieren.

Reihenfolge der Layouts neu festlegen

Dann können Sie über die Taste „Neu anordnen" des Auswahlfensters *Layout-Optionen* die Reihenfolge der Layouts nach sachlichen Erfordernissen neu ordnen: Sie verschieben die Layout-Namen mit gedrückter Maustaste in die gewünschte Reihenfolge. Anschließend weisen Sie über den Befehl *Voreinstellungen* unter dem Menü *Ablage* FileMaker Pro an, beim Öffnen der Datei „Mitglieder" in das Steuerungs-Layout „Menü-Mitgliederverwaltung" zu gehen. Bitte vergessen Sie nicht, diese Einstellung mit der „Zurück"-Taste zu bestätigen.

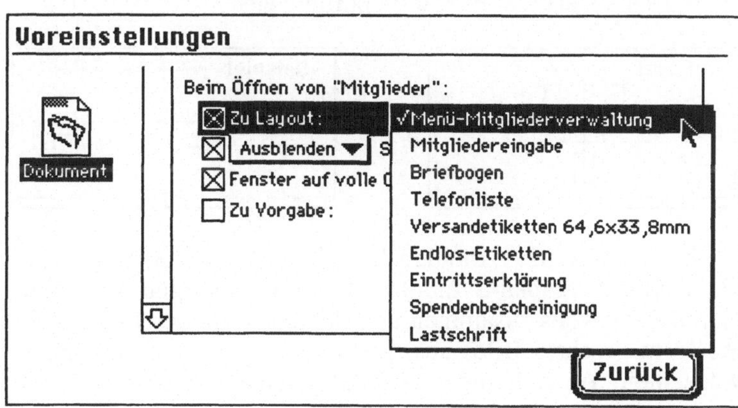

Dokument-Voreinstellungen: Festlegen des Start-Layouts

Außerdem können Sie bei einem kleineren Bildschirm dafür sorgen, daß FileMaker Pro beim Öffnen einer Datei den Statusbereich ausblendet und das Dateifenster auf volle Bildschirmgröße zoomt. Im Layout sollten Sie als nächsten Schritt die Pictogramme für die aufzurufenden Funktionen erstellen. FileMaker Pro selbst liefert in der Version 1.x und 2.x jeweils eine Datei, in der Tasten und Knöpfe als Muster eingearbeitet sind. Diese Tastendatenbanken können Sie erneut ausnutzen. Sollte Ihnen die Datei „Tasten" aus der Macintosh-Version FileMaker Pro 1.x zur Verfügung stehen, duplizieren Sie diese Datei mit dem Macintosh-Finder und geben Sie ihr z.B. den Namen „Tasten1.0". Diese Kopie können Sie dann auch für die Version 2.x verwenden. Wenn die entsprechenden Dateien „Tasten" bzw. „Tasten1.0" unter FileMaker Pro geöffnet sind, können Sie über das Menü *Fenster* die aktive Datei wechseln.

Wechseln zwischen FileMaker-Dateien: Geöffnete Dateien unterm Menü *Fenster*

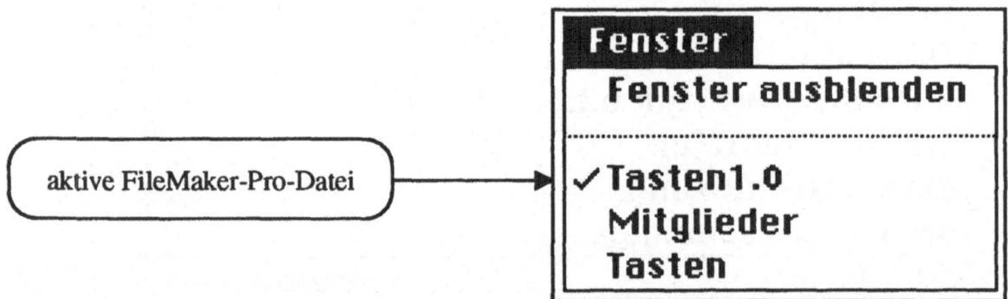

Wählen Sie in den jeweiligen Tasten-Dateien den Layout-Modus und markieren Sie die gewünschten Objekte. Sie können sie dann in die Zwischenablage kopieren und in der Datei „Mitglieder" in das Layout „Menü-Mitgliederverwaltung" aus der Zwischenablage einsetzen. Für jede Aufgabe der Mitgliederverwaltung suchen Sie eine möglichst aufgabensymbolisierende Taste aus. Neben dem jeweiligen Symbol erstellen Sie mit dem Textwerkzeug eine kurze Beschreibung der Aufgabe. Nach dem Einfügen von Tasten und Texten können Sie die Texte mit Schriftart-, -größe und -stil formatieren. Achten Sie dabei auf eine einheitliche Schrift im Layout. Danach richten Sie die Texte an einer linken Fluchtlinie aus.

Ausrichtungskontrolle: Vertikales [links] und horizontales Ausrichten [rechts] im Beispiel-Fenster

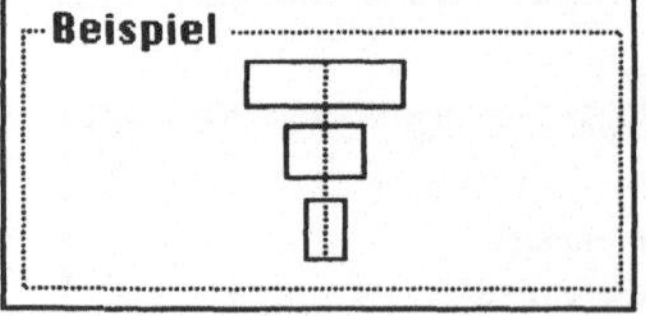

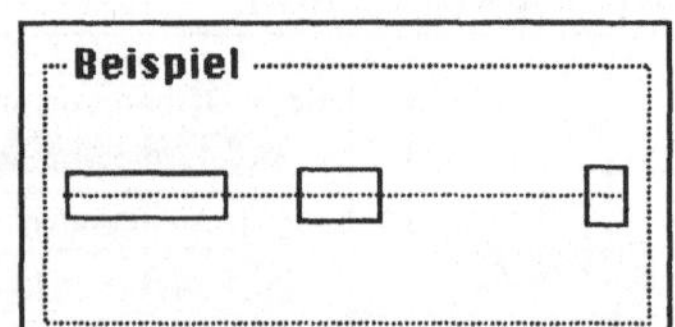

Zum Abschluß verbinden Sie die Aufgaben-Symbole und die Texte: Aufgaben-Symbol und den zugehörigen Text aktivieren Sie jeweils zusammen und richten Sie in der waagerechten Mitte (rechtes Bild) aus. Lassen Sie sich nicht von unerwünschten Ausrichtungen beeindrucken, mit dem Befehl

Rückgängig («Befehl-Z») können Sie korrigieren. Die Oberfläche des Menüs der Mitgliederverwaltung sieht dann so aus:

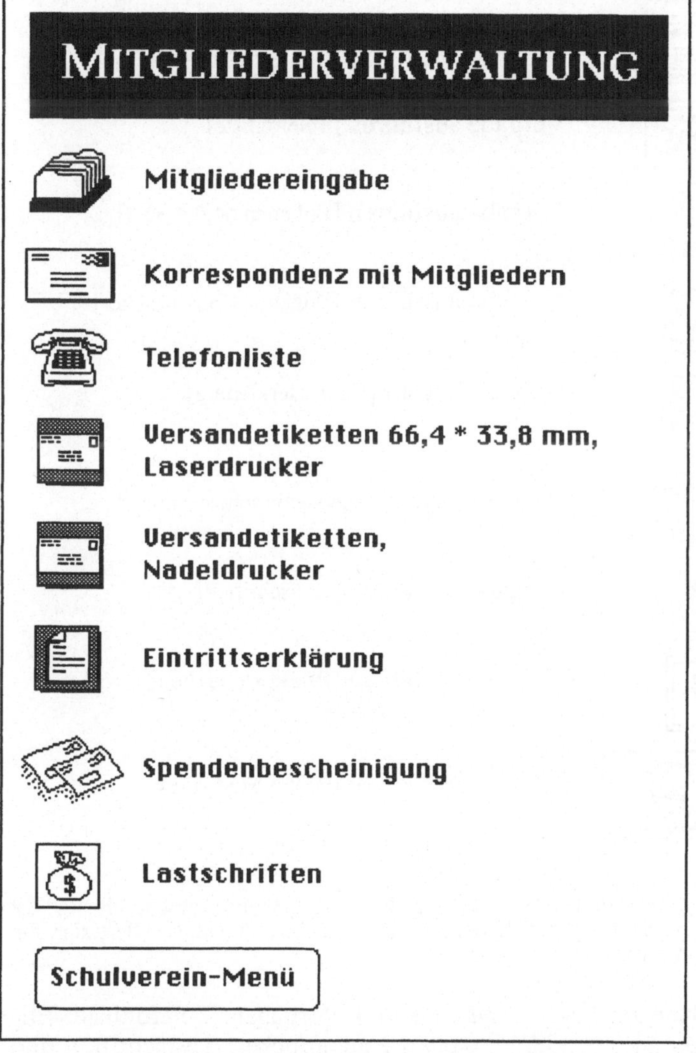

Auswahl-Menü der Mitgliederverwaltung

Für das Wirken unter der Oberfläche verbinden Sie jetzt noch entsprechende programmsteuernde Befehle oder Vorgaben mit den Funktions-Tasten des Layouts. Einige Vorgaben müssen wir mit ScriptMaker neu erstellen, wie z.B. das Drucken von Etiketten, Lastschriften und das Suchen im Vereinsarchiv. Einige Funktionstasten erhalten einfache Befehle zugewiesen. Sie könnten jetzt folgende Befehle oder Vorgaben über das Auswahlfenster *Taste definieren* den entsprechenden Tasten zuweisen:

Taste   **Zugeordneter Befehl**

Gehe zu Layout [Mitgliedereingabe]

Gehe zu Layout [Briefbogen]

Vorgabe ausführen [Telefonliste]

Vorgabe ausführen [Etiketten 64,6 * 33,8]

Vorgabe ausführen [Etiketten Nadeldrucker]

Gehe zu Layout [Eintrittserklärung]

Gehe zu Layout [Spendenbescheinigung]*

Vorgabe ausführen [Lastschriften]

Vorgabe ausführen [Brieftexte suchen]

Vorgabe ausführen [Sicherheitskopie]

*   Die Befehlszuordnung für die Taste „Spendenbescheinigung" ist
        vorläufig. Nach Erstellung der Datei „Zahlungen" ändert sich die
        Zuordnung.

Neu in dieser Liste sind fünf Vorgaben: Telefonliste; Etiketten 64,6 * 33,8; Etiketten Nadeldrucker; Lastschriften und Brieftexte suchen. Im folgenden beschreibe ich die Arbeitsabläufe, die FileMaker Pro durch entsprechende Vorgaben ausführen soll.

Telefonliste

In der Telefonliste sollen nur diejenigen Mitglieder erscheinen, die auch tatsächlich über einen Telefonanschluß verfügen. Deshalb führen wir zunächst einmal eine Suchabfrage durch, ob ein Telefonanschluß in der Mitgliederdatei eingetragen ist.

Dazu wechseln wir vom Eingabe-Layout in den Suchen-Modus und fragen im Feld „Telefon", ob die Telefonnr. > 0 ist.

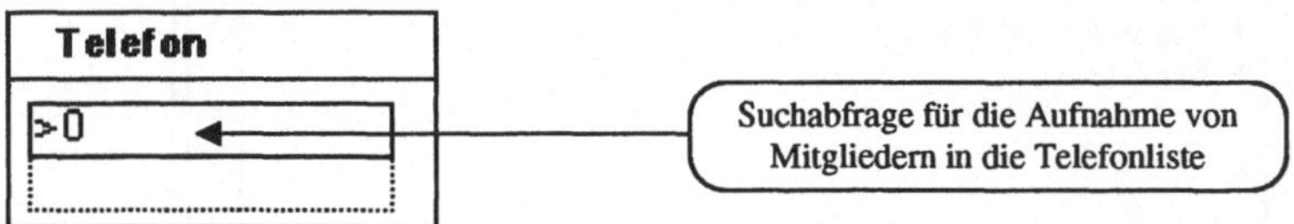

Suchabfragen vor definieren: Abfrage für die Telefonliste

Damit lassen wir alle Mitglieder mit Telefon finden und anschließend nach der Mitgliedsnr. sortieren. FileMaker Pro kann in die neue Vorgabe „Telefonliste" die zuletzt durchgeführte Suchabfrage und Sortierung übernehmen. Die Vorgabe „Telefonliste" sorgt dafür, daß das Programm in das Layout „Telefonliste" geht, das Papierformat übernimmt und die Datensätze auf Mitglieder mit Telefon durchsucht wird. Die gefundene Datensatzauswahl lassen Sie nach der Mitgliedsnummer sortieren.

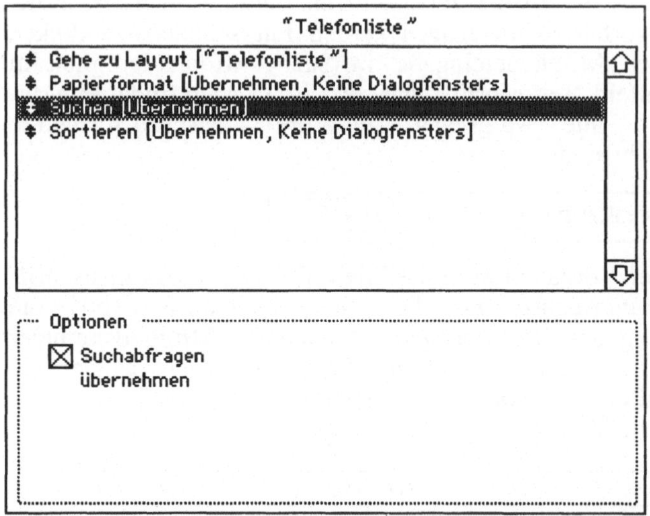

Aktuellen Suchabfrage übernehmen: Script der Vorgabe „Telefonliste"

*Etiketten 64,6 * 33,8 mm und Etiketten für Nadeldrucker*

Diese Vorgabe geht davon aus, daß alle Mitglieder das Vereinsblatt zugestellt erhalten. Daher beginnt sie mit dem Befehl *Alle aufrufen.* Anschließend soll das Programm in das Etiketten-Layout wechseln und das Papierformat übernehmen. Überprüfen Sie vor dem Drucken die Drucker-Auswahl und das Papierformat! Die Vorgabe bringt dann das Auswahlfenster *Drucken* auf den Bildschirm, von dem aus Sie den Druckvorgang starten können.

**Etikettendruck vor-
bereiten:** Script der
Vorgabe „Etiketten
64,6 * 33,8"

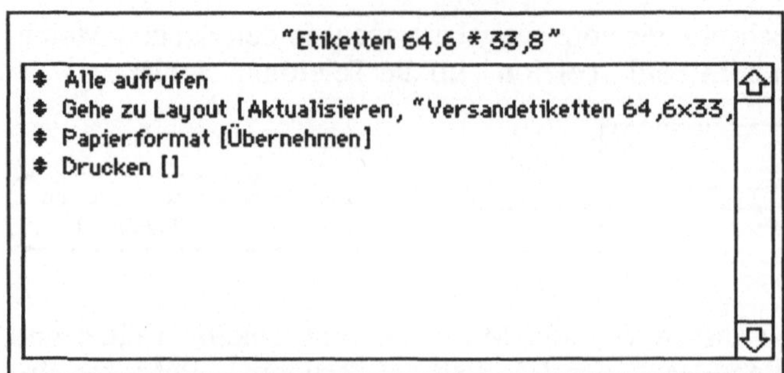

Ebenso aufgebaut ist der Ablauf für den Endlos-Etiketten-
druck auf einem Nadeldrucker. Vergessen Sie auch hier nicht,
den richtigen Drucker zu wählen, damit Sie das korrekte Eti-
ketten-Papierformat einstellen können.

Lastschriften

Vor der Erstellung des Vorgaben-Scripts fördert eine Suchabfrage die Mitglieder zutage, deren Beiträge im Lastschrift-
Einzugsverfahren eingezogen werden. Für Suchabfrage klicken
Sie in der „Mitgliedereingabe" im Suchen-Modus lediglich im
Auswahlfeld „Lastschrift?" das „Ja" an. Danach findet FileMaker Pro alle Mitglieder, für die Lastschriftformulare
zu drucken sind.

In der Vorgabe lassen Sie FileMaker Pro in das Lastschriften-Layout wechseln und die aktuelle Suchabfrage sowie die
Sortierung der Datensatzauswahl nach der Mitgliedsnummer
übernehmen. Danach soll das Programm nacheinander die
Auswahlfenster *Papierformat* und *Drucken* öffnen. Die Vorgabe sieht dann wie abgebildet aus.

**Lastschriftenzahler
ermitteln:** Script der
Vorgabe „Lastschrif-
ten"

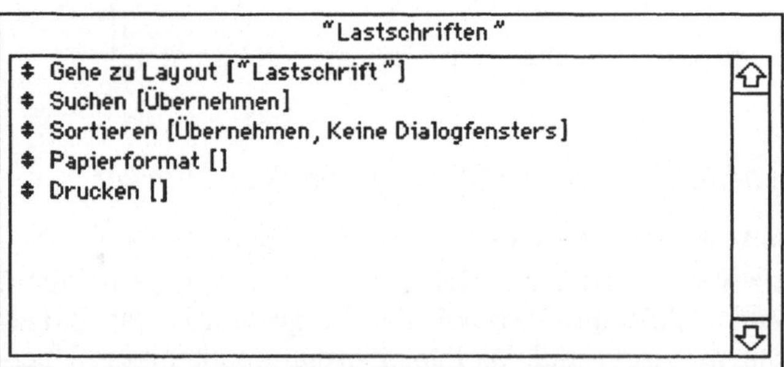

Brieftexte suchen

Die Vorgabe „Brieftexte suchen" besteht aus zwei Befehlen. Der erste Befehl öffnet die Datei „Vereinsarchiv", der
zweite Befehl ruft die Vorgabe „Suchen im Brieftext" der Da-

tei „Vereinsarchiv" auf. Für die Mitgliederdatei handelt es sich um den Aufruf einer externen Vorgabe. Diese aktiviert den Suchen-Modus und geht zum Feld „Brieftext".

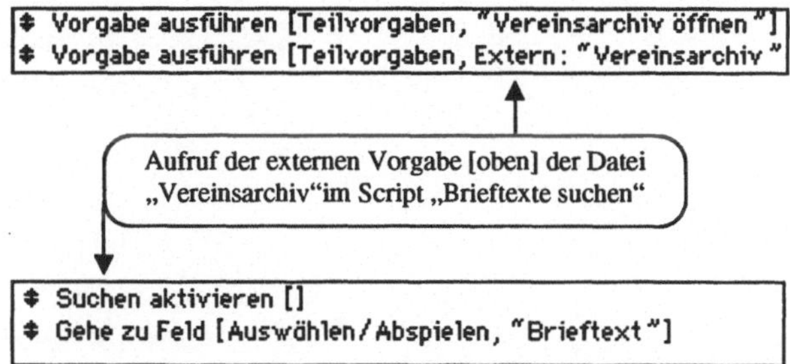

Suchen im Vereinsarchiv: Script der Vorgabe „Brieftexte suchen"

Mit Hilfe der Suchoperatoren für Texte (siehe Kapitel 2.2) können Sie das Archiv sofort nach Text-Passagen, Stichwörtern u.a. durchsuchen lassen.

Damit die Arbeit mit dem Layout „Menü-Mitgliederverwaltung" nicht zur Einbahnstraße gerät, sei dringend empfohlen, noch in allen Layouts eine Taste für den Rücksprung einzusetzen. Sie erhält den Befehl „Gehe zu Layout [Menü-Mitgliederverwaltung]" zugewiesen.

Sackgassen im Ablauf verhindern: Rücksprung-Taste im Etiketten-Layout

Über die Zwischenablage können Sie die Taste in alle weiteren Layouts einsetzen. Vergessen Sie bitte nicht, die Taste in allen Layouts, die zum Drucken bestimmt sind, vom Drucken auszuschließen. Diese Einstellung können Sie in dem Auswahlfenster *Objekte angleichen* unter dem Menü *Extra* im Layout-Modus vornehmen.

5

Vereinsdatenbank: zwei Dateien – eine Verwaltung

Das Kapitel informiert über:

- **Kontrolle der Eingabedaten**
- **Auswertungsfelder**
- **Auswertungsbereiche**
- **den Austausch von Informationen zwischen Dateien**
- **Menüs zur Navigation in Datenbanken**

5.1 Die Zahlungen-Datei

Die zweite Datei der Vereinsdatenbank verwaltet die Finanzen und stellt all das bereit, was der Vorstand den Mitgliedern und dem Finanzamt an Abrechnungen vorlegen muß.

- die Einnahmen und Ausgaben auf den Vereinskonten
- das Journal der Zahlungen und die Kontoauszüge
- eine Einnahmen- und Ausgabenrechnung sowie eine Vermögensaufstellung des Vereins
- die Beitrags- und Spendenabrechnung für die Kontrolle der Beitragseinnahmen und die Bereitstellung von Daten für Spendenbescheinigungen der Mitglieder-Datei

Die Verbindung beider Dateien und die Zusammenfassung der verschiedenen Aufgaben in übersichtlichen Menüs zur Steuerung bilden den Abschluß des Kapitels.

Bekanntlich hat ein Schulverein nicht nur Einnahmen, sondern auch Ausgaben für die Förderung des Schullebens und die eigene Verwaltung. Der Vorstand legt sowohl über die Mittelverwendung als auch über den Vermögensstand des Vereins einmal jährlich Rechenschaft ab. Gewählte Kassenprüfer sorgen dafür, daß das Finanzgebaren des Vereins den gesetzlichen Vorschriften entspricht. Die Zahlungen-Datei erfaßt sämtliche Vorgänge auf den Vereinskonten: bei den Kreditinstituten und in der Vereinskasse. Um Aufschluß über die Mittelherkunft und die Mittelverwendung zu bekommen, arbeitet diese Datei insbesondere mit den Auswertungsbereichen von FileMaker Pro. Die Zahlungen-Datei können Sie als neue Datei im Ordner „Schulverein" anlegen. Sie sollte folgende Felder enthalten:

- das Datum von Geldbewegungen
- eine Beleg_Nr. für die Numerierung der Belege
- die Mitgliedsnr. zur Zuordnung von Beiträgen und Spenden
- den Buchungstext zur Erläuterung von Buchungen
- die Vereinskonten als Orte der Geldbewegung
- je ein Feld „Einnahmen" oder „Ausgaben" für die Beträge
- ein Feld „Art" zur Klassifizierung der Buchungen
- ein Feld „Buchungskontrolle" zur Überprüfung der richtigen Eingabe einer Geldbewegung. Bei fehlerhaften Eingaben werden die fettgedruckten Warnungen und Korrekturvorschläge ausgegeben (Die Felder „Einnahmen" und „Ausgaben" dürfen nicht beide mit Beträgen versehen werden; bei Buchungen der Art „Einnahmen" muß der Betrag im Feld „Ausgaben" leer sein und umgekehrt; negative Werte und leere Buchungen sind nicht zulässig).

Den Aufbau der Datei mit den Optionen der jeweiligen Felder zeigt die folgende Tabelle.

Feldname	Feldtyp	Formel / Optionen
Datum	Datum	
Beleg_Nr.	Text	
Mitgliedsnr.	Zahl	
Buchungstext	Text	**Auswahl:** Beitrag 1. HJ Beitrag 2. HJ Spende Weitere
Konto	Text	**Auswahl:** Kasse Sparkasse Dresdner Bank Deutsche Bank Weitere
Einnahmen	Zahl	
Ausgaben	Zahl	
Art	Text	**Auswahl:** Spende Beitrag Sonstige Einnahme Veranstaltung Geräte Material Verwaltung Sonstige Ausgaben Weitere

Buchungskontrolle	Formel	=If (Einnahmen > 0 AND Ausgaben > 0; *"Sie haben den Betrag sowohl unter Einnahmen wie unter Ausgaben eingetragen !"* & *"¶"* & *"Bitte entscheiden Sie sich für Einnahmen oder Ausgaben !"*;
		If (Einnahmen > 0 AND Art = "Sonstige Ausgabe" OR Einnahmen > 0 AND Art = "Geräte" OR Einnahmen > 0 AND Art = "Material" OR Einnahmen > 0 AND Art = "Veranstaltung" OR Einnahmen > 0 AND Art = "Verwaltung"; *"Sie haben eine Ausgabenart gewählt und den Betrag im Feld Einnahmen eingetragen ! Überprüfen Sie bitte Ihren Eintrag !"*;
		If (Ausgaben > 0 AND Art = "Beitrag" OR Ausgaben > 0 AND Art = "Spende" OR Ausgaben > 0 AND Art = "sonstige Einnahme"; *"Sie haben eine Einnahmenart gewählt und den Betrag im Feld Ausgaben eingetragen ! Überprüfen Sie bitte Ihren Eintrag !"*;
		If (Einnahmen = "" AND Ausgaben = "" OR Einnahmen < 0 OR Ausgaben < 0; *"Sie haben den Betrag vergessen oder einen negativen Betrag eingetragen!"*; ""))))

Das Eingabe-Layout sollte das Vereinslogo enthalten und kann der relativ wenigen Datenfelder wegen etwa so gestaltet sein:

Eingabe-Layout der Zahlungen-Datei mit Buchungskontroll-Meldung

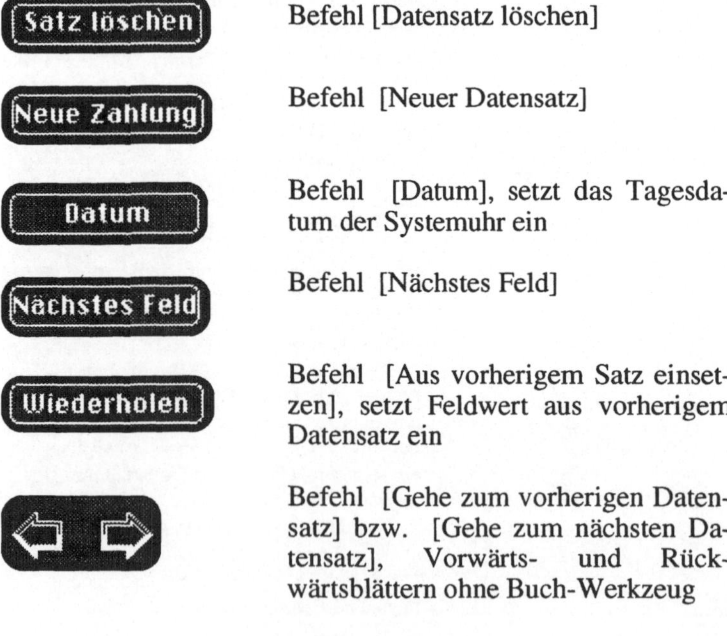

Ebenfalls im Eingabe-Layout unterzubringen sind einige programmsteuernde Tasten, die die Eingabe erleichtern:

      Befehl [Datensatz löschen]

      Befehl [Neuer Datensatz]

      Befehl [Datum], setzt das Tagesdatum der Systemuhr ein

      Befehl [Nächstes Feld]

      Befehl [Aus vorherigem Satz einsetzen], setzt Feldwert aus vorherigem Datensatz ein

Befehl [Gehe zum vorherigen Datensatz] bzw. [Gehe zum nächsten Datensatz], Vorwärts- und Rückwärtsblättern ohne Buch-Werkzeug

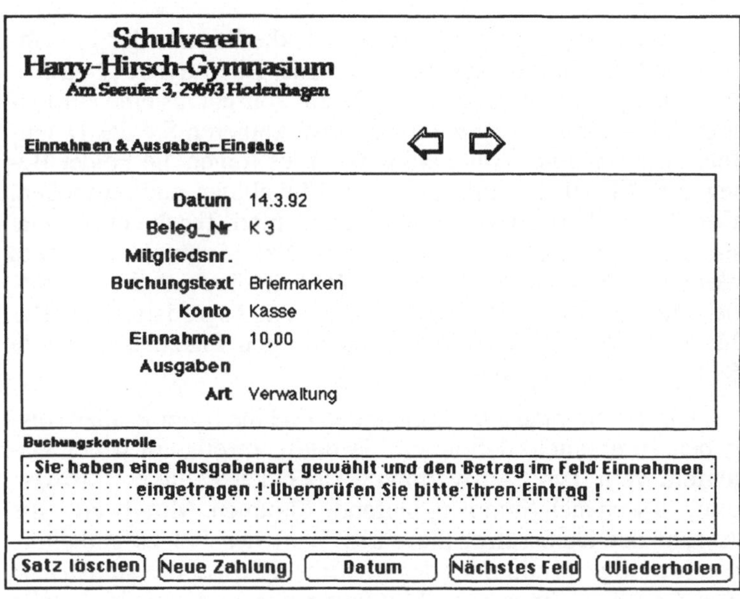

Eingabe-Layout und Tasten im Blättern-Modus

5.1.1 Das Journal der Zahlungsein- und -ausgänge

Mit der Zahlungen-Datei können Sie jetzt alle Zahlungsein-
und -ausgänge auf den Konten des Vereins erfassen. Die Bewegungen zwischen den Vereinskonten wie z.B. Barauszahlun-
gen, müssen Sie allerdings einmal als Einnahme (Kasse) und
einmal als Ausgabe (Bank) eintragen. Einen vollständigen und
chronologischen Überblick über alle Geldbewegungen des Vereins gibt das Journal. Zu diesem Zweck legen wir ein neues Listenlayout unter dem Namen „Journal" an.

Schulverein
Harry-Hirsch-Gymnasium
Am Seeufer 3, 29693 Hodenhagen

Journal 12.6.1993

Datum	Beleg.Nr.	Mnr.	Buchungstext	Konto	Einnahmen	Ausgaben
1.1.1992			Anfangsbestand	Kasse	425,00	
1.1.1992			Anfangsbestand	Sparkasse	4.567,83	
1.1.1992			Anfangsbestand	Dresdner		1.235,67
1.1.1992			Anfangsbestand	Deutsche	2.345,67	
5.1.1992	1/1	500	Beitrag 1. HJ	Sparkasse	30,00	
5.1.1992	1/1	501	Beitrag 1. HJ	Sparkasse	30,00	
2.2.1992	01	305	Spende	Deutsche	1.200,00	
3.2.1992	K 1		Zuschuß für	Kasse		225,00
8.2.1992	1/2		Mac mit Drucker	Sparkasse		2.550,00
3.3.1992	K 2	500	Spende	Kasse	500,00	
5.3.1992	02	303	Beitrag 1. HJ	Deutsche	30,00	
5.3.1992	02	304	Beitrag 1. u. 2 HJ	Deutsche	60,00	
4.3.1992	K 3		Briefmarken	Kasse		10,00
4.3.1992	K 4		Briefpapier	Kasse		12,50
7.3.1992	03		Handbälle	Deutsche		325,00
3.4.1992	92/1		Zinsen	Dresdner		35,67
					9.188,50	4.393,84

Journal der Zahlungsbewegungen, sortiert nach Datum und Beleg_Nr.

Diese Liste weist am Ende jeweils die Summe der Einnahmen und die Summe der Ausgaben aus. Das Layout „Journal" ist vom Typ „Erweiterte Liste". Da das Journal als eine chronologische Aufzeichnung vorgesehen ist, kopieren Sie das Datenfeld „Datum" mit in die Feldordnung, es folgen die Felder Beleg_Nr., Mitgliedsnummer, Konto, Einnahmen und Ausgaben. Den Kopfteil erweitern Sie in einen Kopfteil für die erste Seite mit dem Vereinslogo, dem Layout-Text „Journal" und dem aktuellen Datum und in einen Kopfteil für die restlichen Seiten, der nur aus dem Text „Journal" mit dem Tagesdatum besteht. In der Mitte des Fußteils bringen Sie den Platzhalter für die Seitennumerierung unter.

Um die Summe aller Einnahmen und die Summe aller Ausgaben zu erhalten, definieren Sie dafür jeweils ein neues Datenfeld vom Typ „Auswertung". Über den Feldtyp „Auswertung" lassen sich Summen, laufende Summen, Mittelwerte, die Anzahl der Datensätze, die einen Wert des Feldes enthalten, das jeweilige Minimum oder Maximum sowie die statistische Standardabweichung vom Mittelwert und prozentuale Anteile des Feldwertes an der Gesamtsumme der Feldwerte bilden. Auswertungsfelder kommen nur in den besonderen Auswertungsbereichen eines Layouts zur Geltung. Die Werte von Auswertungsfeldern können Sie normalerweise nicht in Formeln weiterverarbeiten. Das hat seinen Grund im Charakter der Auswertungsfelder: Auswertungsfelder beziehen sich immer auf eine Datensatz*gruppe*, während *Formelfelder* immer auf einen einzelnen *Datensatz* bezogen sind. Das Ergebnis der Auswertungsfelder hängt ab von der Position der Auswertungsbereiche im Layout. Beachten Sie bitte: Die Ergebnisse von Auswertungen erscheinen vielfach erst beim Drucken oder in der Seitenansicht, nicht aber im Blättern-Modus!

Im Layout-Modus werden jetzt zwei neue Felder definiert (die Tastenkombination für das Σ ist «Option-W»):

Σ_Einnahmen	Typ Auswertungsfeld: Summe von Einnahmen
Σ_Ausgaben	Typ Auswertungsfeld: Summe von Ausgaben

Auswertungsfeld definieren: Funktion des Auswertungsfeldes „Σ_Einnahmen"

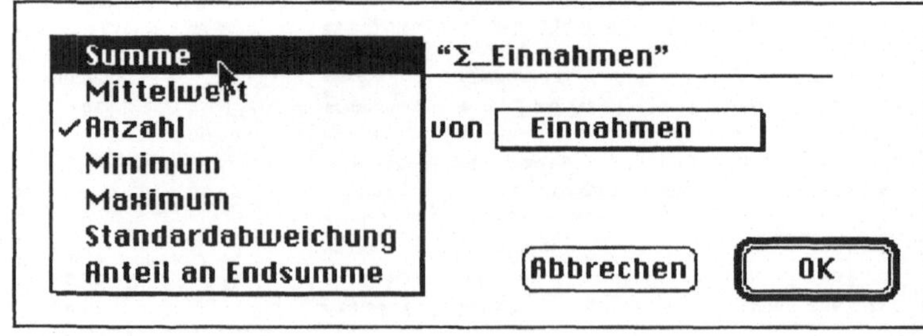

Das Layout können Sie über den Auswahl-Befehl *Bereiche
definieren* erweitern. Es erscheint ein Fenster mit der Liste bereits definierter Bereiche und der Taste „Neu". Über diese
Taste gelangen Sie zu dem Auswahlfenster *Bereichsdefinitio-
nen.*

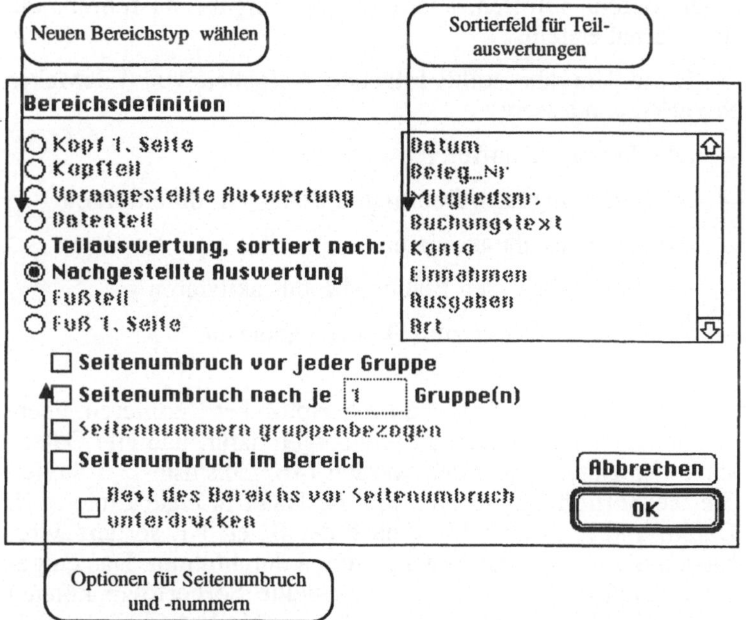

Neue Bereiche im
Layout definieren

Bereichstypen, die im Layout nur einmal oder an einer bestimmten Stelle vorhanden sein dürfen, wie z.B. „Kopf 1.
Seite", sind in dem Auswahlfenster nicht mehr verfügbar. Für
das Journal wird eine nachgestellte Auswertung eingefügt. Die
neu definierten Auswertungsfelder plazieren Sie anschließend
mit dem Feldwerkzeug ohne Feldbeschriftung in den nachge-
stellten Auswertungsbereich. Um die Summen der Auswertungsfelder deutlicher hervorzuheben, weisen Sie den Feldern
über das Menü *Format* und das Auswahlfenster *Feldrahmen*
einen Feldrahmen oberhalb des Feldes zu.

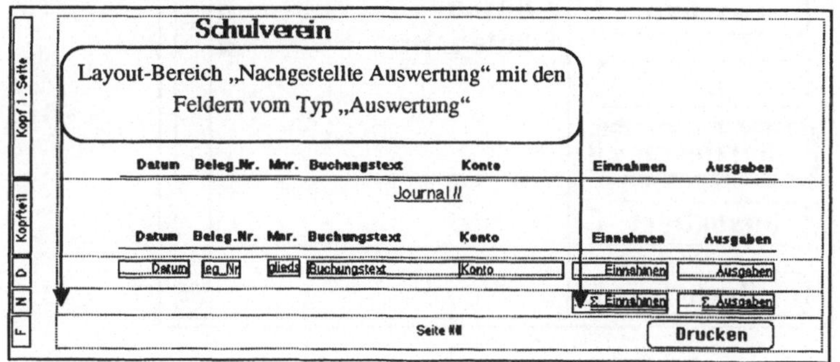

Auswertungsbereich
im Layout

Hilfreich ist es, dem Auswertungsfeld über das Textformat im Stil ein „Doppelt unterstreichen" mitzugeben. Das fertige Journal hat dann ein Aussehen wie auf Seite 155 unten.

An dieser Stelle kümmern wir uns um die Gestaltung der Taste „Drucken" im Fußteil. Lassen Sie die Taste nicht einfach einen Befehl aufrufen, sondern eine Vorgabe ausführen, die das Journal erstellt.

Diese Vorgabe sollte folgende Aufgaben von FileMaker Pro erledigen lassen:

– alle Zahlungen aufrufen

– die Sortierung nach Datum und Beleg_Nr. durchführen

– die Seitenansicht aktivieren

– bei „Fortfahren" den Blättern-Modus aktivieren

– das Auswahlfenster zum Drucken anbieten

Bevor Sie diese Vorgabe im ScriptMaker™ editieren, überprüfen Sie das Papierformat und sorgen dafür, daß alle Datensätze der Datei aufgerufen werden («Befehlstaste-J»). Stellen Sie die Sortierfolge so ein, daß die Datei in erste Linie nach Datum und in zweiter Linie nach der Beleg_Nr. sortiert wird. Lassen Sie den Sortiervorgang einmal durchführen. Das eingestellte Papierformat und die eingestellte Sortierfolge können Sie in die Vorgabe übernehmen lassen. Nach Aufruf der Seitenansicht entscheiden Sie, ob Sie das Journal drucken lassen wollen oder nicht.

Sortierfolgen und Suchabfragen brauchen Sie in FileMaker Pro nur einmal festzulegen, wenn Sie unmittelbar danach in eine Vorgabe die Befehle „Suchen [...]" bzw. „Sortieren [...]" jeweils mit der Option „Abfrage-" oder „Sortierfolge übernehmen" eintragen. Das Programm wiederholt die Such- und Sortierroutinen bei der Ausführung des Vorgaben-Scripts.

Sortierfolge für das Journal

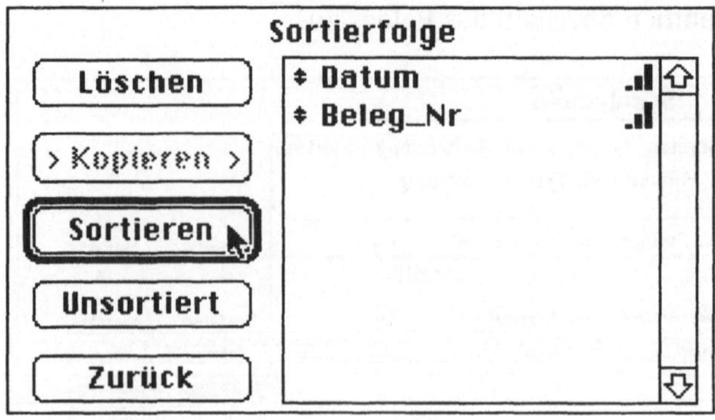

Die Vorgabe „Journal" sieht im Script-Maker™ schließlich
folgendermaßen aus:

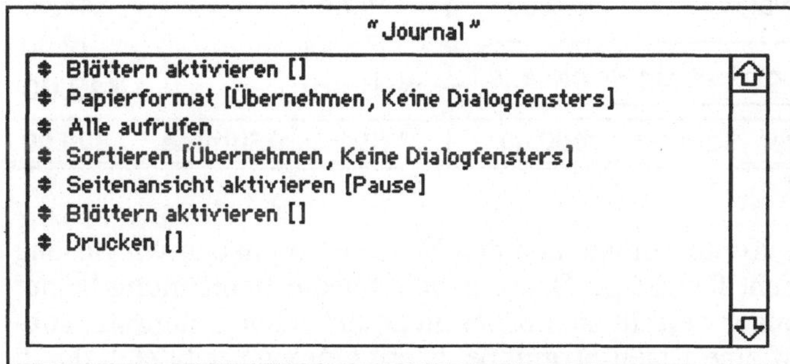

Vorgaben-Script für
das Journal

Anschließend unterlegen Sie die Taste „Drucken" mit dem
Befehl „Vorgabe ausführen: Journal". Ein entsprechender Testlauf dürfte dann zu einem Ergebnis wie in Abbildung 4.69 führen.

5.1.2 Kontoauszüge

Das Journal ergibt eine chronologische Liste aller Zahlungseingänge und Zahlungsausgänge des Vereins – vorausgesetzt, sie sind vollständig erfaßt und auf dem neuesten Stand.
Es gibt aber keinen Überblick über den Stand auf den einzelnen
Konten des Vereins wie die Kasse und die Konten bei Banken
und Sparkasse. Während das Journal noch mit allen Datensätzen der Datei arbeitet, geht es jetzt darum, eine gruppenbezo-
gene Auswertung zu erstellen. Um also einen Überblick über
die Vereinskonten zu bekommen, erstellen wir mit einem
neuen Layout Kontoauszüge. Das bedeutet, daß die Geldbewegungen des Vereins nach diesen Konten sortiert und auf Konten bezogen ausgewertet werden.

Ein Kontoauszug sollte alle Bewegungen auf einem Konto
abbilden. Die Vereinskonten verzeichnen dabei Einnahmen und
Ausgaben. Der jeweilige Kontostand wird mit Hilfe eines Saldos gewonnen. Es handelt sich dabei um den Unterschiedsbe-
trag zwischen der Summe des Umsatzes und der Kontensumme. Der Saldo gleicht ein Konto aus. Der Saldo entsteht entweder auf der Einnahmen-Seite – dann sind die Ausgaben größer
als die Einnahmen – oder auf der Ausgabenseite – dann sind
die Einnahmen größer als die Ausgaben.

Für einen Kontoauszug haben wir bislang nur Bewegungen
definiert, die entweder auf der Einnahmen- oder aber auf der
Ausgabenseite in Erscheinung treten, vorausgesetzt sie passen
zum gewünschten Konto.

**Kontenausgleich
durch Saldierung**

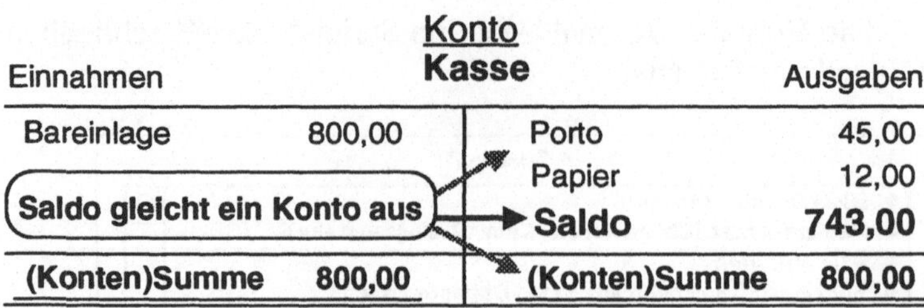

Die Kontensumme und den Kontensaldo haben wir bislang noch nicht festgelegt. Das Ergebnis für die Berechnung beider Datenfelder bezieht sich dabei nicht auf einen Datensatz, sondern auf eine Datensatzgruppe. Diese Gruppe ergibt sich durch die Zugehörigkeit zu einer Gemeinsamkeit, dem Konto.

Herkunft der Feldwerte im Kontoauszug

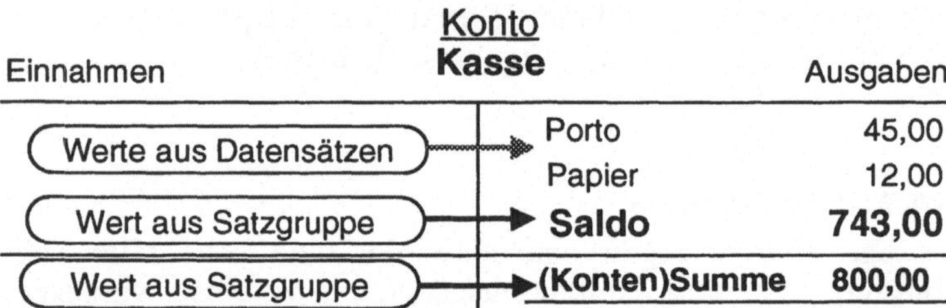

Definiert ist die Summe *aller* Einnahmen und die Summe *aller* Ausgaben der Datei. Es handelt es sich dabei allerdings um ein Auswertungsfeld. Und die Ergebnisse von Auswertungsfeldern sind normalerweise in Berechnungen nicht weiter verwendbar. Mit einer Ausnahme: Die Funktion „Summary" macht in einem Formelfeld die Werte von Auswertungsfeldern wieder für Berechnungen verfügbar. Die Verfügbarkeit läßt sich aber nur in Verbindung mit einem Sortierfeld herstellen. Die allgemeine Schreibweise der Funktion lautet:

```
Summary ( Auswertungsfeld; Sortierfeld)
```

Mit dieser Funktion kann ich die Kontensumme als Wert der nach Konten sortierten Summe aller Einnahmen und Ausgaben berechnen lassen. Habe ich die Summe, kann ich auch herausbekommen, auf welcher Seite des Kontos der Saldo entstanden ist und welche Größe er umfaßt.

In Worten lautet die Bedingung für die Einnahmenseite:

Ist die Kontensumme der Einnahmen des Kontos größer als die Kontensumme der Ausgaben des Kontos, ist der Saldo auf der Einnahmenseite gleich Null. Wenn die Summe der Gesamteinnahmen pro Konto aber kleiner ist als die Summe der Gesamtausgaben pro Konto, ist der Saldo auf der Einnahmenseite.

Er beträgt dann die Differenz zwischen den Gesamtausgaben pro Konto und den Gesamteinnahmen pro Konto.

Umgekehrt gilt für die Ausgabenseite:

Sind die Gesamtausgaben pro Konto größer oder gleich den Gesamteinnahmen pro Konto, ist der Saldo auf der Ausgabenseite gleich Null. Wenn die Gesamtausgaben pro Konto aber kleiner sind als die Gesamteinnahmen pro Konto, ist der Saldo auf der Ausgabenseite. Er ist dann die Differenz zwischen den Gesamteinnahmen, sortiert nach Konto und den Gesamtausgaben, sortiert nach Konto.

In der grafischen Darstellung eines Struktogramms würde sich der Sachverhalt wie folgt darstellen lassen:

Suchen des Saldos auf der Einnahmenseite:

<table>
<tr><td colspan="2" align="center">Summe Einnahmen des Kontos
>Summe Ausgaben des Kontos</td></tr>
<tr><td>Ja</td><td align="right">Nein</td></tr>
<tr><td align="center">Saldo = 0</td><td>Saldo =
Summe Ausgaben des Kontos
– Summe Einnahmen des Kontos</td></tr>
</table>

Suchen des Saldos auf der Ausgabenseite:

<table>
<tr><td colspan="2" align="center">Summe Ausgaben des Kontos
>=Summe Einnahmen des Kontos</td></tr>
<tr><td>Ja</td><td align="right">Nein</td></tr>
<tr><td align="center">Saldo = 0</td><td>Saldo =
Summe Einnahmen des Kontos
– Summe Ausgaben des Kontos</td></tr>
</table>

Dieser Algorithmus geht davon aus, daß für den Fall der unwahrscheinlichen Gleichheit von Einnahmen und Ausgaben pro Konto der Saldo gleich Null nur auf einer Seite des Kontos, nämlich auf der Ausgabenseite, eingetragen wird. Bei Bedarf können Sie diese Festlegung auch umgekehrt treffen.

Das neue Datenfeld „Kontensaldo_Einnahmen" können wir jetzt als Formelfeld mit dem Formel-Editor definieren.

Wo entsteht ein Saldo ? Berechnung des Saldos auf der Einnahmenseite

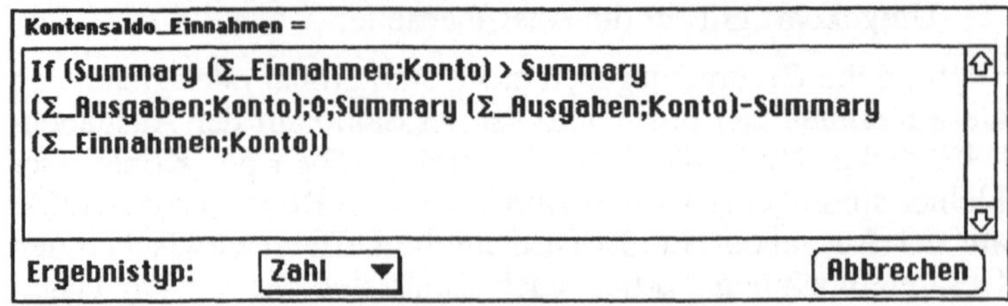

Für das mögliche Auftreten des Saldos auf der Gegenseite des Kontos verfahren wir entsprechend umgekehrt:

Umkehrung: Berechnung des Saldos auf der Ausgabenseite

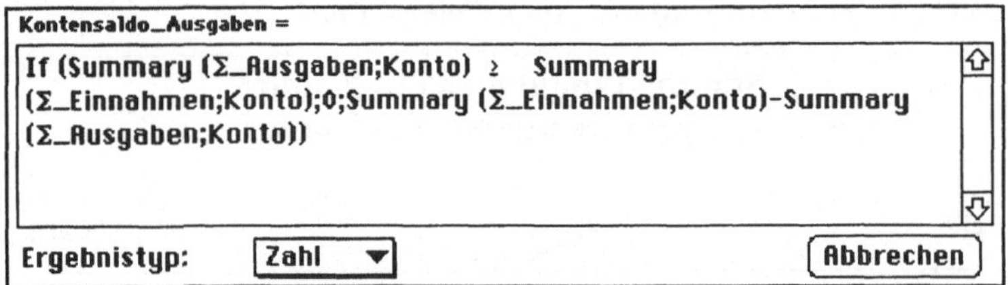

Für die Summen der Konten auf der Einnahmen- bzw. Ausgabenseite definieren wir ebenfalls Formelfelder. Die Kontensumme ergibt sich einerseits aus der Summe vom „Kontensaldo_Einnahmen" und den nach Konten sortierten Gesamteinnahmen oder andererseits aus der Summe vom „Kontensaldo_Ausgaben" und den nach Konten sortierten Gesamtausgaben.

Auswertungsfelder werden für Formeln bereitgestellt: Berechnung der Kontensummen auf der Einnahmenseite

Nach der Definition der Felder für die Kontoauszüge können wir die Gestaltung des Layouts beginnen. Im Layout-Modus duplizieren wir das Layout „Journal" und benennen es in „Kontoauszüge" um. Vollständig löschen wir die nachgestellte Auswertung. Im Kopfteil ändern wir den Layout-Text in „Kontostand vom //" mit dem Text-Werkzeug um. Da die Zahlungsdatensätze nach Konten sortiert erscheinen sollen, fügen wir zunächst einmal eine Teilauswertung, sortiert nach Konto, zwischen Kopfteil und Datenteil ein. In diese Teilauswertung verschieben wir das Datenfeld „Konto" mit Feldbeschriftung aus dem Datenteil, ebenso die bündigen Überschriften für die Felder des Datenteils. Jeder Kontoauszug soll auf eine neue Seite, deshalb wird die Option „Seitenumbruch vor jeder Gruppe" eingestellt.

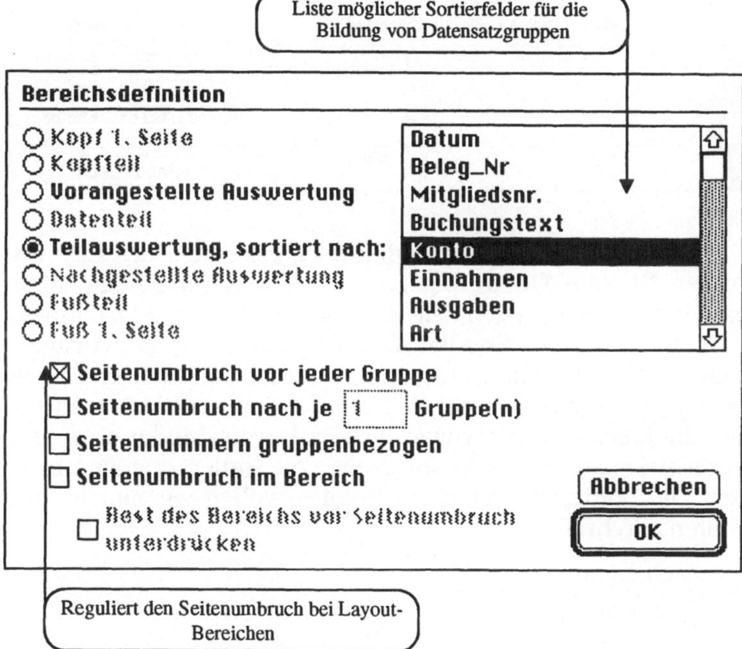

Sortierte Auswertungen: Teilauswertung, sortiert nach Konto, mit Seitenumbruch je Gruppe

Unterhalb des Datenteils fügen wir eine weitere Teilauswertung, sortiert nach Konto, ein. In diese Teilauswertung setzen Sie die vier neu definierten Felder für die Salden- und Kontensummenberechnung auf der Einnahmen- und Ausgabenseite ein. Sie werden ergänzt durch eine Beschreibung mit Layout-Text, wobei der Text „Saldo" im Stil „Unterstrichen" und der Text „Summe" im Stil „Doppelt unterstrichen" gehalten sein sollte. Die Summenfelder erhalten als Textformat ebenfalls den Stil „Doppelt unterstrichen". Den beiden Saldenfeldern weisen wir zusätzlich einen unteren Feldrahmen als Format zu.

Zur Ansicht eines Kontos am Bildschirm dient eine Taste (Windows: Schaltfläche), die mit dem Befehl „Seitenansicht" unterlegt ist. Sorgen Sie außerdem noch dafür, daß für den Fußteil die Option „Seitennummern gruppenbezogen" eingeschaltet ist. Dann werden die Seitennummern immer auf die Auszüge des Kontos bezogen.

**Vor- und nachge-
stellte Teilauswer-
tung, sortiert nach
Konto:** Fertiges Lay-
out für Kontoauszüge

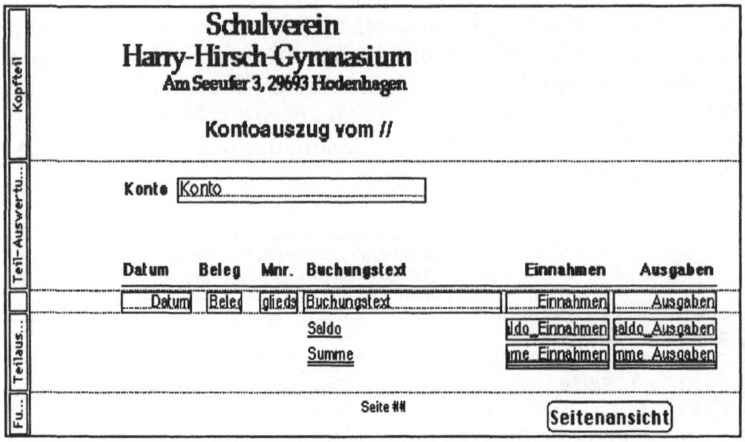

Sollten Sie in diesem Stadium der Erstellung des Layouts
in den Blättern-Modus wechseln, werden Sie vielleicht über-
rascht zur Kenntnis nehmen, daß nach wie vor alle Datensätze
aufgelistet werden. Das hat seinen Grund darin, daß Auswertungsfelder, die eine Sortierung voraussetzen, auch erst nach
erfolgter Sortierung in der Seitenansicht oder im Druck zu sehen sind. Da Sortiervorgänge auch im Layout-Modus ablaufen,
können Sie auf dieser Arbeitsebene den Sortiervorgang einleiten. Die Sortierung der Kontoauszüge wollen wir nun in drei
Stufen durchführen:

1. nach Konto

2. nach Datum

3. nach Beleg_Nr

Nach erfolgter Sortierung erstellen Sie jetzt noch ein Vorgaben-Script, das die eingestellte Sortierordnung übernimmt
und das Sortieren auf Tasten-Klick durchführt.

Datensätze ordnen:
Sortierfolge für die
Darstellung der
Bewegungen auf den
Kontoauszügen

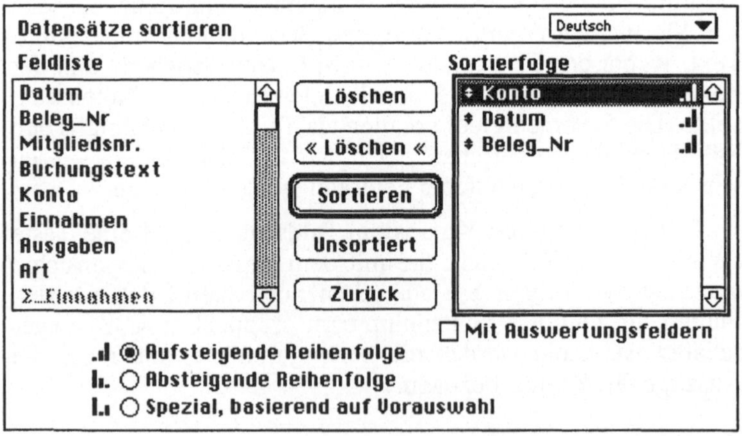

Dazu rufen Sie den Script-Maker™ auf und erstellen eine neue Vorgabe mit dem Namen „Kontoauszüge".

<table>
<tr><td>Vorgabenname:</td><td>☒ Im Menü aufnehmen</td></tr>
<tr><td colspan="2">Kontoauszüge</td></tr>
</table>

Kontoauszüge automatisch erstellen lassen: Vorgabe für die Kontoauszüge benennen

Die Vorgabe soll

– den Blättern-Modus aktivieren

– in das Layout „Kontoauszüge" wechseln

– alle Datensätze aufrufen

– nach der vorgegebenen Sortierordnung sortieren

– die Kontoauszüge in der Seitenansicht darstellen

– auf Wunsch mit dem Drucken fortfahren

– in den Blättern-Modus zurückkehren

Bei der Erstellung einer *neuen Vorgabe* speichert das Programm die aktuellen Einstellungen für Sortierfolge, Suchabfrage, Import- und Exportordnung sowie Papierformat.

Sollten Sie im Vorgaben-Script später irgendeine Änderung durchführen, erhalten Sie beim Verlassen von ScriptMaker™ ein Auswahlfenster mit der Frage, ob Sie das Script mit den eingestellten Abläufe unverändert lassen wollen, oder ob die gesicherten Einstellungen durch aktuelle Einstellungen ersetzt werden sollen. Das Papierformat, die Import- und Exportordnung, Suchabfragen und die Sortierordnung stehen dabei grundsätzlich zur Auswahl, konkret sind immer nur die im Vorgaben-Script verwendeten Befehle als aktive Einstellungsmöglichkeiten markiert.

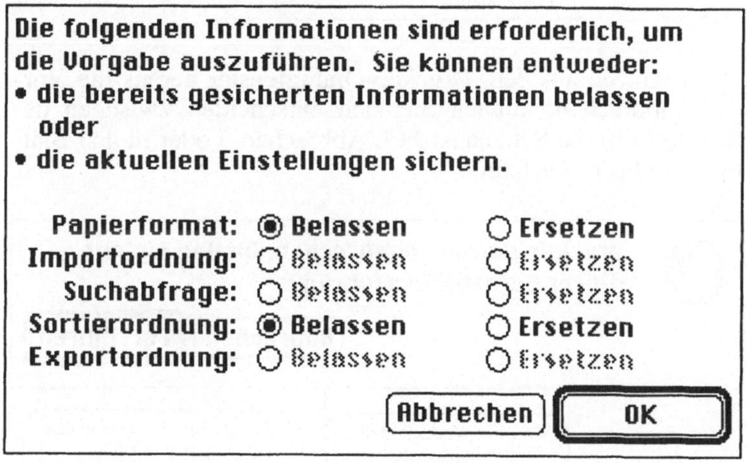

Die folgenden Informationen sind erforderlich, um die Vorgabe auszuführen. Sie können entweder:
• **die bereits gesicherten Informationen belassen oder**
• **die aktuellen Einstellungen sichern.**

Papierformat:	◉ **Belassen**	○ **Ersetzen**
Importordnung:	○ Belassen	○ Ersetzen
Suchabfrage:	○ Belassen	○ Ersetzen
Sortierordnung:	◉ **Belassen**	○ **Ersetzen**
Exportordnung:	○ Belassen	○ Ersetzen

[**Abbrechen**] [**OK**]

Zuletzt eingestellte Informationen zum Suchen u.a. übernehmen: Aktualisierungsmöglichkeit für Vorgaben-Einstellungen

Nach Erstellung der Vorgabe „Kontoauszüge" können Sie nun im Layout eine Taste zeichnen und mit „Kontoauszüge" beschriften. Dieser Taste weisen Sie über das Auswahlfenster *Taste definieren* die Ausführung der Vorgabe „Kontoauszüge" beim Klicken im Blättern- und Suchen-Modus zu. Beim Testen der Vorgabe führt Sie das Programm in die Seitenansicht zum ersten Kontoauszug. Die Option „Pause" im Script-Befehl „Seitenansicht" hält die Vorgabe an. Das Buch-Werkzeug können Sie jetzt zum Blättern zwischen den Kontoauszügen benutzen. Wenn Sie bei der letzten Seite gelandet sind, verschwindet das Fragezeichen hinter der Seitenanzahl. Mit der Taste „Fortfahren" gelangen Sie in das Auswahlfenster zum Drucken, mit der Taste „Abbrechen" kehren Sie in den Blättern-Modus zurück.

Kontrolle in der Seitenansicht: Kontoauszüge

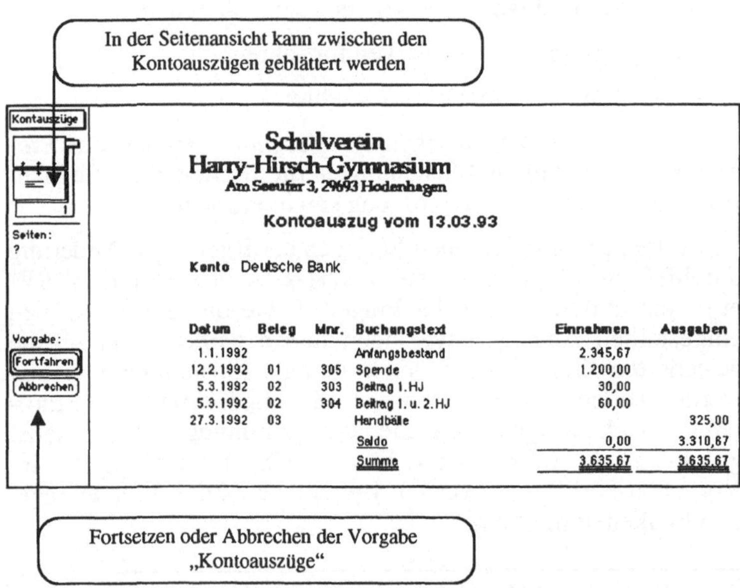

Wenn Sie aus dem Drucken-Dialogfenster heraus die Vorgabe abbrechen, können Sie sich entscheiden zwischen der Rückkehr in die Seitenansicht („Abbrechen") oder in den Blättern-Modus („Fortfahren").

Abbrechen einer Vorgabe: Abbrechen beim Drucken-Dialog

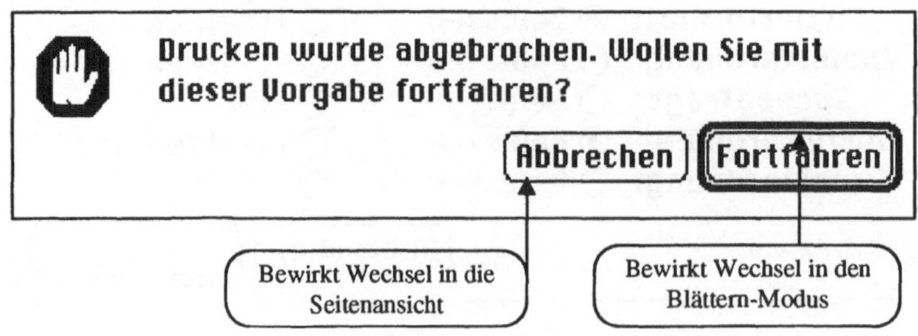

5.1.3 Vermögensaufstellung

Einen schnellen Überblick über die Vermögenslage des Vereins liefert Ihnen eine Vermögensaufstellung. Alle Konten werden hier in einer Gegenüberstellung von Guthaben und Schulden aufgelistet. Durch die Berechnung der Kontostände verfügen Sie jetzt über Daten, die in einem eigenen Berichtsformular dem Vereinsvorstand jederzeit einen Überblick über die Vermögenssituation des Vereins geben.

Das Layout vom Typ „Erweiterte Liste" erhält den Namen „Vermögensaufstellung". In die Feldordnung kopieren Sie die Felder Konto, Kontensaldo_Ausgaben und Kontensaldo_Einnahmen. In den Kopfteil fügen Sie das Vereinslogo, den Layout-Text „Vermögensaufstellung" und den Platzhalter für das aktuelle Datum ein. Die Feldnamen-Texte für die Kontensalden ändern Sie mit dem Textwerkzeug in „Guthaben" beim Kontensaldo_Ausgaben und in „Schulden" beim Kontensaldo_Einnahmen. Unterhalb des Datenteils setzen Sie eine nach Konto sortierte Teilauswertung ein. Die Felder aus dem Datenteil duplizieren Sie in den Auswertungsbereich: Aktivieren Sie die Felder und ziehen Sie sie bei gedrückter Optionstaste (Windows: Alt-Taste) in den Auswertungsbereich. Im Fußteil zeichnen Sie eine Taste und beschriften diese mit „Seitenansicht". Später dient diese Taste zum Aufruf der Vorgabe „Vermögensaufstellung".

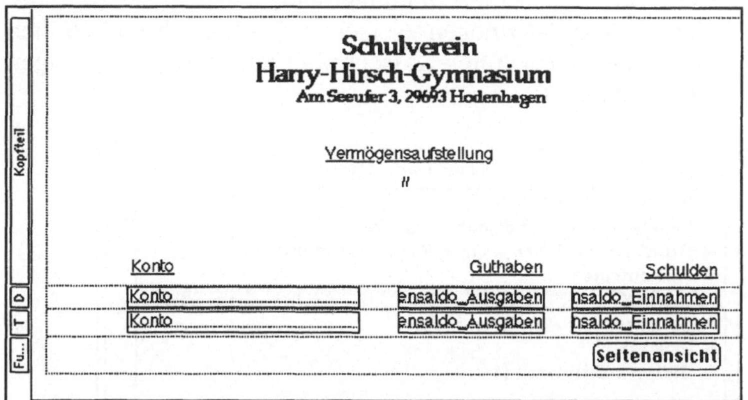

Layout „**Vermögensaufstellung**"

Zwecks Vorbereitung der Vorgabe rufen Sie als nächstes alle Datensätze auf und stellen die Sortierfolge der Zahlungen ein. Die Sortierfolge der Vorgabe „Kontoauszüge" übernehmen Sie für die Vermögensaufstellung: Konto, Datum und Beleg_Nr. bilden die gestufte Sortierfolge. Nach der Durchführung der Sortierung und dem Wechsel in die Seitenansicht erscheint eine Vermögensaufstellung unter dem aktuellen Datum auf dem Bildschirm.

Die Vermögensauf-stellung in der Seiten-ansicht

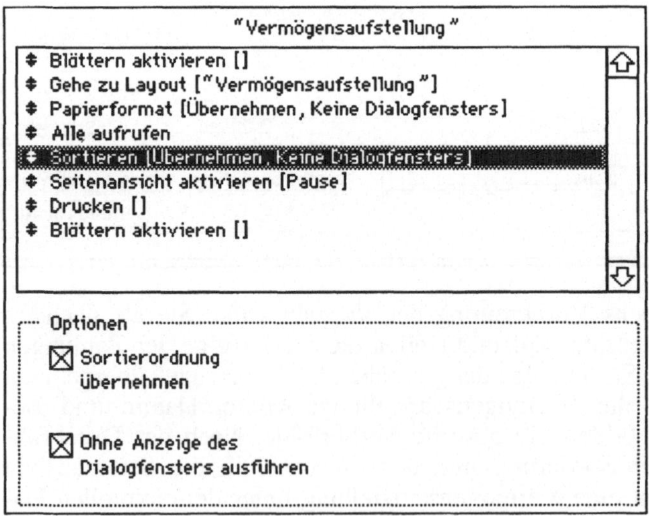

Konto	Guthaben	Schulden
Deutsche Bank	3.310,67 DM	0,00 DM
Dresdner Bank	0,00 DM	1.271,34 DM
Kasse	697,50 DM	0,00 DM
Sparkasse	2.077,83 DM	0,00 DM

Nun geht es darum, den geschilderten Ablauf in einer neuen Vorgabe mit dem Namen „Vermögensaufstellung" zu beschreiben und um die Möglichkeit des Druckens zu ergänzen. Im Layout-Modus verbinden Sie abschließend noch die Taste „Seitenansicht" mit dem Befehl zum Ausführen der Vorgabe „Vermögensaufstellung".

Der Vorstand hat somit nicht nur jederzeit einen Überblick über die Vereinsfinanzen; auch den Rechenschaftsbericht auf der Jahresmitgliederversammlung kann er jederzeit mit der Anlage „Vereinsvermögen" versehen. Schließlich und endlich erhalten auch die Vereins-Kassenprüfer notwendige Unterlagen für ihre Tätigkeit.

Vorgaben-Script: „Vermögensaufstel-lung"

5.1.4 Einnahmen und Ausgaben

Ein weiterer Bestandteil des Rechenschaftsberichtes für die Jahresmitgliederversammlung ist die Offenlegung der Mittelherkunft und der Mittelverwendung des Vereins. Oft entzünden sich daran hitzige Debatten. Ein weiteres Layout mit Auswertungsbereichen kann hierzu jederzeit eine klare, beurteilbare Berichtsgrundlage erzeugen.

Der Layout-Typ „Erweiterte Liste" ist erneut gefragt, unter dem Namen „Einnahmen-/Ausgabenrechnung" entsteht ein weiteres Formular. In die Feldordnung kopieren Sie diesmal nur das Datenfeld „Art". Der Kopfteil bekommt das Vereinslogo und als Layout-Text die Bezeichung „Einnahmen-/Ausgabenrechnung" mit dem Symbol für das aktuelle Datum eingesetzt. Als Überschriften fügen Sie „Verwendung/Herkunft" sowie „Einnahmen" und „Ausgaben" als Layout-Texte ein.

Unterhalb des Datenteils setzen Sie eine Teilauswertung, sortiert nach Art, ein. In diese Teilauswertung ziehen Sie jeweils die Auswertungsfelder für die Summe der Einnahmen und Ausgaben sowie das Datenfeld „Art". Die Teilauswertung bildet die Summen für die *Arten* von Einnahmen und Ausgaben.

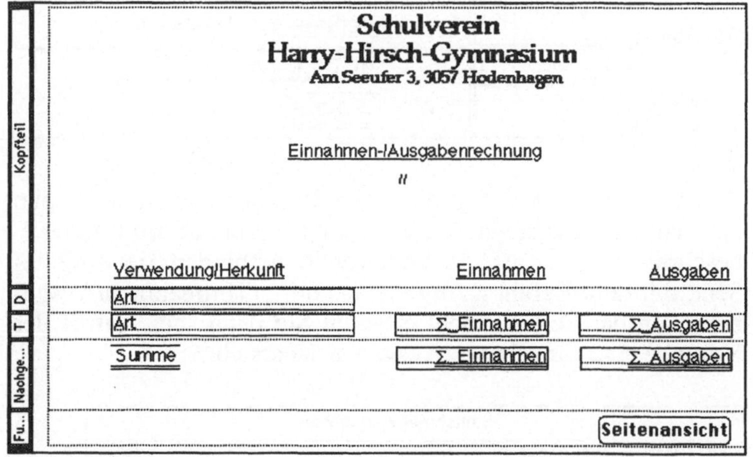

Rechenschaft über die Mittelverwendung: Das Layout „**Einnahmen-/Ausgabenrechnung**"

Eine sich anschließende, nachgestellte Teilauswertung soll die Summe *aller* Einnahmen und aller Ausgaben ausgeben. Ein kurzer Layout-Text verdeutlicht diesen Sachverhalt. Hier formatieren Sie die Inhalte der Auswertungsfelder so, daß die Ergebnisse doppelt unterstrichen werden. Den Feldrahmen beider Felder versehen Sie oberhalb mit einem Strich. In den Fußteil wird abschließend noch eine ablaufsteuernde Taste eingefügt.

**Feldrahmen einstel-
len:** Rahmen für
„Σ_Ausgaben" in der
Teilauswertung

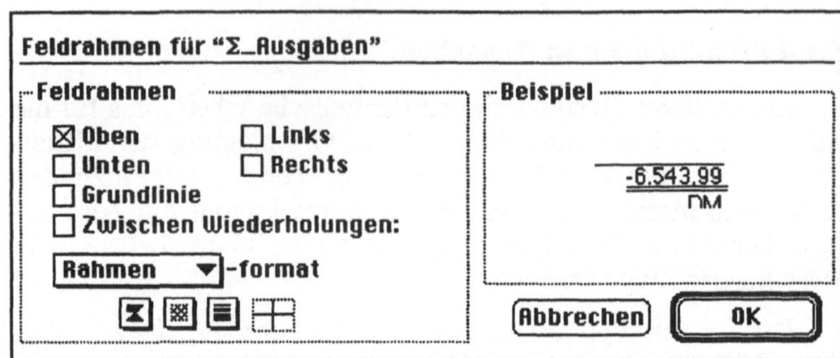

Diesmal führen Sie vor Erstellung der Vorgabe noch eine Suchabfrage durch. Lassen Sie alle Datensätze der Zahlungen-Datei finden, die Bewegungen auf den Konten darstellen, die also *nicht* von der Art "Anfangsbestand" sind. Im Suchen-Modus verneinen Sie die Suchabfrage nach der Art "Anfangsbestand". Als Ergebnis findet das Programm alle Datensätze, die Einnahmen oder Ausgaben irgendeiner Art sind. Die Datensatzauswahl lassen Sie nun nach dem Feld „Art" sortieren.

**Suchabfrage umkeh-
ren:** Suche *Nicht*-An-
fangsbestände

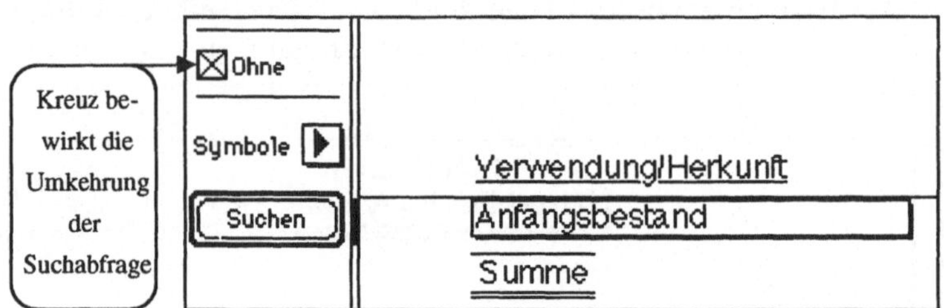

Danach können Sie die neue Vorgabe mit dem Namen „Einnahmen/Ausgaben" versehen und mit dem ScriptMaker™ beschreiben. Die Taste "Seitenansicht" verbinden Sie abschließend mit dem Befehl „Vorgabe ausführen [Einnahmen/Ausgaben]". In der Seitenansicht erhalten Sie dann bei Aufruf der Vorgabe eine Einnahmen-Ausgaben-Übersicht.

Vorgaben-Script für
die Einnahmen-/Aus-
gaben-Rechnung

```
              "Einnahmen/Ausgaben"
 ⬍ Blättern aktivieren []
 ⬍ Gehe zu Layout ["Einnahmen/Ausgaben"]
 ⬍ Papierformat [Übernehmen, Keine Dialogfenster]
 ⬍ Suchen [Übernehmen]
 ⬍ Sortieren [Übernehmen, Keine Dialogfenster]
 ⬍ Seitenansicht aktivieren [Pause]
 ⬍ Drucken []
 ⬍ Blättern aktivieren []
```

**Schulverein
Harry-Hirsch-Gymnasium**
Am Seeufer 3, 3057 Hodenhagen

Einnahmen-/Ausgabenrechnung
16.03.93

Verwendung/Herkunft	Einnahmen	Ausgaben
Beitrag	150,00 DM	
Geräte		2.875,00 DM
Material		12,50 DM
Sonstige Ausgabe		35,67 DM
Spende	1.700,00 DM	
Veranstaltung		225,00 DM
Verwaltung		10,00 DM
Summe	1.850,00 DM	3.158,17 DM

Einnahme/Ausgaben-Rechnung in der **Seitenansicht**

5.1.5 Beitragsabrechnung

Um einen Überblick über die tatsächlich gezahlten Beiträge und Spenden zu erhalten, ausstehende Beiträge anzufordern und Spendenbescheinigungen auszustellen, müssen Sie die einzelnen Zahlungseingänge nach Beiträgen und Spenden durchforsten. Die eingegangenen Beiträge und Spenden müssen den einzelnen Mitgliedern zugeordnet sein. Da Zahlungen von Beiträgen und Spenden über den Zeitraum eines Jahres verteilt anfallen können, soll das Programm die Beiträge und Spenden in Jahressummen pro Mitglied sammeln.

Für die Beitragsabrechnung benötigen wir demnach drei Arten von neuen Feldern:

- Spenden- und Beitragsfelder, die aus den Einnahmen alle Zahlungen herausholen, die Spenden bzw. Beiträge sind.

- Darauf aufbauend kann FileMaker Pro eine Auswertung der Spenden und Beitragsfelder über den Abrechnungszeitraum vornehmen.

- Die Jahresbeiträge und Jahresspenden können Sie dann vom Programm nach Mitgliedsnummern sortieren und summieren lassen.

All dies stellen Sie in einem besonderen Formular dar. Eine Vorgabe kann die abschließenden Sortier-, Such-, Ansichts- und Druckvorgänge aufnehmen und per Mausklick ausführen. Sie beginnen die Beitragsabrechnung mit einem neuen Layout, das den Namen „Beitragsabrechnung" bekommt und vom Typ „Erweiterte Liste" ist. In die Liste der Feldordnung kopieren Sie die Felder Art, Mitgliedsnr., Buchungstext und Einnahmen.

Feldordnung für das Layout „Beitragsberechnung"

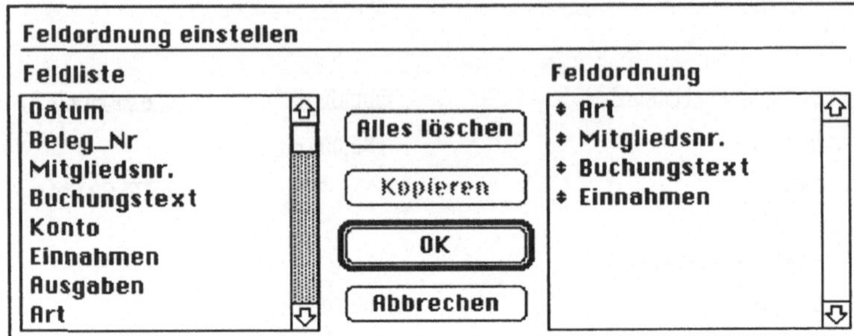

Da dieses Layout in erster Linie eine Zwischenrechnung ist, und viele Felder nebeneinander positioniert werden müssen, können Sie die Schriftgröße durchaus so klein wie etwa Helvetica in der Größe 9 Punkt einstellen. Da die Bereitstellung von Daten durch die Beitragsabrechnung diesmal im Mittelpunkt steht, ist die äußere Form in diesem Layout von untergeordneter Bedeutung.

Beginn des neuen Layouts „**Beitragsberechnung**"

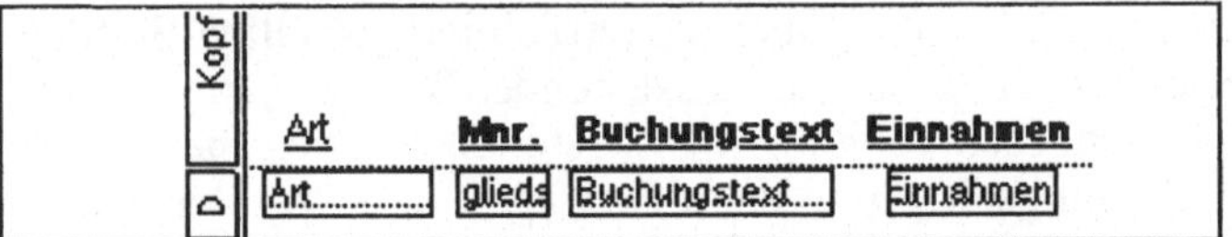

Im neuen Layout definieren Sie jetzt die neuen Datenfelder. Um aus den Einnahmen die Beiträge herauszufiltern, sind zwei Bedingungen für das Feld „Einzelbeiträge" zu erfüllen: Es muß eine Mitgliedsnummer vorhanden und als Art der Zahlung muß „Beitrag" eingetragen sein. Beide Bedingungen werden durch das logische *UND* miteinander verbunden. In einem Struktogramm läßt sich dieser Sachverhalt für das neue Formelfeld „Einzelbeiträge" so darstellen:

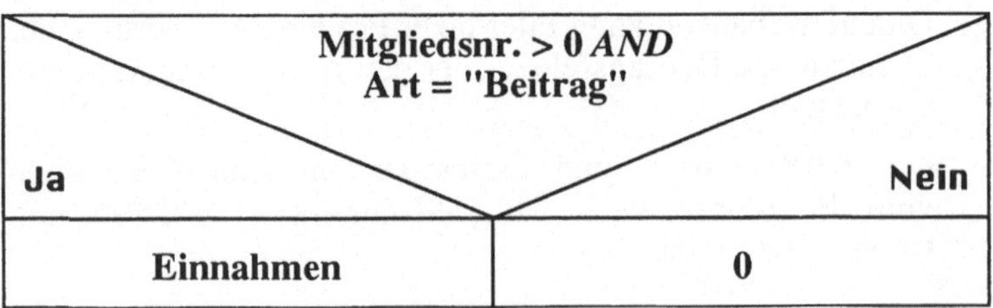

Im Formel-Editor sieht die Definition des neuen Feldes „Einzelbeiträge" dann wie folgt aus:

Einzelbeiträge =

if (Mitgliedsnr. > 0 AND Art="Beitrag";Einnahmen;0)

Um aus den Einnahmen nun die Spenden herauszufiltern, müssen ebenfalls zwei Bedingungen erfüllt werden: Es muß eine Mitgliedsnummer vorhanden und die Art der Zahlung muß als „Spende" eingetragen sein. Sie gehen also davon aus, daß Spender immer auch Mitglieder sind. Andernfalls müßten Sie die Auswahlbedingung ändern. Im Struktogramm sieht dieser Sachverhalt für das neue Formelfeld „Einzelspenden" so aus:

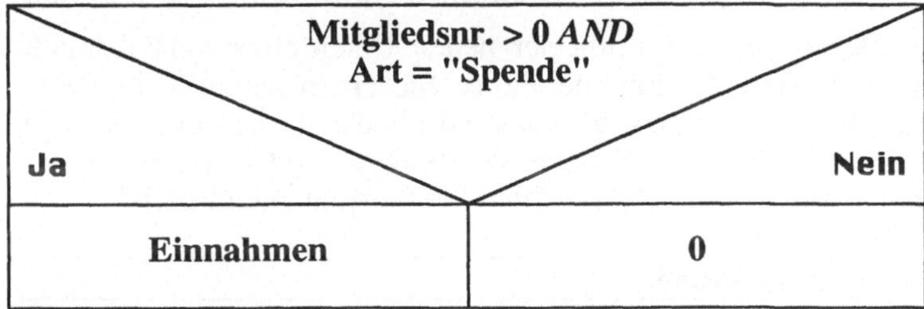

Der Formel-Editor erhält für die Definition des neuen Feldes „Einzelspenden" folgende Beschreibung:

Einzelspenden =

if (Mitgliedsnr. > 0 AND Art = "Spende";Einnahmen;0)

Die Summe der jährlichen, tatsächlichen Beitragseinnahmen des Vereins und die Summe des jährlichen Spendenaufkommens können Sie nun über zwei neue Auswertungsfelder ermitteln lassen.

<table>
<tr><td>

Optionen für Auswertung "Jahresbeitragsaufkommen"

Summe ▼ von Einzelbeiträge ▼
☐ Lfd. Summe

(Abbrechen) **OK**

Optionen für Auswertung "Jahresspendenaufkommen"

Summe ▼ von Einzelspenden ▼
☐ Lfd. Summe

(Abbrechen) **OK**

</td><td>

Auswertungsfelder zur Ermittlung des Jahresbeitrags- und Jahresspendenaufkommens

</td></tr>
</table>

Aus den Jahresbeitrags- bzw. Spendenaufkommen lassen Sie das Programm die Anteile der einzelnen Mitglieder herausziehen. Dafür sorgt ein Formelfeld, das die Jahressummenwerte nach der Mitgliedsnummer sortiert. Für das Formelfeld „Mitgliedsjahresbeiträge" finden wir folgende Formel:

Mitgliedsjahresbeiträge =

summary (Jahresbeitragsaufkommen;Mitgliedsnr.)

Bei den „Mitgliedsjahresspenden" sieht die Formel entsprechend aus:

Mitgliedsjahresspenden =

summary(Jahresspendenaufkommen;Mitgliedsnr.)

Nach der Definition der neuen Datenfelder vervollständigen Sie nun das Layout. Fügen Sie einen neuen Teilauswertungsbereich, sortiert nach der Mitgliedsnummer, ein. Das Programm gibt Ihnen dabei die Wahlmöglichkeit zwischen „Oberhalb" und „Unterhalb", wählen Sie diesmal „Unterhalb".

Auswertungsbereich **unterhalb** der Datensätze **einfügen**

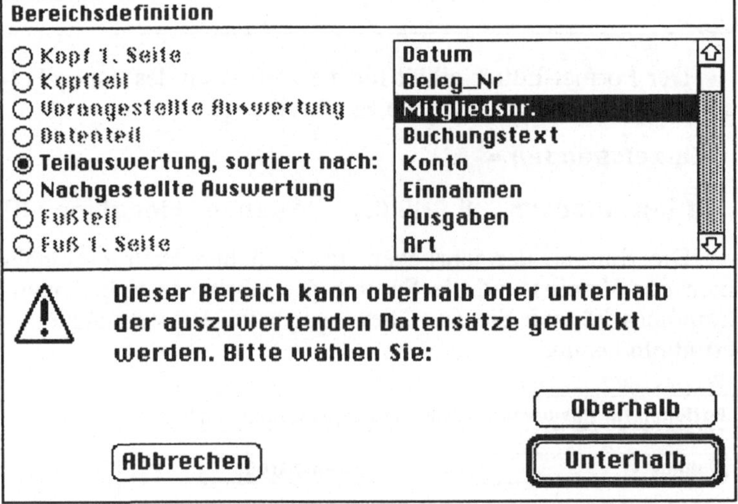

Positionieren Sie anschließend die neuen Felder in den Datenteil unter den entsprechenden Spaltenüberschriften. Danach können Sie alle Felder, mit Ausnahme der Mitgliedsjahresbeiträge und Mitgliedsjahresspenden, in den Auswertungsbereich hinein verdoppeln. Dazu aktivieren Sie die Felder des Datenteils und ziehen Sie bei gedrückter Optionstaste (Alt-Gr) in den Auswertungsbereich hinein. Die Datenfelder haben Sie damit im Layout eingerichtet.

Das Layout „**Beitragsberechnung**" mit Teilauswertung

Die ablaufsteuernde Taste „Beitrag berechnen" können Sie jetzt zeichnen, beschriften, ihre Bestandteile konzentrisch ausrichten und gruppieren. Die Vorgabe, die sie aufrufen soll, bereiten Sie danach mit Suchabfragen und Sortierroutinen vor.

Die Beitragsabrechnung beginnt damit, daß alle Einnahmen aus den Zahlungen zu finden sind, die *entweder* der Kategorie „Beitrag" *oder* aber der Kategorie „Spende" entsprechen. Mit einer logischen Oder-Abfrage findet FileMaker Pro alle Zahlungen, die entweder Beiträge oder Spenden sind. Dazu verbinden Sie im Suchen-Modus zwei Abfragen vor dem Suchvorgang miteinander. Nach dem Eintragen des ersten Suchkriteriums „Beitrag" fügen Sie über das Menü *Bearbeiten* eine weitere Abfrage hinzu. In dieser zweiten Suchabfrage tragen Sie das zweite Suchkriterium „Spende" ein. Erst nach der Erstellung dieser verbundenen Suchabfrage lösen Sie den Suchvorgang über die Taste „Suchen" aus.

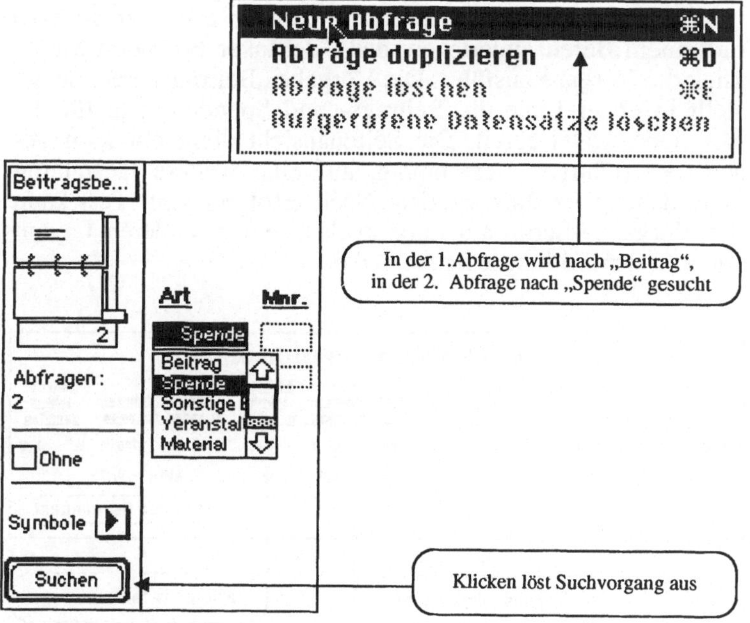

Eine logische *ODER-Abfrage* wird vorbereitet

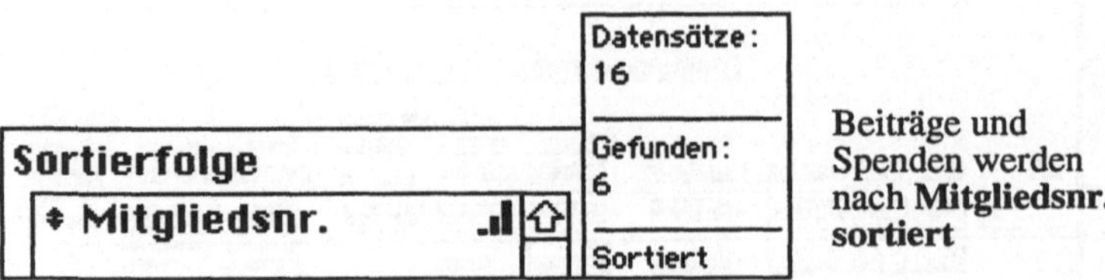

Die gefundene Datensatzauswahl lassen Sie dann nach Mitgliedsnummern sortieren. Die vorbereitenden Such- und Sortiervorgänge haben Sie damit für das neue Vorgaben-Script „Beitragsberechnung" durchgeführt. Die neue Vorgabe erstellen Sie noch im Layout-Modus mit dem *Script-Maker™* und benennen Sie auch „Beitragsberechnung".

Vorgaben-Script „Beitragsberechnung"

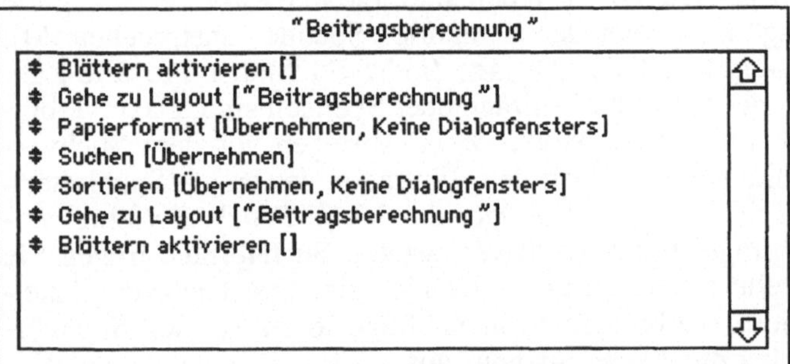

Die Taste „Beiträge berechnen" können Sie jetzt noch so mit einem Befehl unterlegen, daß FileMaker Pro beim Mausklick die Vorgabe ausführt. Die Vorgabe „Beitragsberechnung" stellt in erster Linie die Beitrags- und Spendenwerte für die Mitglieder-Datei bereit. Die Seitenansicht dient nur zum Testen der richtigen Berechnung, auf eine weitere Gestaltung kann daher verzichtet werden. Nach erfolgreichem Test kann das Vorgaben-Script am Ende auch in einem anderen Layout wie z.B. der Zahlungseingabe enden.

Berechnete Beiträge und Spenden im Blättern-Modus

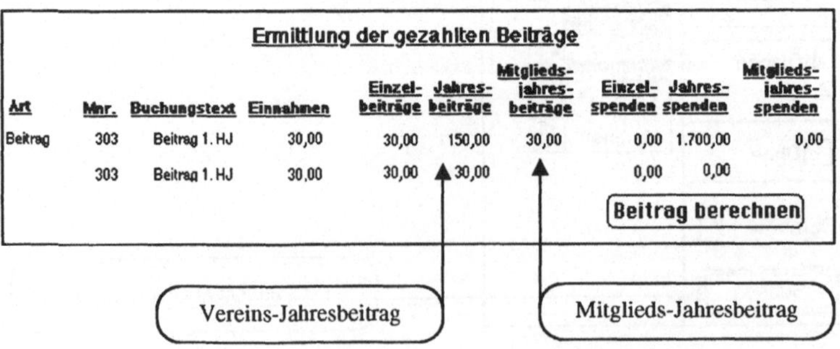

Art	Mnr.	Buchungstext	Einnahmen	Einzel-beiträge	Jahres-beiträge	Mitglieds-jahres-beiträge	Einzel-spenden	Jahres-spenden	Mitglieds-jahres-spenden
Beitrag	303	Beitrag 1. HJ	30,00	30,00	150,00	30,00	0,00	1.700,00	0,00
	303	Beitrag 1. HJ	30,00	30,00	30,00		0,00	0,00	

5.2 Zwei werden Eins

Nach der Bereitstellung der tatsächlich gezahlten Beiträge und Spenden durch die Zahlungen-Datei kommt es nun darauf an, die Werte in die Mitglieder-Datei zu übernehmen. Die Möglichkeit der Verknüpfung von verschiedenen Dateien bietet FileMaker Pro über Referenzwerte an.

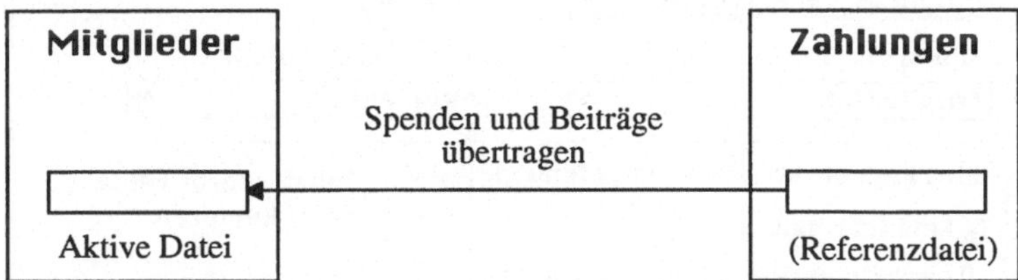

Um Referenzwerte zu übertragen, legen Sie in der aktiven Datei (Mitglieder) fest, in welcher Referenzdatei FileMaker Pro nach welchen Werten nachschlagen soll. Die Mitglieder-Datei soll sich als aktive Datei die berechneten Mitgliedsjahresbeiträge und -spenden aus der Referenz-Datei „Zahlungen" holen. Die Werte stehen als Ergebnis des Nachschlagens in den Feldern „Beitrag Ist" und „Spende". Damit das Programm mit einem Übertragungsprozeß beginnen kann, definieren Sie in der Mitglieder-Datei die Herkunft der Informationen in den beiden Datenfelder neu. Das Optionsfenster des Befehles *Felder definieren* enthält die Möglichkeit zur Bestimmung von Referenzen für Datenfelder.

Referenz für Datenfelder definieren

FileMaker Pro erwartet die Wahl einer Bezugs-Datei und öffnet ein weiteres Auswahlfenster. Darin stellen Sie ein, unter welchen Bedingungen welche Werte aus der Datei denn nun im Empfangsfeld bezogen werden sollen. Zusätzlich erhalten Sie alternative Möglichkeiten für den Fall angeboten, daß die Referenz-Datei keine passenden Werte bereithält. Für das Nachschlagen in Tabellen ist diese Möglichkeit von großer Bedeutung. Mehr dazu im Kapitel „Nachschlagen in Steuertabellen", Seite 253 ff.

**Sendefeld und
Bezugsbedingung** für
Referenzwerte einstellen

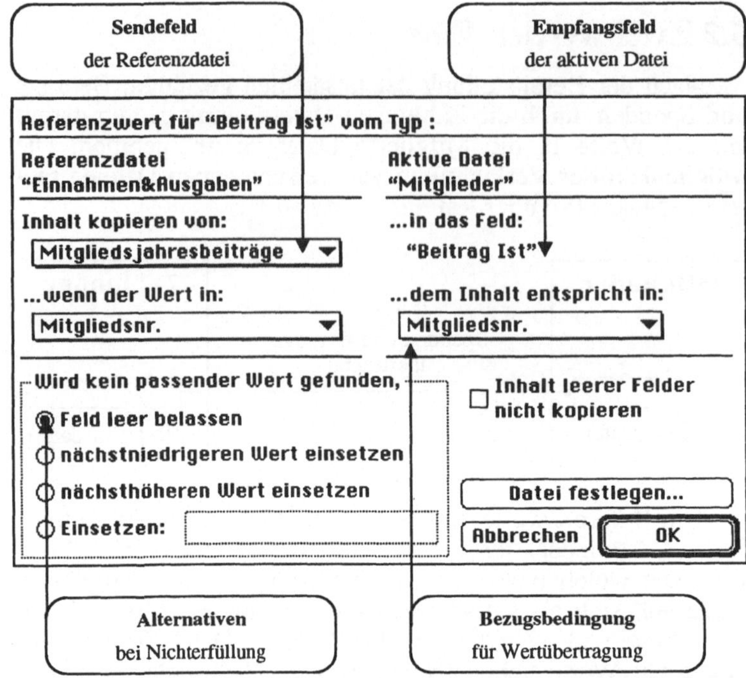

Die Bezugsbedingung für die Übertragung der Werte ist in
diesem Falle die Übereinstimmung der Mitgliedsnummer in
beiden Dateien. Referenzwerte können Sie nur übertragen lassen, wenn Sie eine Bezugsbedingung eingestellt haben.

Der Bezugswert befindet sich im Feld „Mitgliedsjahresbeiträge". Dieses Feld wählen Sie aus der Feldliste unter dem
Aufklappmenü aus. Daten von Auswertungsfeldern können Sie
nicht übertragen lassen, deshalb sind sie grau unterlegt.

Einstellen der Sendefelder für die Felder „Beitrag Ist" und
„Spende"

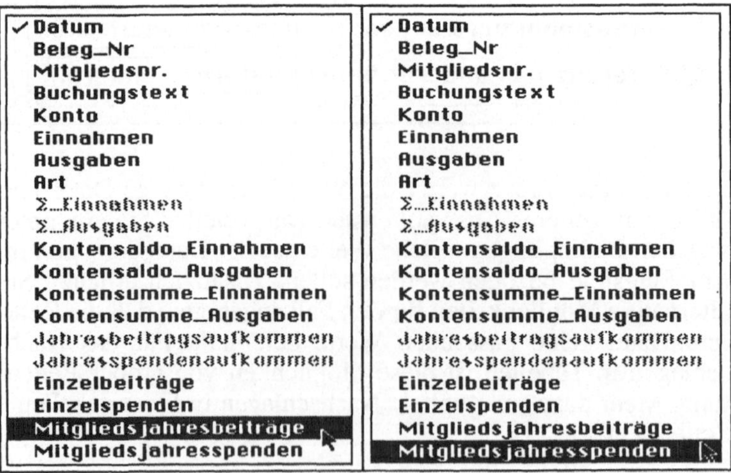

Nachdem Sie die Referenzdatei und die Sendefelder für „Beitrag Ist" und „Spende" festgelegt haben, können Sie eine Vorgabe erstellen, die FileMaker Pro auffordert, die Beiträge abzurechnen und die Mitglieder-Beiträge und Spenden in der *Mitglieder-Datei* zu aktualisieren.

In der Mitglieder-Datei erstellen Sie eine neue Vorgabe mit dem Namen „Spenden und Beiträge aktualisieren". Diese Vorgabe soll nun die folgende Sequenz von Aufgaben automatisch erledigen:

– das Layout „Mitgliedereingabe" auswählen

– die Datei „Zahlungen" öffnen

– die externe Vorgabe in der Datei „Zahlungen" mit dem Namen „Beitragsberechnung" ausführen

– in das Layout „Mitgliedereingabe" zurückkehren

– alle Mitglieder-Datensätze aufrufen und nach der Mitgliedsnummer sortieren

– das Feld „Mitgliedsnr." wählen

– die Referenzwerte ohne Dialogfenster übertragen und in das Layout „Mitgliedereingabe" zurückkehren

Die Vorgabe lassen Sie durch Ankreuzen der Option ins Menü „Spezial" aufnehmen. Im Eingabe-Feld von Script-Maker™ sieht sie folgendermaßen aus:

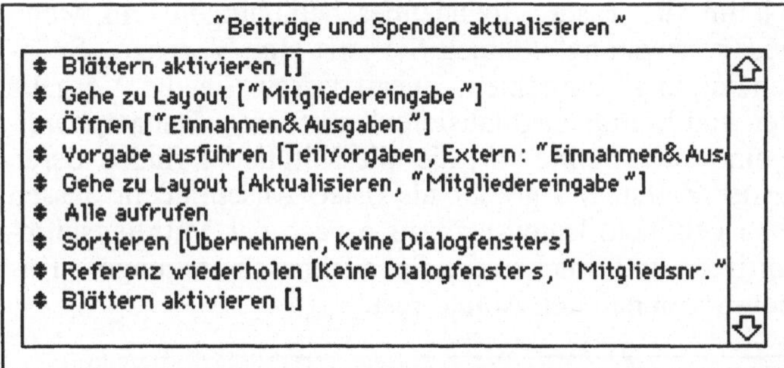

Vorgaben-Script zur Aktualisierung von Spenden und Beiträgen in der Mitglieder-Datei

Im Layout-Modus der Mitgliedereingabe erstellen Sie jetzt noch eine Taste, die die Vorgabe „Beiträge und Spenden aktualisieren" per Mausklick zur Ausführung bringt. In kürzester Zeit bringt FileMaker Pro damit die Mitglieder-Datei auf den neuesten Stand gezahlter Beiträge und Spenden.

**Aufnahme der Bei-
tragsaktualisierung
als** ablaufsteuernde
Taste im Menü „Mit-
gliedereingabe"

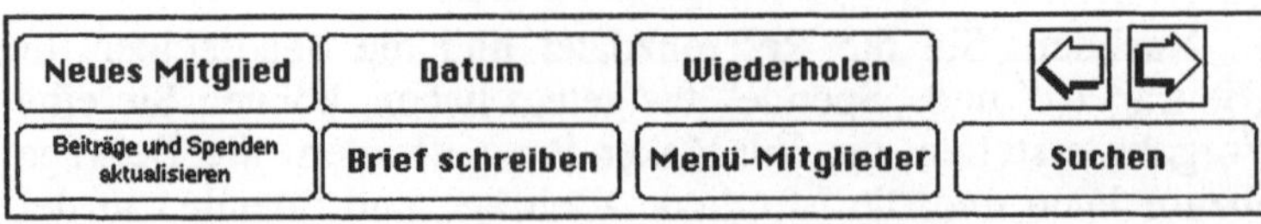

In der Mitglieder-Datei verfügen Sie endlich auch über die Datenbestände, mit denen Sie Spendenbescheinigungen ausstellen können.

Seitenansichten:
1. Absatz von Spen-
denbescheinigungen
des Vereins

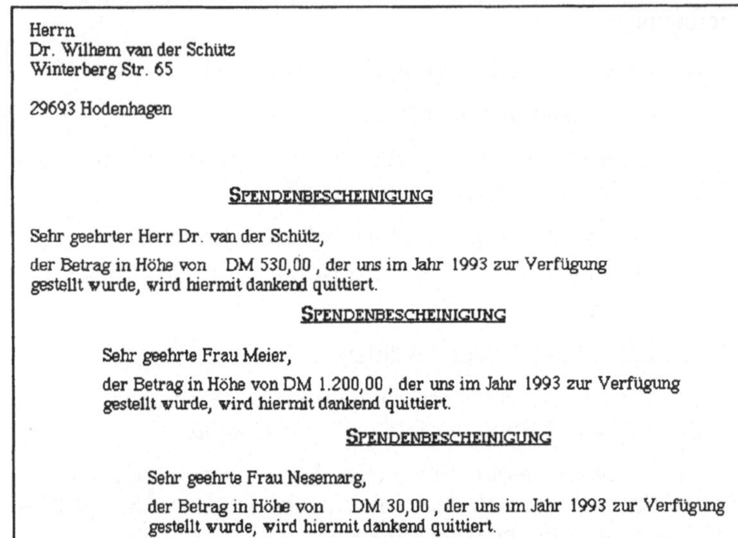

Herrn
Dr. Wilhem van der Schütz
Winterberg Str. 65

29693 Hodenhagen

SPENDENBESCHEINIGUNG

Sehr geehrter Herr Dr. van der Schütz,

der Betrag in Höhe von   DM 530,00 , der uns im Jahr 1993 zur Verfügung
gestellt wurde, wird hiermit dankend quittiert.

SPENDENBESCHEINIGUNG

Sehr geehrte Frau Meier,

der Betrag in Höhe von DM 1.200,00 , der uns im Jahr 1993 zur Verfügung
gestellt wurde, wird hiermit dankend quittiert.

SPENDENBESCHEINIGUNG

Sehr geehrte Frau Nesemarg,

der Betrag in Höhe von   DM 30,00 , der uns im Jahr 1993 zur Verfügung
gestellt wurde, wird hiermit dankend quittiert.

Auch für die Taste „Spendenbescheinigungen" im Menü „Mitgliederverwaltung" können Sie jetzt eine Vorgabe „Spendenbescheinigung" einrichten. Zuerst lassen Sie die Vorgabe „Spenden und Beiträge aktualisieren" ausführen. Danach bereiten Sie eine Suchroutine vor, die alle Mitglieder findet, deren Summe der Zahlungen größer als 0 ist. Anschließend lassen Sie die so gebildete Datensatzgruppe nach der Mitgliedsnummern sortieren und drucken die Spendenbescheinigungen. Das Vorgaben-Script hält den Ablauf fest.

**Automatische Erstel-
lung über das** Vorga-
ben-Script "Spenden-
bescheinigungen" der
Mitglieder-Datei

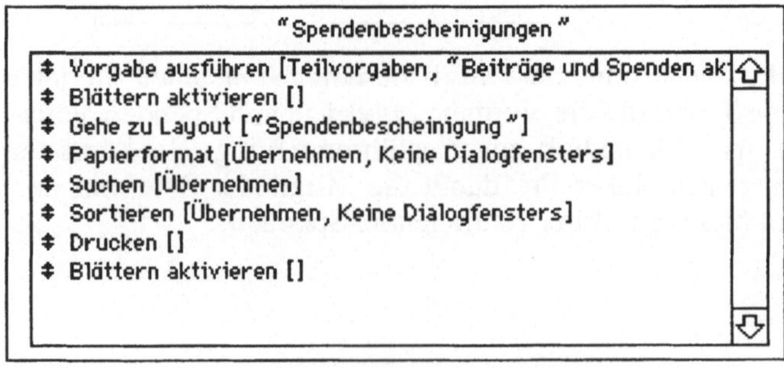

Unter dem Menü „Spezial" stehen jetzt neben den FileMaker Pro-Menü-Befehlen für beide Dateien automatisierte Abläufe mit entsprechenden Tastaturbefehlen zur Verfügung.

<table>
<tr><td colspan="2">Spezial</td></tr>
<tr><td>ScriptMaker™...</td><td></td></tr>
<tr><td>Taste definieren...</td><td></td></tr>
<tr><td>Briefe archivieren</td><td>⌘1</td></tr>
<tr><td>Vereinsarchiv öffnen</td><td>⌘2</td></tr>
<tr><td>Sicherheitskopie</td><td>⌘3</td></tr>
<tr><td>Telefonliste</td><td>⌘4</td></tr>
<tr><td>Lastschriften</td><td>⌘5</td></tr>
<tr><td>Etiketten 64,6 * 33,8</td><td>⌘6</td></tr>
<tr><td>Etiketten Nadeldrucker</td><td>⌘7</td></tr>
<tr><td>Brieftexte suchen</td><td>⌘8</td></tr>
<tr><td>Beiträge und Spenden aktualisieren</td><td>⌘9</td></tr>
<tr><td>Spendenbescheinigungen</td><td>⌘0</td></tr>
</table>

<table>
<tr><td colspan="2">Spezial</td></tr>
<tr><td>ScriptMaker™...</td><td></td></tr>
<tr><td>Taste definieren...</td><td></td></tr>
<tr><td>Einnahmen/Ausgaben</td><td>⌘1</td></tr>
<tr><td>Journal</td><td>⌘2</td></tr>
<tr><td>Kontoauszüge</td><td>⌘3</td></tr>
<tr><td>Vermögensaufstellung</td><td>⌘4</td></tr>
<tr><td>Beitragsberechnung</td><td>⌘5</td></tr>
</table>

Verfügbare Vorgaben-Scripts der Vereinsdatenbank mit Tastaturbefehlen im Menü *Spezial* der Dateien „Mitglieder" und „Zahlungen"

5.3 Menüs schaffen Überblick

Allmählich reichen die verschiedenen Aufklappmenüs über Layouts und Vorgaben nicht mehr aus, um einen Überblick über die zur Verfügung stehenden Möglichkeiten herzustellen. Um unsere Vereinsverwaltung zu einer Datenbankanwendung aus einem Guß zu machen, erhält auch die Zahlungen-Datei ein Menü. Eröffnen Sie ein neues Layout vom Typ „Einzelseite" und versehen es mit dem Namen „Menü-Einnahmen&Ausgaben". Aktivieren Sie alle enthaltenen Datenfelder über den Befehl *Alles auswählen* und löschen sie die Felder. Kopieren Sie den Aufbau des Menüs aus der Datei „Mitglieder". Sie brauchen nur in der Mitglieder-Datei das Layout „Menü-Mitgliederverwaltung" auswählen und in den Layout-Modus zu wechseln. Hier können Sie alle Objekte aktivieren und kopieren sie in die Zwischenablage. Über das Menü *Fenster* wechseln Sie in die Zahlungen-Datei und setzen den Inhalt der Zwischenablage in die leere Layoutseite ein.

Jetzt können Sie die Texte mit dem Layout-Textwerkzeug anpassen. Einige Symbole können Sie löschen, andere ersetzen Sie vollständig. Die Tasten-Symbole verbinden Sie mit den zugehörigen Vorgaben. Für die Erstellung der Sicherheitskopie wird eine zusätzliches Vorgaben-Script mit dem einzigen Befehl *Kopie sichern* erstellt und der Taste „Sicherheitskopie erstellen" unterlegt.

Bei der Eingabe von Zahlungen genügt der Befehl „Wechseln in das Layout [Eingabe]" für die Taste. Das Menü zur Steuerung der Zahlungen-Datei sieht dann wie folgt aus:

Steuerungs-Menü
der Zahlungen-Datei

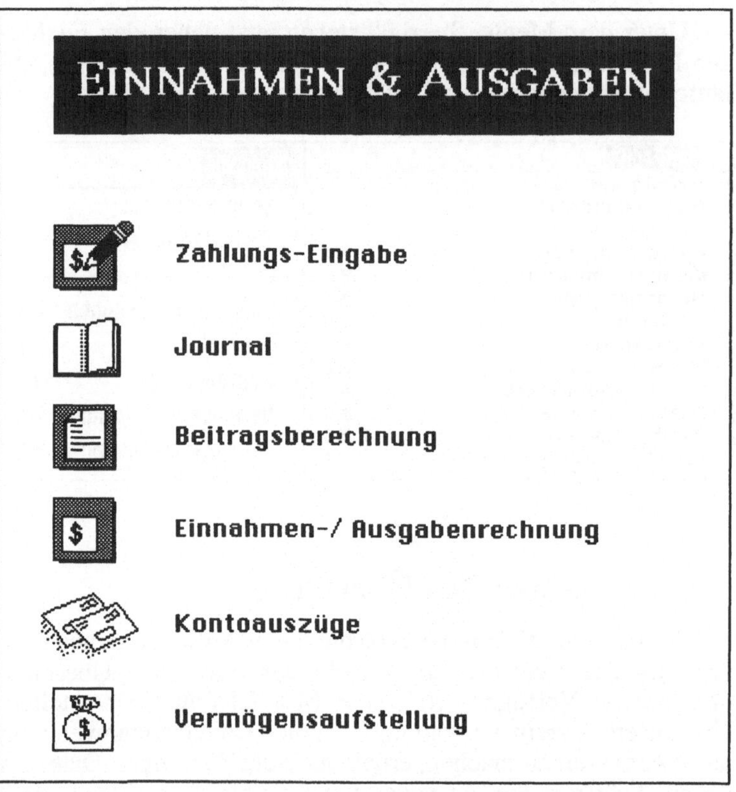

Für den Rücksprung in das Dateimenü fügen Sie noch die Taste zum Rücksprung in jedes Layout ein und verbinden sie mit dem entsprechenden Befehl zum Wechseln des Layouts. Dabei sollten Sie nicht vergessen, die Taste in den Layouts, die auch zum Ausdrucken bestimmt sind, vom *Drucken auszuschließen!* Anschließend wird noch in den *Dokument-Voreinstellungen* das Datei-Menü als Start-Layout festgelegt.

Festlegen des Start-Layouts der Zahlungen-Datei

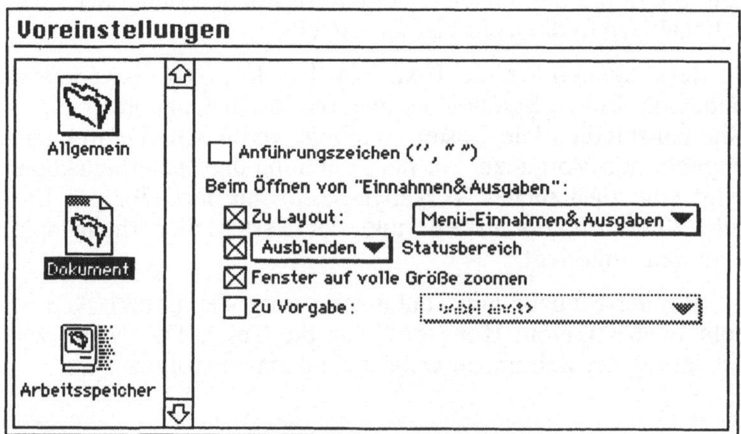

Zur Abrundung der Anwendung können jetzt die Menüs der beiden Dateien durch ein Hauptmenü ein gemeinsames Dach erhalten. Das neue Layout ist als Hauptmenü (Name: „Schulverein-Menü") der Datei „Mitglieder" zugeordnet. Hier können Sie die Funktionen aufrufen, die dateiübergreifend sind:

— das Wechseln in das „Menü-Mitgliederverwaltung"

— das Öffnen der Datei „Zahlungen"

— das Drucken von Eintrittserklärungen

— das Suchen im Vereinsarchiv

— das Erstellen von Sicherheitskopien beider Dateien

— das Schließen beider Dateien

— das Beenden von FileMaker Pro

Für die Funktion der Menüsteuerung können Sie teilweise noch kleine Vorgaben-Scripts erstellen, teilweise reichen einfache Befehlszuordnungen für die Menü-Steuerung per Mausklick aus.

Das Wechseln in das „Menü-Mitgliederverwaltung" bewerkstelligt der Befehl „Gehe zu Layout [Menü-Mitgliederverwaltung] für die erste Taste.

Für das Öffnen der Datei „Zahlungen" benötigen Sie das kleine Script „Einnahmen&Ausgaben öffnen", das nur den Befehl „Öffnen ["Zahlungen"]" enthält. Verbinden Sie das Script mit der zweiten Taste.

Zum Drucken von Eintrittserklärungen unterlegen Sie die Taste mit dem Befehl zum Umschalten in das Layout „Eintrittserklärungen".

Zum Suchen im Vereinarchiv lassen Sie das Vorgaben-Script „Vereinsarchiv öffnen" bei Mausklick ausführen.

Die Erstellung von Sicherheitskopien erfordert jeweils kurze Vorgaben-Scripts, die Sie den Aufgabentasten unterlegen. Zum Sichern und Schließen einer externen Datei, also „Zahlungen", binden Sie eine externe Vorgabe ein. Das „Schulverein-Menü" legen Sie abschließend noch als Startlayout der Mitglieder-Datei fest. Zum Beenden von FileMaker Pro erhält eine Taste den entsprechenden Befehl zugeteilt. Das fertige Hauptmenü könnte dann wie auf der nächsten Seite abgebildet aussehen.

Das „**Vereins-Menü**"
und die Unter-Menüs
der Vereinsdatenbank

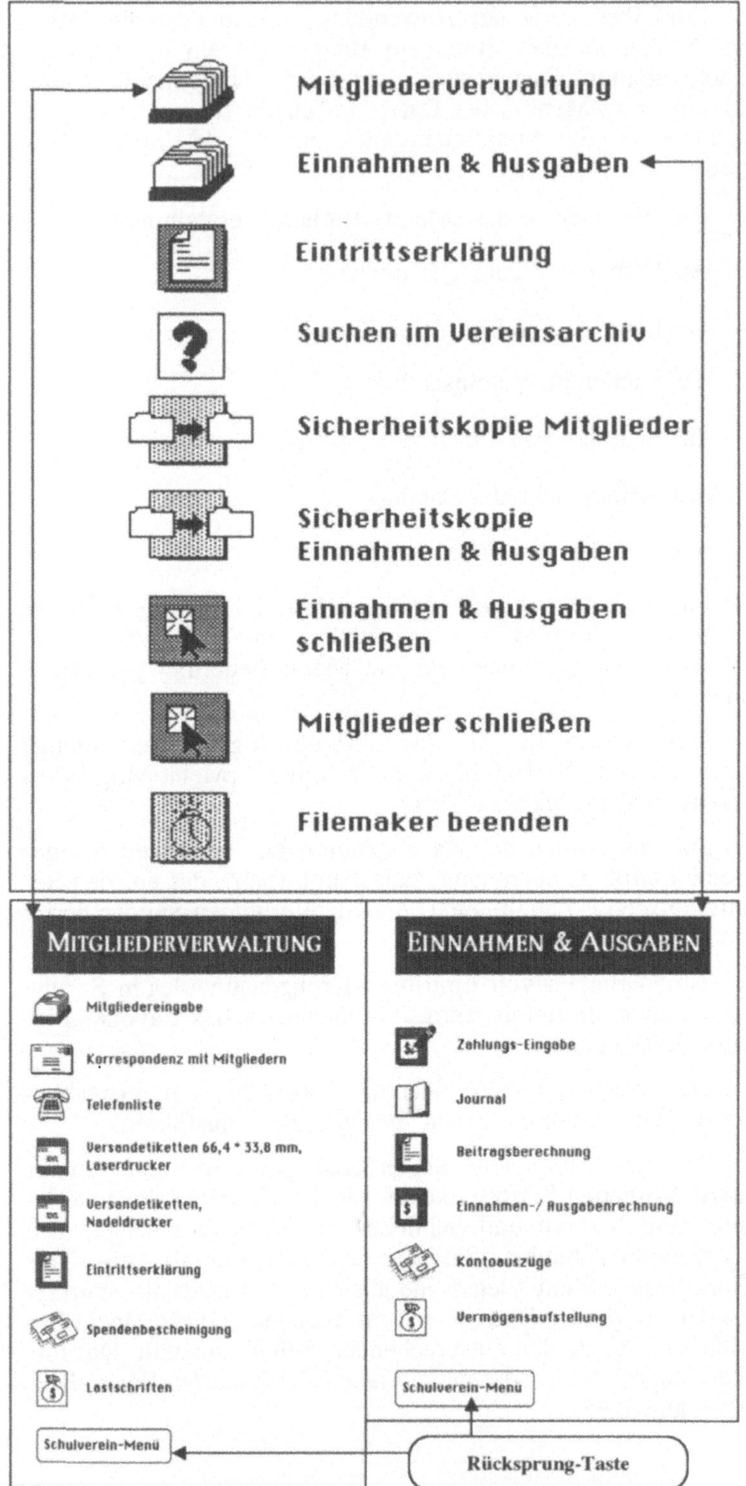

Die vom Hauptmenü angesteuerten Layouts erweitern Sie am besten noch um eine Rücksprung-Taste. Davon sind die Layouts „Menü-Mitgliederverwaltung", das „Menü-Einnahmen & Ausgaben" sowie das Vereinsarchiv für abgelegte Briefe betroffen.

Für die externen Dateien, d.h. Zahlungen und Vereinsarchiv, erstellen Sie je ein Vorgaben-Script mit dem Namen „Mitglieder öffnen" und dem Befehl „Öffnen ["Mitglieder"]" und verbinden sie mit der Taste "Schulverein - Menü". Mit dieser Vorgabe steuert FileMaker Pro beim Rücksprung aus den verbundenen Dateien immer das Hauptmenü in der Mitglieder-Datei an. Innerhalb der Mitglieder-Datei können Sie das Hauptmenü über den Befehl „Gehe zu Layout ["Schulverein-Menü"]" der entsprechenden Taste zuordnen und per Mausklick erreichen. Die jeweiligen Datei-Menüs können Sie bei Bedarf von der Funktion der Datensicherung und des Suchens im Vereinsarchiv entlasten. Falls Sie es wünschen, können Sie für die Mitglieder-Datei auch eine Stapelverarbeitung wie „Beiträge und Spenden aktualisieren" als Vorgabe beim Öffnen durchführen lassen. Last but not least können Sie noch als Start-Layout der Datei „Mitglieder" das „Schulverein-Menü" einstellen. Wenn Sie es wünschen, können Sie auch über die Einstellung einer Start-Vorgabe die Spenden und Beiträge aktualisieren lassen. Damit verfügen Sie über eine Vereinsverwaltung, mit der die wesentlichen Aufgaben auf einfache und übersichtliche Weise zu erledigen sind. Und da Sie mit FileMaker Pro über ein Software-*Tool* verfügen, haben Sie eine Vereinsdatenbank, die Sie Ihren Anforderungen und Bedürfnissen selber anpassen können.

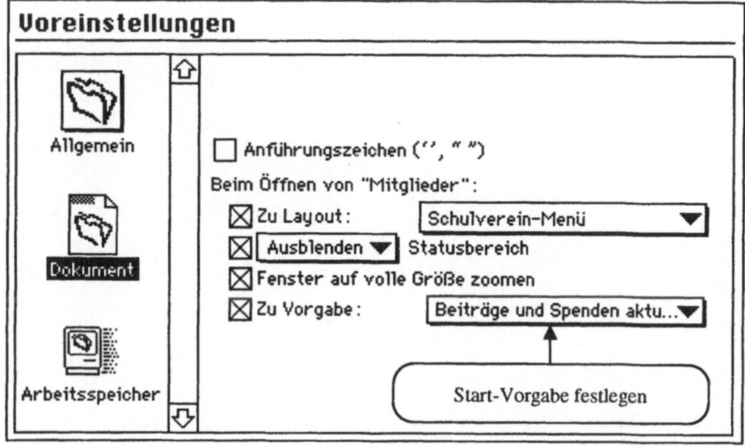

Einstellen einer **Stapelverarbeitung als Start-Vorgabe** beim Öffnen einer Datei

6

Warenwirtschaft: Verbindungen und Verknüpfungen

Das Kapitel informiert über:

- **den Austausch von Daten zwischen Dateien**
- **den Export von Datensätzen**
- **den Einsatz von Apple-Events**
- **Vorgaben-Scripts zur Aktualisierung von Bewegungsdaten**
- **die Datensicherung**
- **den Nutzen von Wiederholfeldern**

Warenwirtschaft: Verbindungen und Verknüpfungen

FileMaker Pro eignet sich nicht nur für die Verwaltung von Vereinen, auch umfassende professionelle Anwendungen lassen sich ohne teure, komplizierte Programmierarbeit erstellen. Gegenüber einem fertigen Programm von der Stange sichern Sie sich damit zugleich ein hohes Maß an Flexibilität ihrer Anwendungen – als Anwender und Entwickler in einer Person können Sie notwendige Anpassungen und Erweiterungen selber vornehmen. Darüberhinaus gibt es eine Fülle von fertigen Anwendungen mit FileMaker Pro, die den Funktionsumfang und die Vielseitigkeit des Programms demonstrieren: Immobilienverwaltung, Fakturierung, Adreßverwaltung, Termin- und Veranstaltungskalender – um nur einige zu nennen. Insbesondere die Verbindung von FileMaker Pro mit den Apple-Events vom Macintosh-System 7.X sorgt nahezu täglich für neue Anwendungen. In diesem Kapitel erhalten Sie einen Überblick über die Strukturen einer Datenbank-Anwendung, in der mehrere Dateien miteinander verknüpft sind und in der die Verbindung zu anderen Anwendungsprogrammen hergestellt wird. All dies erfolgt am Beispiel von zwei fiktiven Handelsbetrieben, einem Gebrauchtwagen- und einem Fahrradhandel. Der Gebrauchtwagenhandel umfaßt im Kern drei Dateien:

- eine *Kundendatei* mit Adreßlisten, Telefonlisten, Etiketten, Korrespondenz, Auswertungen von Kunden nach Umsatz sowie einer Weihnachtskartenliste

- eine *Gebrauchtwagendatei* mit einer aktuellen PKW-Liste für die Anzeigenrubriken lokaler Presseorgane, einer Suchvorgabe für gewünschte PKW, einer Liste der verkauften und exportierten PKW sowie der Möglichkeit, verkaufte PKW aus der Datei zu löschen.

- eine *Aufträgedatei* mit der Auftragserfassung, der Fakturierung, dem Rechnungsausgangsjournal, der Kontrolle der Zahlungseingänge, Kunden-Kontoauszügen und angeschlossenem Mahnwesen.

- darüberhinaus werden verschiedene Exportdateien über die verkauften PKW, eine Markenstatistik sowie eine Excel-Verkaufsgrafik über den Auflagen-Manager eingebunden.

Die einzelnen Dateien können Sie aus dem Hauptmenü der Kundedatei ansteuern. Beim Öffnen der Dateien ist der Statusbereich ausgeblendet, die Tasten zum Blättern ersetzen das Buchwerkzeug. Die Datensicherung erfolgt über ein Vorgaben-Script aus dem Hauptmenü der Kundendatei.

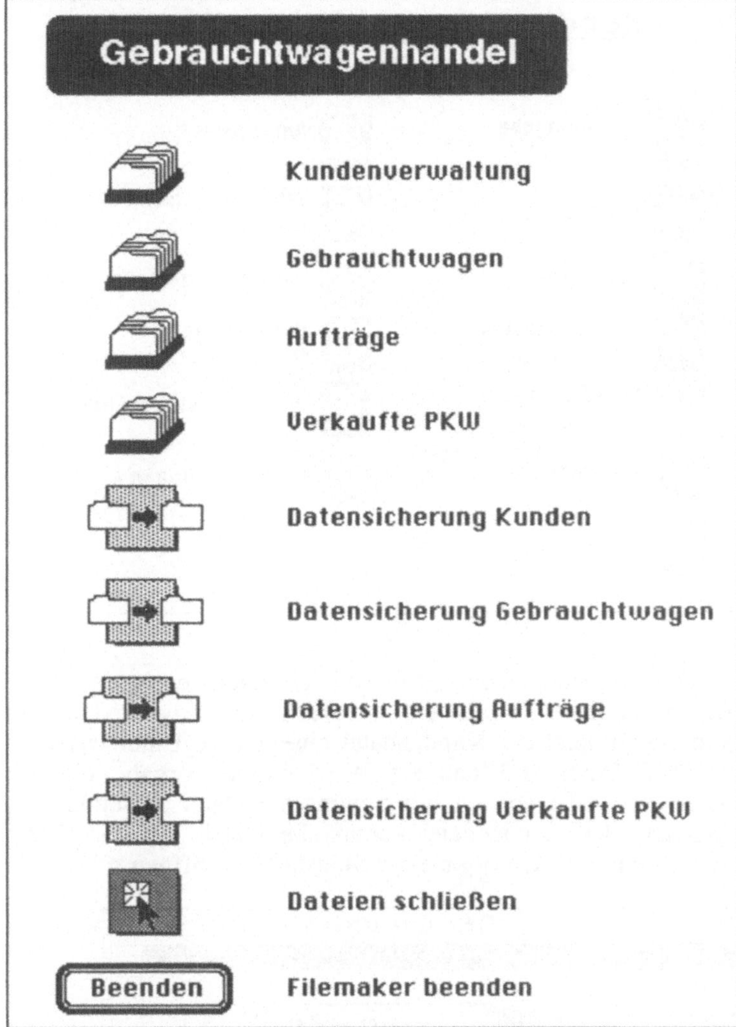

Hauptmenü der Datenbank „**Gebrauchtwagenhandel**"

Die Menüs der jeweiligen Dateien enthalten die betrieblichen Funktionen, die in einem Handelsbetrieb zu erledigen sind. So enthält die Kundendatei alle Möglichkeiten, Kunden zu erfassen, Werbeprospekte zuzusenden, sie nach Umsätzen zu gliedern, eine Telefonliste zu erstellen; eine Liste für zu versendende Weihnachtskarten ist verfügbar. In jedem Layout der Kundendatei ist eine Rücksprung-Taste zum Menü der Kundendatei eingebaut, der Rücksprung ins Hauptmenü kann aus diesem Menü ebenfalls erfolgen. Da das Hauptmenü zur Kundendatei gehört, ist hierzu lediglich der Befehl „Gehe zu Layout ["Autohaus Hansa"] einer entsprechenden Taste zu unterlegen.

Menü der Datei
„**Kunden**"

Die Kundendatei enthält für jede der oben gezeigten Optionen in der Datei jeweils ein entsprechendes Layout. Um aus dem Hauptmenü der Kundendatei eine andere Datei wie z.B. die PKW-Datei zu öffnen, erstellen Sie eine Vorgabe, die den Datei-Öffnen-Befehl auf die gewünschte Datei anwendet. So wird aus der Kundendatei heraus die Datei „Hansa PKW" durch die folgende Vorgabe per Mausklick zu öffnen sein:

Vorgaben-Script zum
**Öffnen der PKW-
Datei**

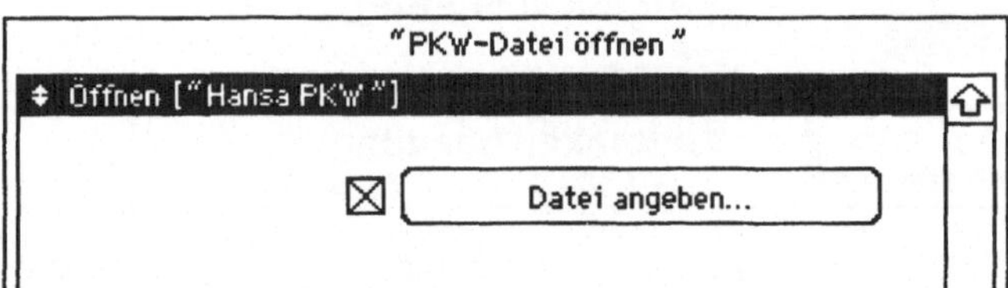

Für den Rücksprung ins Hauptmenü kann man in den verbundenen Dateien dieselbe Vorgabe aus umgekehrter Perspektive erstellen. In der Datei „Hansa PKW" lautet das entsprechende Script „Öffnen ["Hansa Kunden"]", ebenso lautet das Script in den Dateien „Hansa Aufträge" und „Hansa verkaufte PKW". Auch den Wechsel von einer Datei in eine andere können wir so auf jeder erforderlichen Ebene per Taste einfügen. So kann man von der Gebrauchtwagendatei sowohl zu den Kunden wie auch zu den Aufträgen per Mausklick wechseln.

Ein Datensatz der Kundendatei enthält die üblichen Datenfelder für die persönlichen Daten des Kunden wie Name, Vorname etc. Darüberhinaus wird jeder Kunde mit einer Kundennummer versehen. Die personenbezogenen wirtschaftlichen Daten des Kunden wie Umsatz, gekaufte PKW etc. sind ebenfalls Bestandteil des Datensatzes der Datei. Die folgende Tabelle stellt einen möglichen Aufbau der Datei dar.

Feldname	Feldtyp	Option
Kundennummer	Zahl	Wert erforderlich, Nur eindeutige Werte, Seriennummer
Anrede	Text	Vorauswahl: Herrn, Frau
Vorname	Text	
Name	Text	
PLZ	Text	
Ort	Text	
Telefon	Text	
Fax	Text	
Erfaßt am:	Datum	Automatisch, fixiert
Zahlungskonditionen	Text	Auswahl
Weihnachtskarte	Text	Auswahl: Ja, Nein
Branche	Text	
Beruf	Text	
Kontakt	Text	Auswahl
Bemerkung	Text	
gekaufter PKW	Text	Referenz:„Fabrikat" in „Aufträge" wenn „Kundennummer" mit „Kundennr." übereinstimmt
PKW-Typ	Text	Referenz:„Typ" in „Aufträge", wenn „Kundennummer" mit „Kundennr." übereinstimmt
Umsatz	Zahl	Referenz:„Warenwert" in „Aufträge", wenn „Kundennummer" mit „Kundennr." übereinstimmt
Kaufdatum	Zahl	Referenz:„Auftragsdatum" in „Aufträge", wenn „Kundennummer" mit „Kundennr." übereinstimmt
Jahresumsatz	Zahl	Referenz:„Kundenumsatz" in „Aufträge", wenn „Kundennummer" mit „Kundennr." übereinstimmt

Der Datensatz der Gebrauchtwagen-Datei enthält alle wesentlichen Informationen über einen PKW: Fabrikat, Typ, Baujahr, KM-Stand, TÜV, Farbe, Extras etc. sowie eine Artikelnummer und Datenfelder, die Informationen über den Preis und die Verfügbarkeit des Fahrzeugs für den Verkauf enthalten. Folgende Tabelle gibt einen Überblick über den Dateiaufbau:

Feldname	Feldtyp	Option
Artikelnummer	Zahl	Wert erforderlich, Nur eindeutige Werte, Seriennummer
Fabrikat	Text	Vorauswahl: AUDI, usw.
Typ	Text	
Erstzulassung	Datum	
Km	Zahl	
Farbe	Text	
TÜV	Datum	
Extras	Text	
Preis	Zahl	Nur Werte vom Typ „Zahl"
Verkaufspreis	Zahl	Referenz:„Einzelpreis" in „Aufträge", wenn „Artikelnummer" mit „Artikelnr" übereinstimmt
Einkaufspreis	Zahl	
Verkauft am	Datum	Referenz:„Auftragsdatum" in „Aufträge", wenn „Artikelnummer" mit „Artikelnr" übereinstimmt
Verkauft	Text	Referenz:„Verkaufsmeldung" in „Aufträge", wenn „Artikelnummer" mit „Artikelnr" übereinstimmt
Umsatz	Auswertung	= Summe von Verkaufspreis (laufend)

Die verschiedenen Funktionen zur Arbeit mit der PKW-Datei finden sich im Datei-Menü, das unten abgebildet ist. Neben einem Layout für die Eingabe von PKW gibt es ein Layout zum schnellen Finden von PKWs, eine Bestandsliste sowie ablaufsteuernde Tasten für die Auslösung von Vorgaben, die verkaufte PKW exportieren und im Bestand der Datei löschen.

Menü und Funktionen der **Gebrauchtwagendatei**

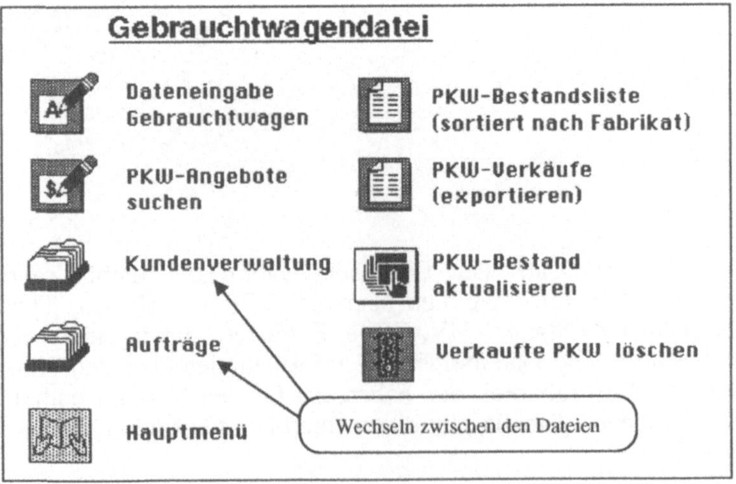

Das Kernstück der Datenbank „Autohaus Hansa" ist die Auftragsverwaltung in der Datei „Aufträge". Hier werden Aufträge erfaßt, Kaufverträge gedruckt, Rechnungen geschrieben und die Zahlungseingänge kontrolliert. Verkaufte PKW erhalten in der Gebrauchtwagen-Datei eine Markierung, um sie von dort in eine Datei der verkauften PKW zu exportieren. Die Auftragsdatei greift über Referenzen auf die Datenbestände der Kunden- und PKW-Datei zurück. Bei der Erfassung eines Auftrages wird nur noch die Kunden- und Artikelnummer eingegeben, alle erforderlichen Daten überträgt FileMaker Pro dann automatisch in die Auftragserfassungsmaske. Gleichzeitig findet eine Überprüfung statt, ob unter der angegebenen Kundennummer bereits ein Kunde existiert, oder ob er ggf. neu angelegt werden muß. Das Programm weist Sie auf eine nicht vorhandene Kundennummer hin und macht Vorschläge. Neue Kunden können Sie aus der Auftragsbearbeitung durch Wechseln in die Kundendatei durch Anlage eines neuen Kundendatensatzes einrichten. Anschließend bearbeiten Sie den Auftrag in der Auftragserfassung weiter.

Menü und Funktionen der **Auftragsdatei**

Ebenfalls eingerichtet ist eine Kontrolle, die dafür sorgt, daß derselbe PKW nicht zweimal verkauft wird. Die Aufträge-Datei verfügt über eine Reihe von Layouts, die Ihnen schnell die Eingabe von Zahlungen und die Kontrolle von nicht bezahlten Rechnungen erlaubt. Für Ihre Buchhaltung können Sie ein Rechnungsausgangsjournal erstellen und als ASCII-Text exportieren lassen. Grob gesagt stellt Ihnen die Datei der Auftragsverwaltung die Funktionen des abgebildeten Datei-Menüs (Seite 193) zur Verfügung. Den Aufbau eines Datensatzes zeigt folgende Tabelle.

Feldname	Feldtyp	Option
Auftragsnr	Text	Seriennummer mit Wert „93/0001", Zählschritt „1", Fixieren automatisch eingegebener Werte
Artikelnr	Zahl	
Fabrikat	Text	Referenz:„Fabrikat" in „PKW", wenn „Artikelnr" mit „Artikelnummer" übereinstimmt
Typ	Text	Referenz:„Typ" in „PKW", wenn „Artikelnr" mit „Artikelnummer" übereinstimmt
Erstzulassung	Datum	Referenz:„Erstzulassung" in „PKW", wenn „Artikelnr" mit „Artikelnummer" übereinstimmt
KM-Stand	Zahl	Referenz:„Km" in „PKW", wenn „Artikelnr" mit „Artikelnummer" übereinstimmt
Farbe	Text	Referenz:„Farbe" in „PKW", wenn „Artikelnr" mit „Artikelnummer" übereinstimmt
TÜV bis	Datum	Referenz:„TÜV" in „PKW", wenn „Artikelnr" mit „Artikelnummer" übereinstimmt
Extras	Text	Referenz:„Extras" in „PKW", wenn „Artikelnr" mit „Artikelnummer" übereinstimmt
Einzelpreis	Zahl	Referenz:„Preis" in „PKW", wenn „Artikelnr" mit „Artikelnummer" übereinstimmt
Gesamtpreis	Formel (Zahl)	= Einzelpreis * Menge
Menge	Zahl	Wert erforderlich, nur Werte vom Typ „Zahl"
Sachbearbeiter	Text	Vorauswahl: Kurzeichen der Sachbearbeiter
Auftragsdatum	Datum	Automatisch einsetzen: „Erstellungsdatum"

Feldname	Feldtyp	Option
MWStSatz	Zahl	Auswahl: 15
Kundennr.	Zahl	
Anrede	Text	Referenz:„Anrede" in „Kunden", wenn „Kundennr." mit „Artikelnummer" übereinstimmt
Vorname	Text	Referenz:„Vorname" in „Kunden", wenn „Kundennr." mit „Artikelnummer" übereinstimmt
Name	Text	Referenz:„Name" in „Kunden", keine Übereinstimmung: „Kunde noch nicht erfaßt" einsetzen
Straße	Text	Referenz:„Straße" in „Kunden", wenn „Kundennr." mit „Kundennummer" übereinstimmt
PLZ	Text	Referenz:„PLZ" in „Kunden", wenn „Kundennr." mit „Kundennummer" übereinstimmt
Ort	Text	Referenz:„Ort" in „Kunden", wenn „Kundennr." mit „Kundennummer" übereinstimmt
Konditionen	Text	Referenz:„Zahlungskonditionen" in „Kunden", wenn „Kundennr." mit „Kundennummer" übereinstimmt
Rechnungsdatum	Datum	Automatisch einsetzen: „Erstellungsdatum"
Anzahlung	Zahl	
Rabattsatz in %	Zahl	Auswahl: 3, 5, 8, 10
Rabatt	Formel (Zahl)	= Warenwert * Rabattsatz in % /100
Nettowarenwert	Formel (Zahl)	= Warenwert - Rabatt
Rabatt Text	Formel (Zahl)	= If (Rabattsatz > 0; Rabattsatz in % &" % Rabatt; "")
MWStBetrag	Formel (Zahl)	= UStpflBetrag*MWStSatz
Warenwert	Formel (Zahl)	= Sum (Gesamtpreis)
Rechnungsbetrag	Formel (Zahl)	= UStpflBetrag + MWStBetrag
Zahlung	Zahl	
Bereits bezahlt	Formel (Zahl)	= Zahlung + Anzahlung
Noch offen	Formel (Zahl)	= Rechnungsbetrag - Bereits bezahlt
Forderungen	Auswertung	= Summe von Noch offen
Zahlungen	Auswertung	= Summe von Bereits bezahlt
Monatszahl	Formel (Zahl)	= Month (Auftragsdatum)
Monat	Formel (Text)	= MonthName (Auftragsdatum)
Umsatzsteuer gesamt	Auswertung	= Summe von MWStBetrag
Zahlungseingang	Datum	
Jahr	Formel (Zahl)	= Year (Auftragsdatum)

Feldname	Feldtyp	Option
Fälligkeit	Formel (Zahl)	= If (Noch offen>0;Today-Rechnungsdatum;0)
Saldo	Auswertung	Summe von Noch offen
Gebühr TÜV	Zahl	
Gebühr Zulassung	Zahl	
UStpflBetrag	Formel	= Nettowarenwert + TÜV + Zulassung
Verkaufsmeldung	Text	Auswahl: Ja; Nein
Verkaufskontrolle	Text	Referenz: „Verkauft am" in „PKW", wenn „Artikelnr" mit „Artikelnummer" übereinstimmt
PKWbereitsverkauft	Formel (Text)	= If (Verkaufskontrolle > 0; "Der PKW ist bereits verkauft"; "")
Artikelkontrolle	Formel (Text)	= If (Fabrikat = ""; "Kein PKW unter dieser Artikelnummer"; "")
Kundenkontrolle	Formel (Text)	= If (Name =""; "Kunde noch nicht erfaßt"; "")
Gesamtumsatz	Auswertung	= Summe von Warenwert
Kundenumsatz	Formel (Zahl)	= Summary (Gesamtumsatz; Kundennr.)
Anredetext	Formel (Text)	= If (Anrede= "Frau"; "Sehr geehrte " & Anrede &" " &Name& ","; "Sehr geehrter Herr " & Name & ",")

6.1 Referenzen: Jederzeit aktuelle Bestände

Die Erfassung von Daten in der Auftragsverwaltung beschränkt sich auf die wirklich neuen Informationen. Daten, die in anderen Dateien bereits zu den Datenbeständen gehören, werden nicht noch einmal erfaßt. Richten Sie FileMaker Pro für das automatische Finden und Übertragen der Daten aus anderen Dateien ein: Referenz-Festlegungen in der Auftragserfassung übernehmen dann diese Aufgabe: die Daten für die verkäuflichen PKW lassen Sie aus der PKW-Datei automatisch in den Auftragsdatensatz übertragen. Alle den PKW betreffenden Felder sind so definiert, daß sie ihre Daten aus der Referenz-Datei beziehen. Das Schlüsselfeld für die Durchführung der Operation ist dabei die Artikelnr. der PKW-Datei. Stimmt die Artikelnummer der Auftragsdatei mit der Artikelnummer der PKW-Datei überein, überträgt FileMaker Pro die Daten.

```
┌──────────────────────────────────────────────────────────────┐
│  Felder definieren für "Hansa Aufträge"          50 Felder     │
│                                                                │
│   Name            Typ         Optionen      Anzeige nach │Erstellung ▼│
│  ✦ Artikelnr       Zahl                                  ⬆     │
│  ✦ Fabrikat        Text        Referenz                        │
│  ✦ Typ             Text        Referenz                        │
│  ✦ Erstzulassung:  Datum       Referenz                        │
│  ✦ KM-Stand:       Zahl        Referenz                        │
│  ✦ Farbe:          Text        Referenz                        │
│  ✦ TÜV bis:        Datum       Referenz                        │
│  ✦ Extras:         Text        Referenz                        │
│  ✦ Einzelpreis     Zahl        Referenz                        │
│  ✦ Gesamtpreis     Formel      = Einzelpreis * Menge     ⬇     │
│                                                                │
│  Referenzwert für "Einzelpreis" vom Typ :                      │
│                                                                │
│  Referenzdatei                 Aktive Datei                    │
│  "Hansa PKW"                   "Hansa Aufträge"                │
│                                                                │
│  Inhalt kopieren von:          ...in das Feld:                 │
│  │ Preis          ▼ │             "Einzelpreis"               │
│                                                                │
│  ...wenn der Wert in:          ...dem Inhalt entspricht in:    │
│  │ Artikelnummer  ▼ │          │ Artikelnr      ▼ │           │
└──────────────────────────────────────────────────────────────┘
```

Referenzen für PKW-Daten in der Aufträge-Datei

Auch bei den Kundendaten reicht die Eingabe der Kundennummer, um die kundenbezogenen Informationen in den Auftragsdatensatz übertragen zu lassen.

```
┌──────────────────────────────────────────────────────────────┐
│  Felder definieren für "Hansa Aufträge"          50 Felder     │
│                                                                │
│   Name            Typ         Optionen      Anzeige nach │Spezial ▼│
│  ✦ Kundennr.       Zahl                                  ⬆     │
│  ✦ Anrede          Text        Referenz                        │
│  ✦ Vorname         Text        Referenz                        │
│  ✦ Name            Text        Referenz                        │
│  ✦ Straße          Text        Referenz                        │
│  ✦ PLZ             Text        Referenz                        │
│  ✦ Ort             Text        Referenz                        │
│  ✦ Konditionen     Text        Referenz                        │
│  ✦ Auftragsdatum   Datum       Erstellungsdatum                │
│  ✦ Rechnungsdatum  Datum       Erstellungsdatum          ⬇     │
│                                                                │
│  Referenzwert für "Konditionen" vom Typ :                      │
│                                                                │
│  Referenzdatei                 Aktive Datei                    │
│  "Hansa Kunden"                "Hansa Aufträge"               │
│                                                                │
│  Inhalt kopieren von:          ...in das Feld:                 │
│  │ Zahlungskonditionen ▼│          "Konditionen"              │
│                                                                │
│  ...wenn der Wert in:          ...dem Inhalt entspricht in:    │
│  │ Kundennummer   ▼ │          │ Kundennr.      ▼ │           │
└──────────────────────────────────────────────────────────────┘
```

Referenzen für Kunden-Daten in der Aufträge-Datei

Eine Variante der Verwendung von Referenzen ist die Überprüfung von Eingaben. Findet sich unter einer eingegebenen Kundennummer kein Kunde, kann das Programm in dem Feld „Name" den Hinweis ausgeben, daß der Kunde noch nicht erfaßt ist. Auch bei fehlender oder unzulässiger Artikelnr. können Sie die Meldung ausgeben lassen, daß die PKW-Nr. nicht verfügbar ist.

**Einsatz von Refe-
renz-Werten zur
Eingabekontrolle**

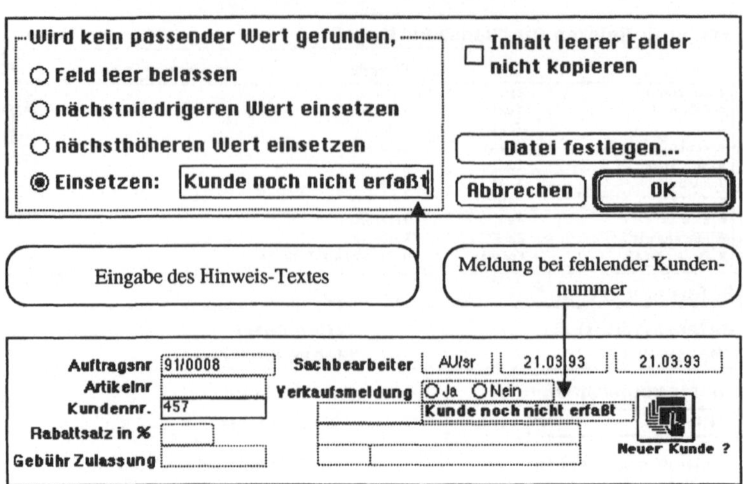

FileMaker Pro kann Informationen aus anderen Datensätzen als Referenzwerte übertragen. Beachten Sie dabei die folgenden Hinweise und nehmen Sie die Definition trotz aller
Leichtigkeit der Eingabe mit größter Sorgfalt vor!

- Die Referenz-Datei muß eine FileMaker Pro-Datei sein.
  Theoretisch kann die Datei mit der aktiven Datei identisch
  sein.

- Bei der Suche nach übereinstimmenden Werten werden nur
  die ersten 20 Zeichen miteinander verglichen. FileMaker
  Pro ignoriert Großschreibung, Wortfolge und Interpunktion
  bei Texten; ebenso Textzusätze wie "DM" u. dgl. in Zahlenfeldern.

- Achten Sie darauf, keine Daten aus einem Wiederholfeld
  zu kopieren, da Sie nicht angeben können, aus welchem
  Wiederholfeld das Programm Daten beziehen soll.

- Wertänderungen in der Referenzdatei führen nicht automatisch zur Aktualisierung der aktiven Datei. Der Status von
  Referenzdatei und aktiver Datei wechselt und ist ausschließlich von den definierten Feldern abhängig. Wenn
  Sie Werte einer Referenzdatei ändern, aktualisieren Sie die
  aktive Datei mit dem Befehl *Referenz wiederholen*.

Die Übertragung von Werten aus der Kunden- und Artikel-
Datei in die Aufträge-Datei läßt sich über Referenzen sehr gut
lösen. Der umgekehrte Weg, die Übertragung von Werten der
Aufträge-Datei zu den Kunden und Artikeln erfolgt nicht automatisch. Da FileMaker Pro keine relationale Datenbank ist,
können Änderungen eines Feldes in einem Datensatz nicht

gleichzeitig in alle anderen Datensätzen, in denen das Feld vorkommt, übernommen werden. Dennoch gibt es mit der Version 2.0 die Möglichkeit, die *Rück*übertragung von Veränderungen zu automatisieren. Die Verbindung von Referenzen und Vorgaben-Scripts ermöglicht die schnelle Aktualisierung auch der PKW- und der Kunden-Datei.

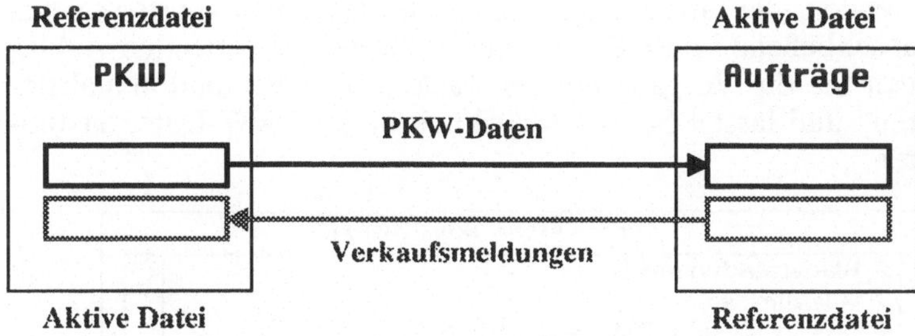

Die Auftragsdatei enthält ein Auswahlfeld „Verkaufsmeldung" mit dem Auswahlwerten „Ja" oder „Nein". Damit kennzeichnet man verkaufte Gebrauchtwagen und sperrt sie für einen weiteren Auftrag. Die PKW-Datei auf der anderen Seite enthält ein Datenfeld „Verkauft" vom Typ „Text". Die Daten dieses Feldes können Sie als Referenz-Wert aus der Aufträge-Datei übertragen lassen.

<table>
<tr><td colspan="2">Referenzwert für "Verkauft:" vom Typ :</td><td rowspan="4">Einstellen einer Verkaufsmeldung für PKW über Referenzen</td></tr>
<tr><td>Referenzdatei
"Hansa Aufträge"</td><td>Aktive Datei
"Hansa PKW"</td></tr>
<tr><td>Inhalt kopieren von:
Verkaufsmeldung ▼</td><td>...in das Feld:
"Verkauft:"</td></tr>
<tr><td>...wenn der Wert in:
Artikelnr ▼</td><td>...dem Inhalt entspricht in:
Artikelnummer ▼</td></tr>
</table>

Um den PKW-Bestand auf aktuellem Stand zu halten, erstellen Sie am besten ein Vorgaben-Script, daß die Schritte zur Aktualisierung der PKW-Datei zusammenfaßt und per Mausklick ausführt:

— im Blättern-Modus wechseln Sie in das Layout „PKW-Bestandsliste"

— die PKW werden nach Artikelnr. sortiert

— basierend auf dem Feld „Artikelnummer" lassen Sie die Referenzwerte aus der Aufträge-Datei übertragen

– alle Datensätze mit positiver Verkaufsmeldung lassen Sie suchen und sortieren

– die gefundenen, verkauften PKW lassen Sie vorübergehend stillegen (ausschließen) und kehren in die Gruppe der nicht verkauften PKW zurück

Diese Vorgabe können Sie im weiteren Verlauf dazu verwenden, die ausgeschlossenen Datensätze zu exportieren und anschließend im PKW-Bestand zu löschen. Einstweilen verbinden Sie die Vorgabe mit der Taste „PKW-Bestand aktualisieren" und lassen Sie per Mausklick in der PKW-Datei ausführen.

Vorgaben-Script zur Aktualisierung der PKW-Bestände nach Verkäufen

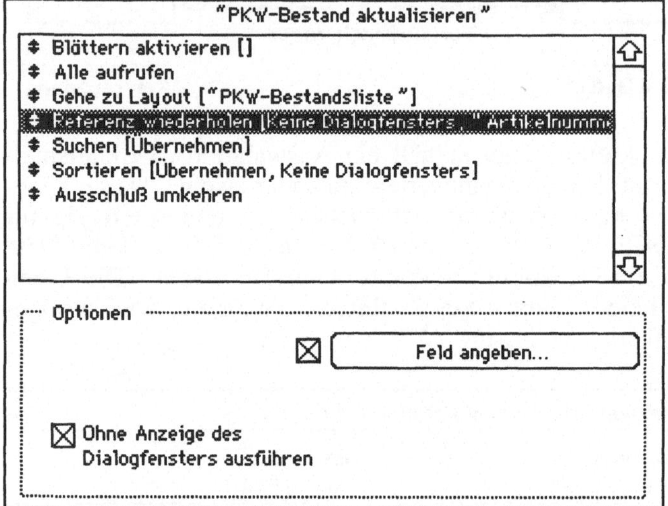

Der Aufruf der Vorgabe aus der PKW-Datei ist damit jederzeit möglich, doch sollte die Aktualisierung der PKW-Datei ja unmittelbar nach der Auftragserfassung erfolgen. FileMaker Pro bietet hier die Möglichkeit an, die Vorgabe der PKW-Datei von der Aufträge-Datei her als „externe Vorgabe" aufzurufen.

Einbindung der externen Vorgabe in die Aufträge-Datei

In der Aufträge-Datei erstellen Sie eine Vorgabe „PKW-Bestände aktualisieren". Die Vorgabe soll die PKW-Datei und Kunden-Datei aktualisieren und anschließend wieder zur Auftragserfassung zurückkehren. Verbinden Sie diese Vorgabe anschließend mit der Taste „PKW-Bestände aktualisieren". Sie umfaßt den Aufruf der externen Vorgabe und die Rückkehr in die Auftragsannahme.

Vorgaben-Script und Taste zum Aufruf der Aktualisierung des PKW-Bestandes

Nach Betätigung der Taste liegen somit jederzeit aktuelle PKW-Bestände in der Auftragsannahme vor. Der unten abgebildete R5 Campus mit der Artikelnummer 1014 ist an Frau Susanne Holdermann verkauft. Beim Versuch, ihn ein weiteres Mal zu verkaufen, sehen Sie die Meldung „Der PKW ist bereits verkauft". Nach Eingabe der Artikelnummer erscheint die „Verkauft-Meldung" aus der PKW-Datei sofort als Referenz-Wert.

Hinweismeldung auf bereits verkaufte PKW bei der Auftragsannahme

Falls Sie es für erforderlich halten, können Sie die Vorgabe auch mit der Anlage eines neuen Auftragsdatensatzes in einer Vorgabe „Neuer Auftrag" koppeln. Dann ist die Aktualisierung impliziter Bestandteil der Anlage eines neuen Auftrages.

6.2 Exportieren von Datensätzen

Im Kapitel 3.8 haben Sie FileMaker Pro bereits Daten*feld*-Inhalte in eine andere Datei senden lassen (Archivierung von Brieftexten). *Datensätze* hingegen können Sie auf zweierlei Wegen versenden:

- Datensätze können Sie in eine andere FileMaker Pro-Datei befördern

- Datensätze können Sie in ein anderes Anwendungsprogramm übertragen

FileMaker nennt diese Datenübertragung „Export", und wir beginnen mit dem Export in eine andere FileMaker Pro-Datei. Bislang haben wir die verkauften PKW der PKW-Datei nur vorübergehend stillgelegt. Sinnvoll wäre es jedoch, diese Datensätze in einer Datei der verkauften PKW zu sammeln und dort das Verkaufsgeschehen auszuwerten: in der Datei „Hansa verkaufte PKW". Die verkauften PKW bilden bereits eine Datensatzgruppe. Die Vorgabe „PKW-Bestand aktualisieren" bewirkt das bereits, nur daß Sie am Ende der Vorgabe diese Datensatzgruppe der verkauften PKW über den Befehl „Ausschluß umkehren" wechseln und die Gruppe der verfügbaren PKW aktivieren. Um die verkauften PKW zu finden, duplizieren Sie nur die Vorgabe im Script-Maker™ und benennen Sie in „Verkaufte PKW exportieren" um. Über die Taste „Bearbeiten" gelangen Sie zum Script.

Duplizieren eines Vorgaben-Scripts

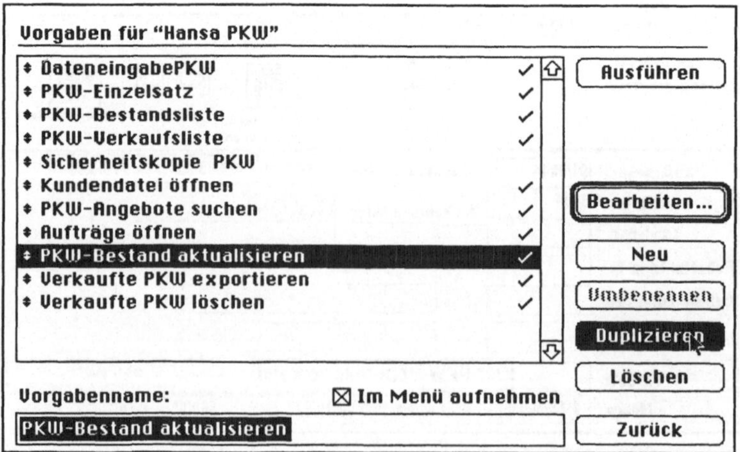

Markieren Sie den letzten Befehl „Ausschluß umkehren" und löschen ihn. Die Vorgabe bildet dann die verkauften PKW als Datensatzgruppe.

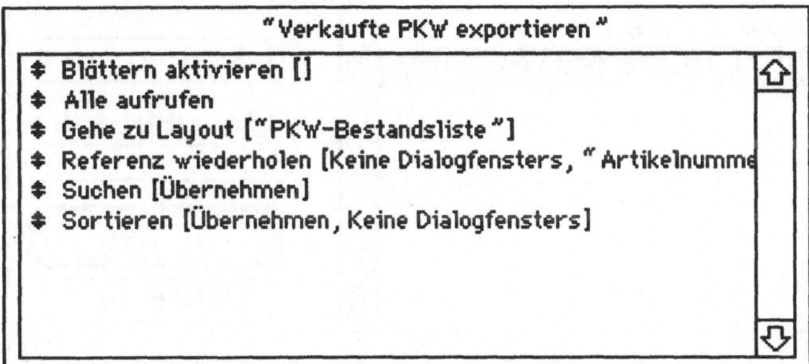

Vorgaben-Script „Verkaufte PKW exportieren" der PKW-Datei

Später lassen Sie diese Vorgabe als externe Vorgabe von der Datei „Hansa verkaufte PKW" aus aufrufen. Die Datei "Hansa verkaufte PKW" sammelt die verkauften PKW und wertet sie in verschiedenen Listen aus. Sie entspricht in ihren Aufbau prinzipiell der PKW-Datei. Zusätzlich gibt es noch ein Auswertungsfeld als Summe des Gesamtumsatzes sowie ein Formelfeld, das den Umsatz nach Fabrikaten sortiert (=summary [Umsatz;Fabrikat]). Das Menü der Datei sieht wie folgt aus:

Menü der Datei „Verkaufte PKW"

Was sich aus Sicht der PKW-Datei als ein Export von Datensätzen darstellt, ist umgekehrt aus der Sicht der Gebrauchtwagenverkaufs-Datei ein Importvorgang. Um von dort aus die Importordnung einzustellen, beginnen Sie den Import in der Datei der verkauften PKW über das Menü *Ablage* und den Befehl *Import/Export* mit der Option *Datensätze importieren*. In dem aufgerufenen Auswahlfenster markieren Sie die Datei, aus der Sie die Datensätze importieren lassen wollen.

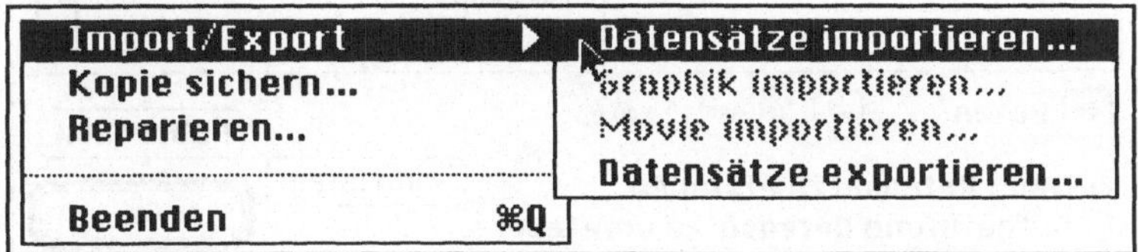

Import von Datensätzen einleiten

**Wahl der FileMa-
ker-Ausgangs-Datei**
zum Import von
Datensätzen

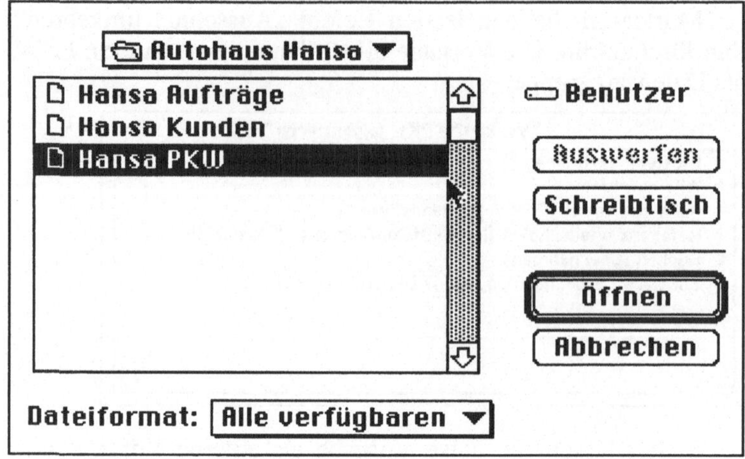

Nach der Bestätigung der Öffnen-Taste für die Datei „Hansa PKW" schlägt FileMaker Pro Ihnen eine Importordnung vor (vgl. S. 140). Diese Importordnung können Sie jetzt genauso einstellen, wie es die Struktur der Zieldatei erforderlich macht. Die eingestellte Importordnung können Sie im Vorgaben-Script für den Import übernehmen. Die Einstellung der Importordnung bestätigen Sie über die Taste „Zuordnen". Damit können Sie dann während der Ausführung der Vorgabe auf die Einstellung und Anzeige der Importordnung verzichten. Achten Sie bitte auch darauf, daß die Option „Neue Datensätze erstellen" eingeschaltet ist. Damit haben Sie eine Import-Ordnung festgelegt, die von der Vorgabe übernommen werden kann.

Welche Aufgaben soll nun die zu erstellende Vorgabe „Verkaufte PKW importieren" wahrnehmen?

Einstellung der
Importordnung für
den Datensatz-Import

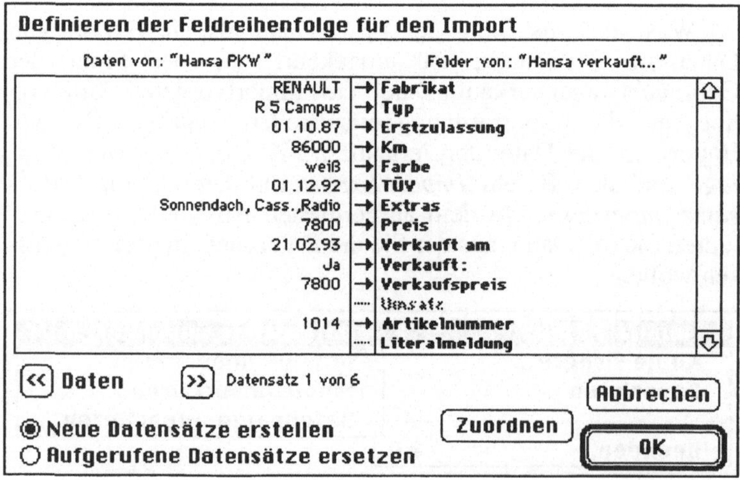

– in der Zieldatei aktiviert sie den Blättern-Modus und schaltet in das Layout "PKW-Einzelansicht" um

– in der Ausgangsdatei faßt sie alle Datensätze mit einer Verkaufsmeldung als Datensatzgruppe zusammen (Einbinden der externen Vorgabe aus der PKW-Datei: „Verkaufte PKW exportieren")

– die Datensätze der verkauften PKW aus der Datei „Hansa PKW" importiert sie in der voreingestellten Importordnung als neue Datensätze in die Zieldatei

– im letzten (Import-) Datensatz erscheint in dem Datenfeld „Literalmeldung" der Hinweis: „Die Datensätze wurden erfolgreich importiert! Bitte löschen Sie jetzt die verkauften PKW!"

Im Script stellen Sie mit dem Befehl „Datensätze importieren" die FileMaker Pro-Ausgangsdatei ein. Außerdem nehmen Sie die Option wahr, daß die *zuletzt gültige* Importordnung gelten soll.

Mit dem neuen Befehl „Literal" erstellen Sie im ScriptMaker™ einen Text und lassen ihn in ein ausgewähltes Textfeld [Hier: „Literalmeldung"] einsetzen.

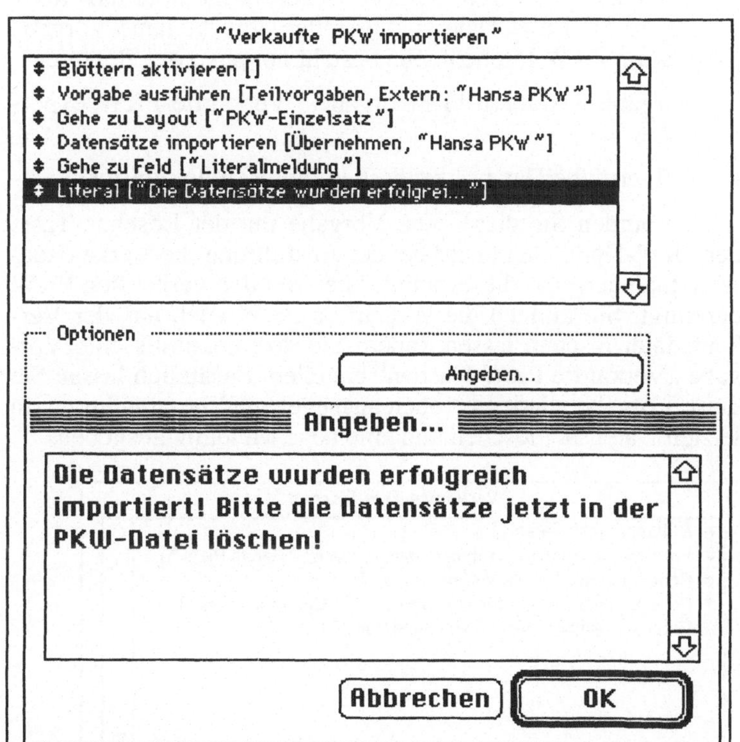

Script mit Text-Literal für zuletzt importierten Datensatz

Die soeben erstellte Vorgabe verbinden Sie mit der Taste „Verkaufte PKW importieren". Ein erfolgreicher Test sollte folgendes Ergebnis bringen:

Literal-Meldung
nach Import im letzten Datensatz

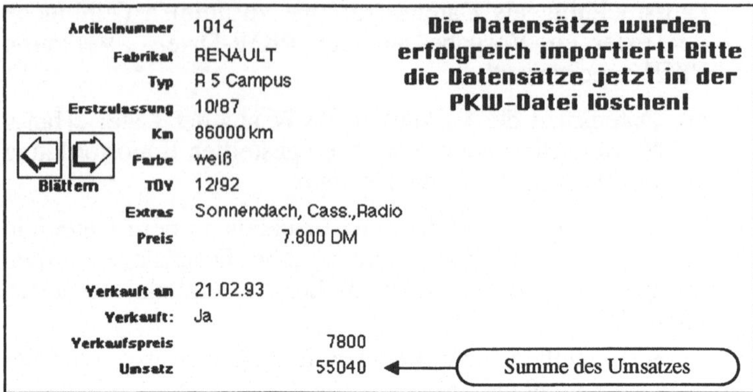

Beachten Sie die Literal-Meldung unbedingt und setzen Sie sie in die Tat um, denn ein doppelter Import/Export von verkauften PKW verfälscht die statistischen Grundlagen der Auswertung des Gebrauchtwagengeschäftes. Allerdings müssen Sie außerdem die verkauften PKW auch in der PKW-Bestandsdatei löschen. Zu diesem Zwecke wechseln Sie über das Menü *Fenster* in die PKW-Datei und erstellen dort die neue Vorgabe „Verkaufte PKW löschen". Sie besteht nur aus zwei Befehlen:

– Vorgabe ausführen [Teilvorgabe, "Verkaufte PKW exportieren"]

– Aufgerufene Datensätze löschen [ohne Dialogfenster]

Verbinden Sie diese neue Vorgabe mit der Löschen-Taste der PKW-Datei, dann wird bei der Ausführung die Verkaufsdatei aktualisiert und die Bestandsdatei von den verkauften PKW bereinigt. Sie können die verkauften PKW auch aus der Verkaufsdatei löschen lassen, indem Sie dort ebenfalls eine Vorgabe „Verkaufte PKW löschen" erstellen. Zusätzlich lassen Sie diese Vorgabe wieder die oben ausgegebene Literalmeldung im letzten Datensatz löschen und eine neue Meldung ausgeben.

Vorgaben-Script der
PKW-Verkaufsdatei:
**„Löschen verkaufter
PKW"** in der PKW-
Datei

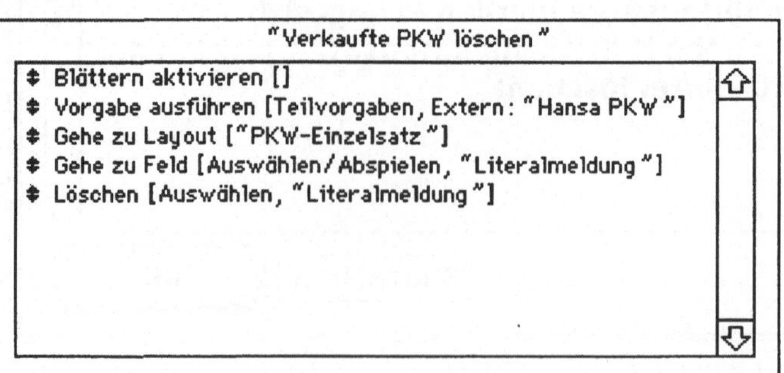

Verbunden mit der Taste „Verkaufte PKW in der Bestandsdatei löschen" lösen Sie sie unmittelbar nach dem Import aus. Nach der Ausführung der Vorgabe in der Datei „Hansa verkaufte PKW" enthält der letzte Datensatz eine leere Literalmeldung. Aber größte Vorsicht ist geboten!

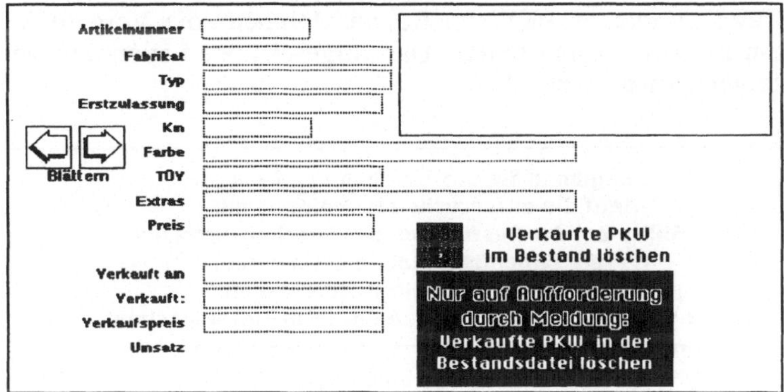

Nach dem Löschen: **Literalmeldung mit Hinweis**

Sollten Sie aus Versehen die „Verkaufte PKW löschen"-Vorgabe doppelt auslösen, *muß* die Fehlermeldung folgen, daß keine Datensätze vorhanden sind.

Das *Abbrechen* der Vorgabe ist in diesem Falle die einzig richtige Entscheidung. Ein Fortfahren der Vorgabe führt zum Löschen aller Datensätze des Bestandes, da keine verkauften PKW mehr zu finden sind. Die aktiven Datensätze, und das sind *alle*, bilden dann die Gruppe der aufgerufenen Datensätze. Eine Fortsetzung der Vorgabe löscht den gesamten Bestand. In einen solchen Fall gibt es auch keine Möglichkeit des Rückgängigmachens der letzten Aktion. Am besten ist es, wenn Sie den Aufruf eines Warnlayouts vor die Durchführung der Vorgabe einsetzen. In diesem Layout können Sie beschreiben, welche Konsequenzen beim Auftreten der Meldung „Keine Datensätze vorhanden" folgen können und die einzig richtige Handlungsalternative deutlich machen.

Bei Suchabfragen mit anschließendem automatischen Löschen von Datensätzen Sicherheitskontrollen einbauen!

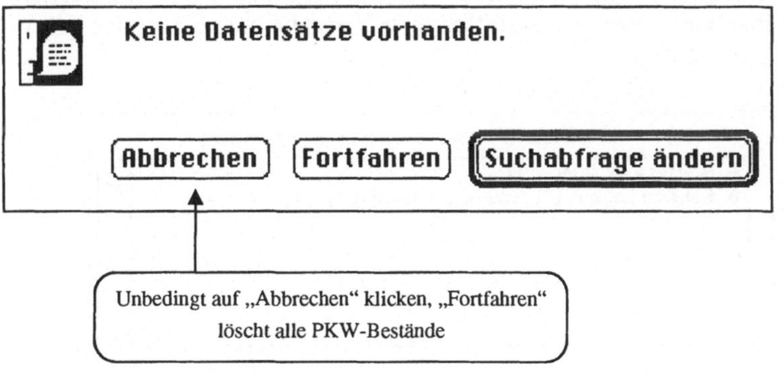

Meldung bei mehrfacher Auslösung der Löschen-Vorgabe

Um das irrtümliche oder absichtliche Löschen von Datenbeständen auszuschließen, können Sie auch die Zugangsberechtigung zu dieser Aktion an ein entsprechendes Paßwort koppeln. Ausführliches erfahren Sie darüber im Kapitel 8.4 „Datenschutz und Zugriffsrechte". Um das versehentliche Löschen zu verhindern, sollte nach dem Mausklick auf die Taste „Verkaufte PKW im Bestand löschen" die Vorgabe in ein Hinweis-Layout führen. Das vorgeschaltete Layout könnte folgendermaßen aussehen:

Vorschalt-Layout
mit Hinweisen gegen
versehentliches
Löschen

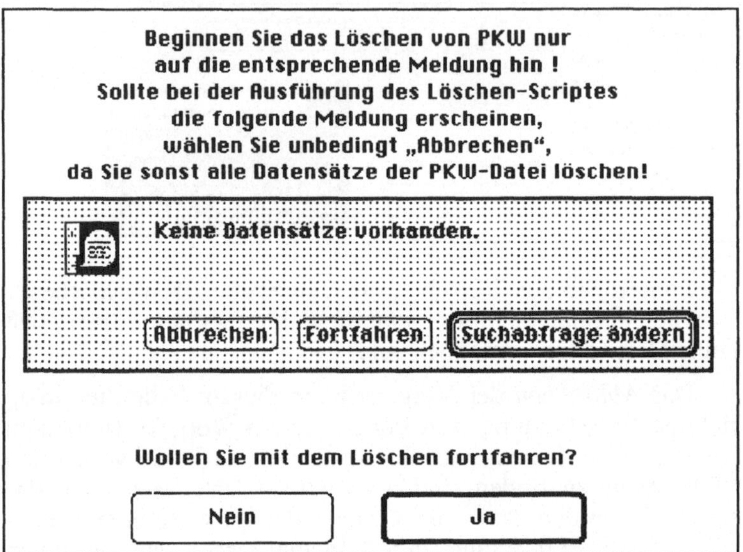

Die Stapelverarbeitung mit dem eigentlichen Löschvorgang wird erst dann ausgelöst, wenn Sie noch einmal ausdrücklich den Fortgang des Verfahrens über die „Ja"-Taste bestätigt haben; andernfalls wird ins Menü der Datei zurückgekehrt. Auf der Ebene der Vorgaben-Scripts erfolgt der Aufruf der Vorgabe „Verkaufte PKW löschen" erst von diesem Warn-Layout aus. Mit Mausklick auf die Taste „Verkaufte PKW im Bestand löschen" lösen Sie lediglich eine Vorgabe aus, die in das Warn-Layout führt.

Vorgaben-Script
„Löschvorgang ein
leiten"

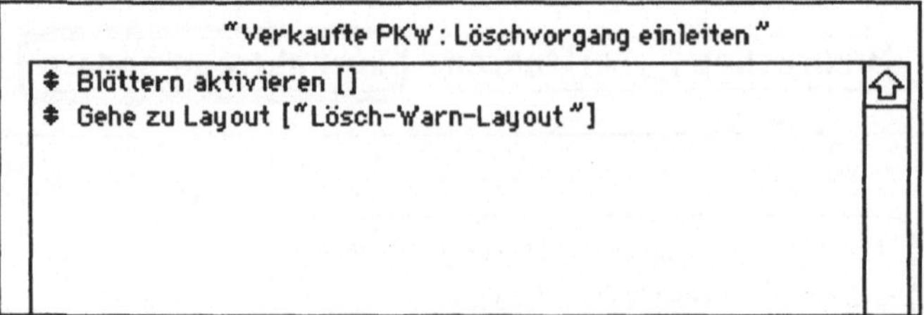

6.2.1 Export in andere Anwendungsprogramme

Mit FileMaker Pro können Sie Ihre Datensätze zur Weiterverarbeitung in andere Anwendungsprogramme exportieren. Grundsätzlich kann FileMaker Pro in alle Dateiformate, aus denen er importieren kann, auch exportieren, allerdings mit zwei Ausnahmen:

- der Export kann nicht über den Datenbank-Zugriffsmanager in extern gespeicherte Dateien erfolgen

- die Export-Funktion läßt sich nicht auf andere FileMaker Pro-Dateien anwenden (siehe vorheriges Kapitel)

Sie beginnen den Export von Datensätzen damit, daß Sie über eine Suchabfrage alle Datensätze, die zum Export bestimmt sind, in einer Datensatzgruppe zusammenfassen. Im Falle des „Autohauses Hansa" liegt dazu in der PKW-Datei bereits ein Vorgaben-Script vor, das alle verkauften PKW sammelt und für den Export bereitstellt.

Unter dem Menü *Ablage* finden Sie die Exportmöglichkeit in dem Auswahlfenster *Datensätze exportieren*. Dabei müssen Sie zunächst festlegen, welchen Namen die Export-Datei haben soll, an welchem Ort sie gespeichert sein und in welchem Dateiformat FileMaker Pro sie schreiben soll.

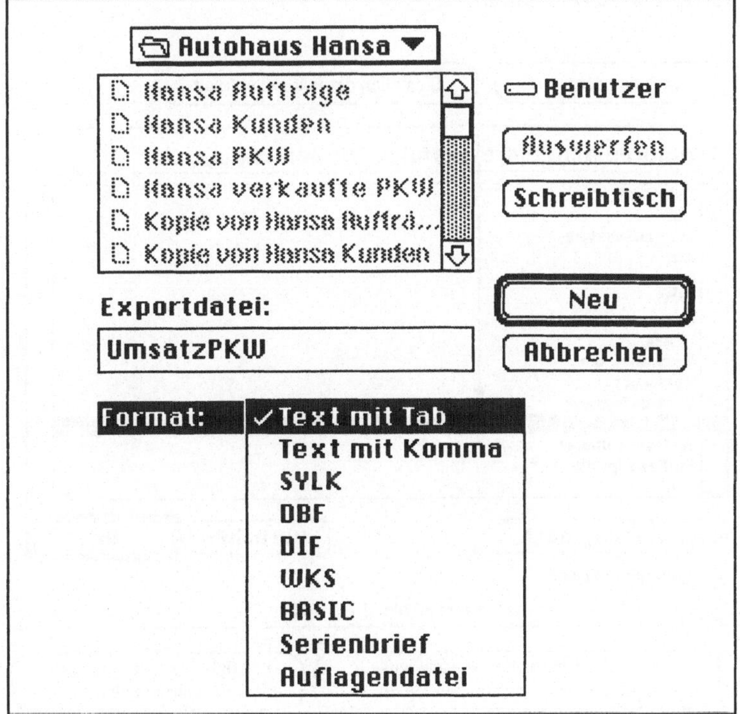

Datensätze exportieren: Namen, Speicherort und Format der Exportdatei einstellen

Achten Sie beim Export in andere Betriebssysteme wie Windows oder MS-DOS auf die systemspezifischen Regeln für die Vergabe von Dateinamen. Dateien für Windows und MS-DOS dürfen nur acht Zeichen umfassen, der nachfolgende Punkt leitet den Beginn der Dateinamenserweiterung ein wie z.B. „.dbf" = dbase-file und „.txt" = Text. Die Beachtung der Namensregeln erleichtert die Weiterverarbeitung mit den programmspezifischen Voreinstellungen der Windows-Dateiverwaltung. Werden die Namensregeln ignoriert, schneidet das Betriebssystem rigoros nach dem achten Zeichen den Dateinamen ab. Aus der Datei „Briefarchiv" entsteht dann z.B. der Dateiname „Briefar&".

Bei der Wahl einiger Dateiformate wie z.B. „DBF" für dBase-Dateien verkürzt FileMaker Pro die Feldnamen gemäß den Beschränkungen der Zieldatei auf 10 Zeichen. Eine Tabelle mit einer genauen Beschreibung der Dateiformate und mit ihren Ein- und Ausgabeeigenschaften finden Sie im Anhang.

Nach der Vergabe des Namens der Zieldatei und der Festlegung ihres Formates legen Sie die Feldreihenfolge für den Export fest. Sie können die Felder und deren Reihenfolge bestimmen, die FileMaker Pro exportieren soll. Mit dem Doppelpfeil können Sie die Felder bei gedrückter Maustaste in eine gewünschte Reihenfolge verschieben. Durch Setzen oder Aufheben des Häkchens entscheiden Sie darüber, ob ein Feld exportiert wird oder nicht.

Auswahlfenster für die Einstellung von **Export-Optionen**

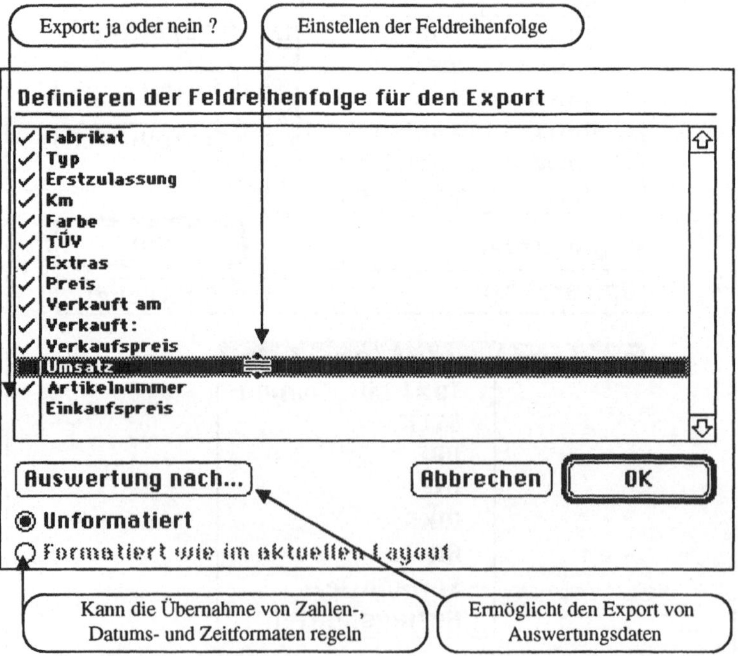

Bei einigen Dateiformaten können Sie durch Einschalten der Option „Formatiert wie im aktuellen Layout" die Zahlen-, Datums- und Zeitformatierungen mit exportieren (siehe Anhang „Dateiformate für den Im- und Export"). Auch Auswertungsfelder lassen sich in den Export einbeziehen. FileMaker Pro öffnet dann ein Auswahlfeld, in dem Sie die Auswertungsfelder einstellen können. Die aktuell eingestellten Sortierfelder erscheinen unterlegt in einem Auswahlfeld.

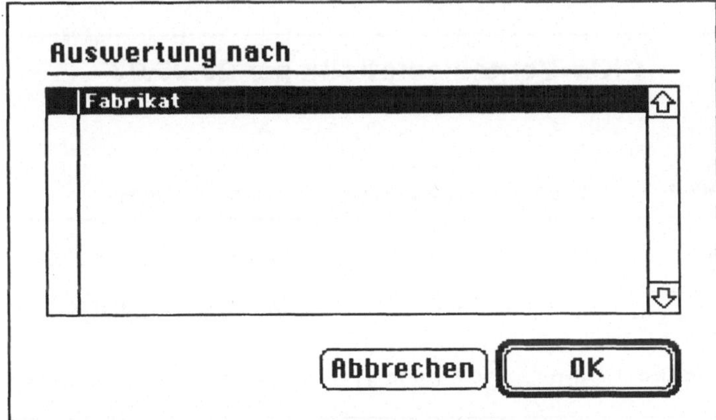

Einstellungen für Auswertungsfelder beim Export

Auf dem Schreibtisch des Macintosh erhalten von FileMaker Pro exportierte Dateien normalerweise das Symbol eines leeren Dokumentes. Wenn Sie diese Dokumente bearbeiten möchten, öffnen Sie also zuerst das Programm und damit dann über das Menü *Ablage* und den Menü-Befehl *Öffnen* die exportierte Datei. Im „Öffnen-Fenster" von Excel, einem Programm, das über viele Importfilter verfügt, erscheinen beispielsweise verschiedene von FileMaker Pro exportierte Dateien unterschiedlicher Dateiformate.

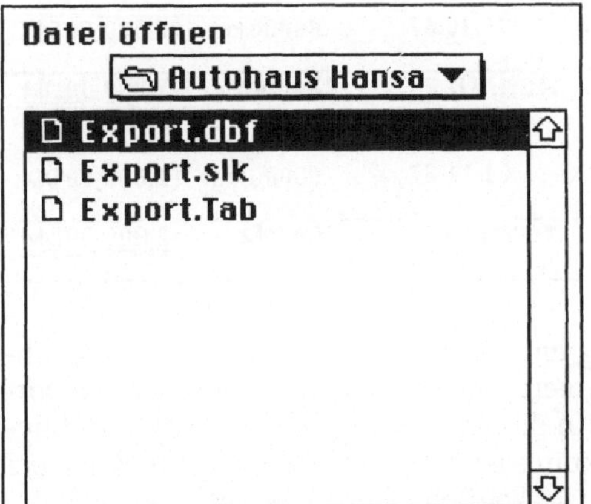

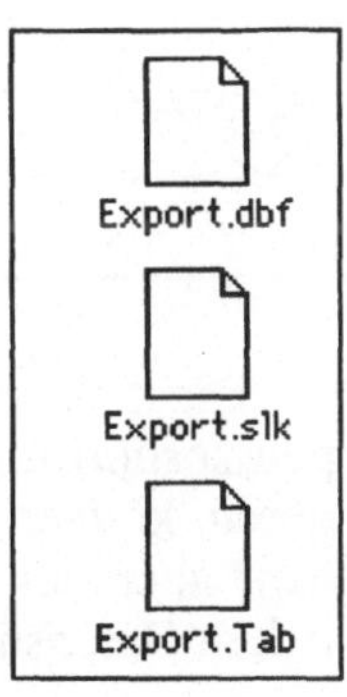

Exportierte Dateien im Öffnen-Fenster [links] und im Finder [rechts]

Eine Besonderheit bildet für Benutzer vom Macintosh-System 7 das Exportformat „Auflagendatei". Mit diesem Format erzeugen Sie Dateien, die andere Programme, die den System-7-Auflagenmanager verwenden, abonnieren können. So bietet es sich an, die Verkaufsstatistik der verkauften PKW als Auflagendatei für eine Tabellenkalkulation zu exportieren. Die Abbildung zeigt einen Ausschnitt aus der nach Fabrikaten sortierten Auswertung der verkauften PKW in der PKW-Verkaufsdatei.

Verkaufsstatistik sortiert nach PKW-Fabrikaten

PKW-Verkaufsstatistik per 23.05.93

Fabrikat	Typ	Erstzulassung	Km	Preis
BMW	316	01.06.82	110000 km	5.950,00 DM
		BMW	**Umsatz**	**5.950,00 DM**
MERCEDES	190 D	01.04.91	5000 km	38.290,00 DM
		MERCEDES	**Umsatz**	**38.290,00 DM**
OPEL	Manta B 2 L	01.03.80	100000 km	3.000,00 DM
OPEL	Corsa Swing 1,4i	01.05.90	24000 km	13.950,00 DM
		OPEL	**Umsatz**	**16.950,00 DM**
PEUGEOT	405 GR	01.06.88	97000 km	13.800,00 DM
		PEUGEOT	**Umsatz**	**13.800,00 DM**
RENAULT	R 5 Campus	01.10.87	86000 km	7.800,00 DM
		RENAULT	**Umsatz**	**7.800,00 DM**
TOYOTA	Corolla 1,3 XL	01.11.87	65000 km	12.800,00 DM
		TOYOTA	**Umsatz**	**12.800,00 DM**

Diese Auswertung enthält die Umsätze nach Produktgruppen sortiert und summiert. Wenn Sie diese Datensätze exportieren, können Sie darin die Auswertungsfelder zwar einschließen, aber der Produktumsatz z.B. von Opel taucht dann bei jedem Datensatz eines verkauften Opel-PKW auf.

In der Zieldatei müssten Sie dann erneut eine Auswertung nach Fabrikaten vornehmen. Das Problem könnten Sie lösen, indem Sie eine kleine Datei mit dem Namen „Markenstatistik" bilden. Diese Datei enthält ausschließlich die Datenfelder „Fabrikat" und „Produktumsatz". Die Liste der Fabrikate ist begrenzt und identisch mit der Fabrikatsliste der PKW-Datei. Der Produktumsatz ist ein Referenzwert aus der Datei der verkauften PKW, wenn die Fabrikate übereinstimmen.

```
Felder definieren für "Markenstatistik"
Name            Typ         Optionen
✦ Fabrikat       Text        Auswahl
✦ Produktumsatz  Zahl        Referenz
Fabrikat                        BMW
Produktumsatz            5.950,00 DM
```

Definierte **Felder der Markenstatistik-Datei**

In der Markenstatistik-Datei erstellen Sie zwei Vorgaben-Scripts, die dafür sorgen, die Werte der Produktumsätze zu aktualisieren und die Datei als Auflagendatei mit dem Namen "Excel.Abo" zu exportieren.

```
Umsatz aktualisieren ⌘1
Blättern aktivieren []
Gehe zu Layout ["Layout #1 "]
Alle aufrufen
Referenz wiederholen [Keine Dialogfensters, "Fabrikat"]
Umsätze nach Excel  ⌘2
Blättern aktivieren []
Alle aufrufen
Datensätze exportieren [Übernehmen, Keine Dialogfensters,
```

Die Vorgaben-Scripts der Markenstatistik-Datei

Im Vorgaben-Script übernehmen Sie bei dem Befehl *Datensätze exportieren* eine vorher festgelegte Exportordnung. Während der Erstellung des Scripts geben Sie den Namen und das Format der Zieldatei über die Option „Datei angeben" ein. Das Vorgabe-Script simuliert den wirklichen Export einer Datei soweit, daß auch die Abfrage nach dem Ersetzen einer namensgleichen Datei am gleichen Speicherort aufgeworfen wird. Bestätigen Sie hier „Ersetzen". Beide Vorgaben-Scripts ordnen Sie nach dem Erstellen keiner eigenen Taste zu. Diese beiden Vorgaben lassen Sie vielmehr ausschließlich als externe Vorgaben von der Datei der verkauften PKW zur Ausführung aufrufen. Die Datei „Markenstatistik" dient somit ausschließlich zum Zwischenspeichern der entsprechenden Datensätze.

Export einer Auflagendatei: Einstellen von Name, Speicherort und Format

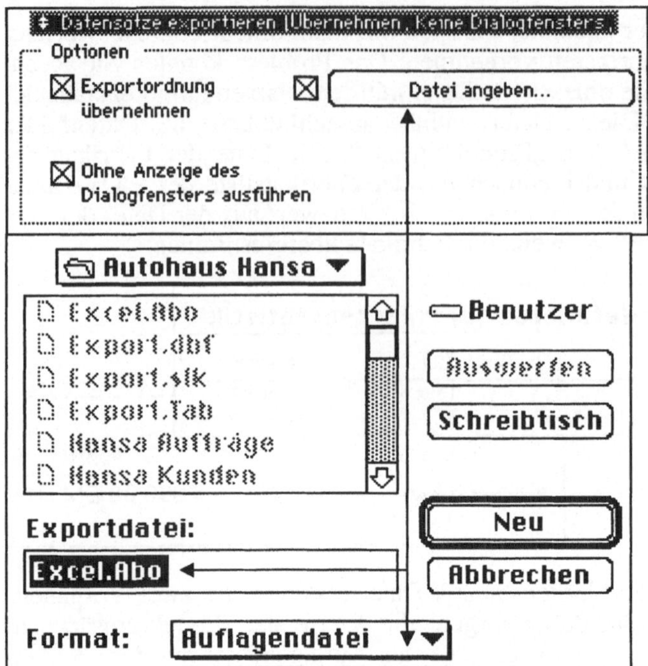

In der PKW-Verkaufsdatei können Sie jetzt die Vorgabe „PKW-Verkaufsliste" anpassen. Sowohl die Aktualisierung der Markenstatistik als auch den Export einer Auflagendatei für eine Excel-Datei integrieren Sie in die bestehende Vorgabe. Während der Ausführung der Vorgabe erstellt FileMaker jetzt nicht nur die auf Seite 212 abgebildete Verkaufsliste, zugleich lassen Sie die Daten in eine Auflagendatei schreiben. Die FileMaker Pro-Datei „Markenstatistik" dient in diesem Prozeß lediglich als Transitstation im Hintergrund. Die Ausführung des Vorgaben-Scripts sorgt für die Aufbereitung der Datensätze in Form einer Auflagendatei.

Vorgaben-Script der PKW-Verkaufsdatei zur **Aufbereitung von Statistikmaterial** mit EXCEL

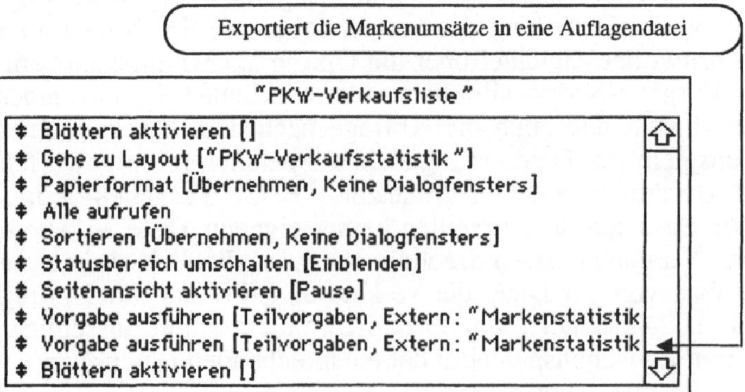

Falls Sie sich die Daten der Auflagendatei ansehen möchten und die Datei auf der Finder-Ebene öffnen, sucht das Betriebssystem nach einem Verleger, d.h. nach einer Datei, die die enthaltenen Informationen abonniert hat. Dieser Verleger wird aber erst dann über die Taste „Verleger öffnen" bestimmbar, wenn die „Verlagsbeziehung" von „Herausgeben und Abonnieren" initialisiert worden ist.

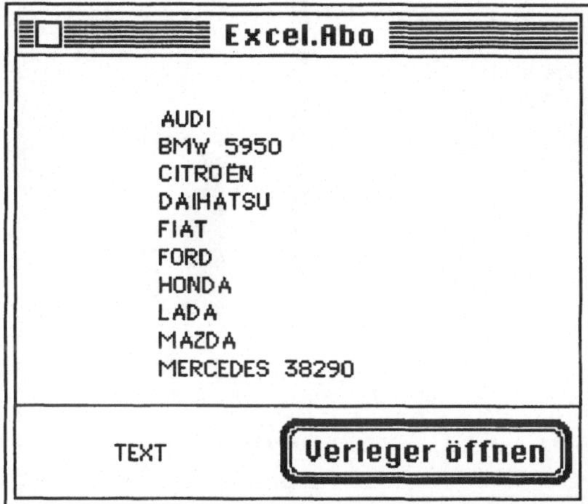

Auflagen-Datei-Symbol auf dem Finder [rechts] und beim Öffnen [links] in EXCEL

Für die grafische Aufbereitung des Umsatzes bieten sich Tabellenkalkulationsprogramme wie EXCEL an. Eröffnen Sie eine Excel-Tabelle, tragen Sie die Texte „Fabrikat" und „Umsatz" in die ersten beiden Zellen ein. Markieren Sie die Zelle A2 und abonnieren Sie die Vorlagendatei „Excel.Abo". Das Abonnement richten Sie in Excel über das Menü *Bearbeiten* und das Auswahlfenster *Abonnieren* ein. Die von FileMaker Pro exportierte Vorlagen-Datei können Sie ausschnittweise schon im Auswahlfenster ansehen. Nach dem „Abonnieren" kopiert Excel die Werte in die Tabelle. Jede Umsatzänderung überträgt Excel von nun an automatisch in die Tabelle. Erstellen Sie, basierend auf dieser Datenreihe, ein Diagramm, dann aktualisiert Excel das Diagramm entsprechend dynamisch.

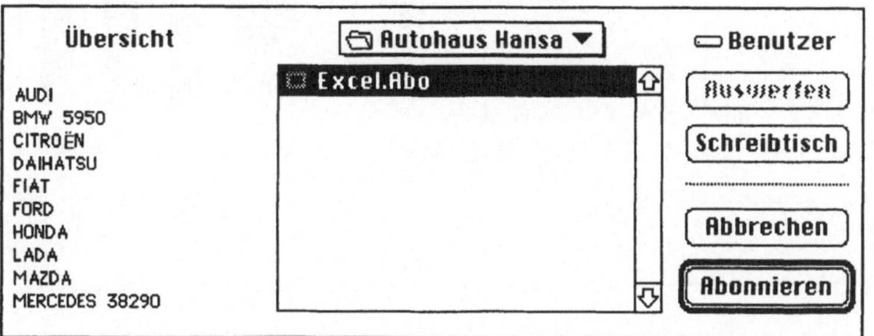

Abonnieren einer FileMaker Pro-Auflagen-Datei in Excel

Excel-Umsatz-Diagramm und abonnierte Umsatz-Tabelle

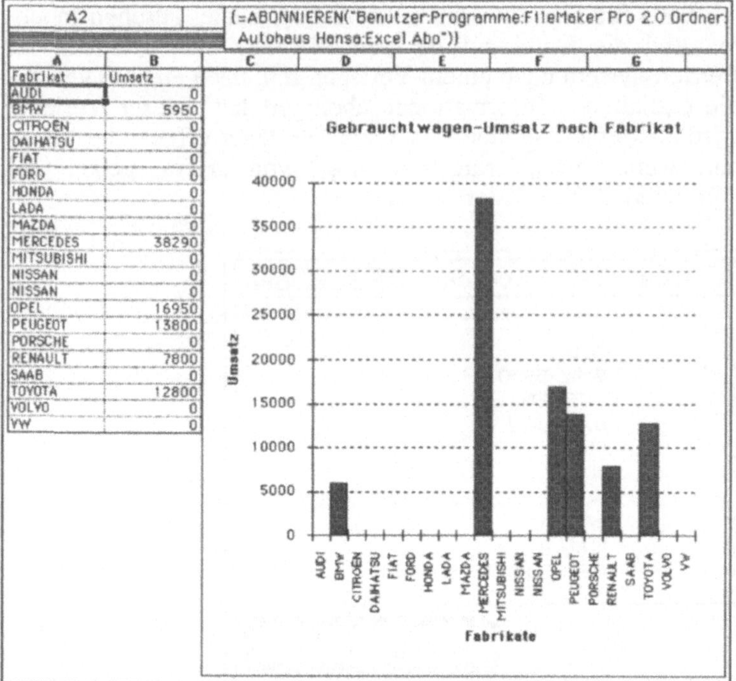

Über die Auflagendatei aktualisierte EXCEL-Verkaufsgrafik

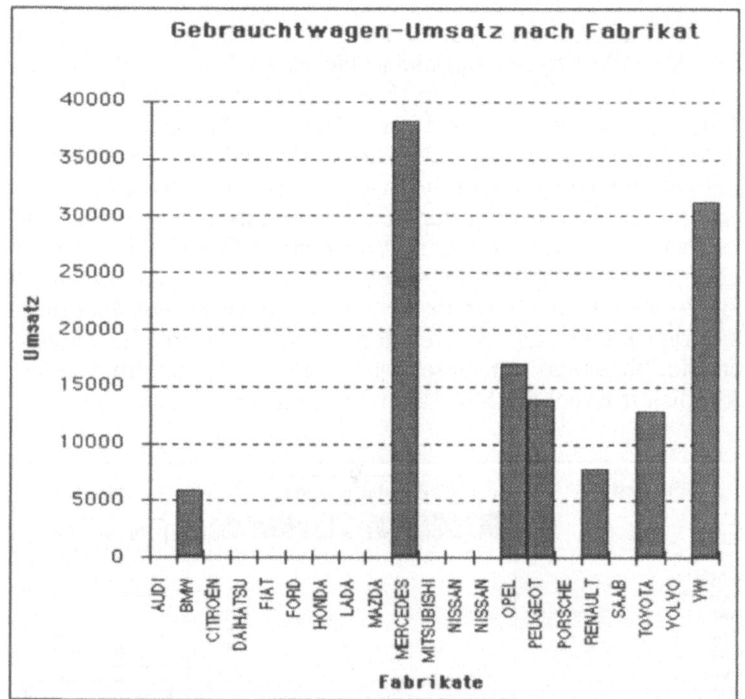

Speichern Sie die Excel-Tabelle mit dem Diagramm jetzt beispielsweise unter dem Namen „Verkaufsgrafik". Im nächsten Kapitel erfahren Sie eine noch elegantere Möglichkeit der Aktualisierung.

6.2.2 Apple-Events

Für Anwender des Macintosh-System 7 enthält der Befehlsvorrat des ScriptMaker™ einen neuen Befehl: *„Apple Event senden* [. . .]". Damit können Sie die Kommunikation von FileMaker Pro mit anderen Programmen organisieren. FileMaker Pro kann andere Dokumente und Programme über Apple-Events aufrufen, zusätzlich können Apple-Events-Vorgaben in anderen Programmen von FileMaker-Scripts aus gestartet werden. So können Sie mittels in FileMaker-Script eingebundenen Apple-Events die eingestellten Excel- oder Claris-Resolve-Makros von FileMaker Pro her ausführen lassen oder aber HyperCard-Anwendungen bis hin zur Anwahl von Telefonnummern aus FileMaker heraus starten. Umgekehrt können Sie auch aus anderen Anwendungen heraus mit Apple-Events FileMaker-Dateien öffnen und Vorgaben-Scripts ausführen lassen. Die mit dem Programm gelieferte Apple-Events-Beispieldatenbank zeigt zwei Möglichkeiten:

Die erste Anwendung besteht aus einer einfachen Datei für Grundschüler. Sie hat neben den Schülernamen auch die Namen und Telefonnummern der Eltern sowie die Noten und Notendurchschnitte gespeichert. Sobald Sie auf das Telefonsymbol klicken, wird eine Vorgabe aufgerufen, die einen HyperCard-Stapel startet, der die in der Datenbank gespeicherte Telefonnummer automatisch wählt (Tonwahlverfahren). Eine Serie von Apple-Events in der Vorgabe „Wählen" ermöglicht dies. Das Anklicken der Taste startet die Vorgabe, die wiederum den HyperCard-Stapel „Automatisches Wählen" startet und die Telefonnummer via Modem aus dem betreffenden Datensatz wählt. Nähere Einzelheiten zur Verwendung der Vorgabe sind im FileMaker Pro-Benutzerhandbuch enthalten.

Schüler	Sonja Lang				
Elternteil	Manfred Lang				
Telefon	78945				Wählen

	Herbst	Winter	Frühjahr	Sommer	Notenschnitt
Mathematik:	70	70	70	70	70
Geschichte:	80	80	80	80	80
Englisch:	90	90	90	90	90
Notenschnitt:	80	80	80	80	80

Datensatz aus der Beispiel-Datenbank „Schülernoten" mit **Vorgaben-Taste für automatisches Wählen von Telefonnummern**

Der Stapel „Automatisches Wählen" ist sehr einfach aufgebaut und akzeptiert eine Zeichenkette aus Ziffern und Buchstaben. HyperCard übersetzt die Zeichen in eine Folge von Wähltönen. Der Stapel enthält auch Informationen über das Wählen mit einem Modem. Bei Ausstattung von PowerBooks mit der Faxmodemkarte „DataLink PB" dürfte dieser Stapel vor allem für die Anwender interessant sein, die FileMaker Pro als intelligentes Telefonbuch nutzen wollen: Sie können direkt aus FileMaker Pro heraus telefonieren. Dieses Dokument enthält ferner Tasten, die in Verbindung mit Claris Resolve oder Excel 4.0 Diagramme und Tabellen produzieren. Die Vorgaben, die diese Operationen ausführen, heißen „Resolve Fachdurchschnitte", „Resolve Referenztabelle", „Excel Fachdurchschnitte" und „Excel Referenztabelle". Jede dieser Vorgaben führt zunächst die Teilvorgabe „Durchschnitte exportieren" aus, die die gewünschten Daten automatisch in die Datei „Export Term" exportiert. Dann öffnen die Vorgaben diese Datei entweder in Resolve oder Excel (mit Hilfe von „Open Document-Events") und führen ein geeignetes Resolve- oder Excel-Script aus („Do Script"-Event). Um zu sehen, wie Sie Resolve- oder Excel-Skripts automatisch starten können, wählen Sie Vorgaben im Menü *Spezial* und öffnen Sie die gewünschte *Vorgabe* per Doppelklick. Weitere Einzelheiten über Apple-Events finden Sie in der Datei „FileMaker Events & Objekte", die sich im Ordner „Apple Events Beispiele" der Diskette „Beispiele" befindet.

Soweit einige Auszüge aus der Beschreibung der Beispieldatei mit Apple-Events. Beginnen Sie doch gleich ein kleines Experiment mit Apple-Events. Das Vorgabenscript „PKW-Verkaufsliste" aus der Datei „verkaufte PKW" erweitern wir mit Apple-Events dahingehend, daß es nicht nur die Daten in die Auflagen-Datei exportiert, sondern anschließend auch noch die Excel-Datei „Verkaufsgrafik" öffnet und aktualisiert.

Apple-Event als ScriptMaker-Befehl zum Öffnen der Excel-Verkaufsgrafik

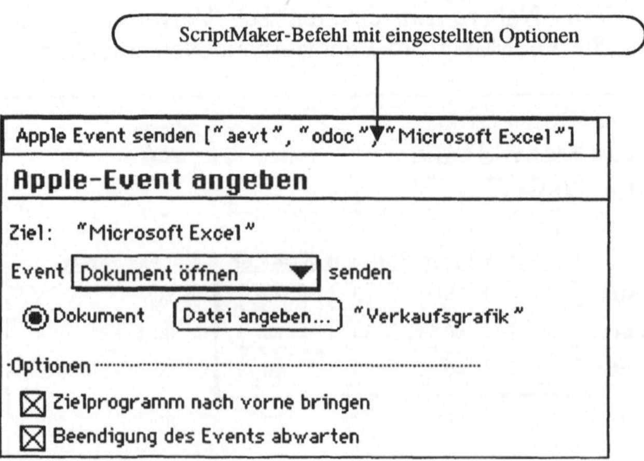

Im Auswahlfenster „Apple-Event angeben" wählen Sie das Event „Dokument öffnen"; das zu öffnende Dokument ist die Datei „Verkaufsgrafik". Der Macintosh-Finder und FileMaker Pro erkennen an der Auswahl der Datei, daß es sich um ein Excel-Dokument handelt und können deshalb als Ziel „Microsoft Excel" angeben. Außerdem sollte die Option „Zielprogramm nach vorne bringen" und „Beendigung des Events abwarten" angekreuzt sein. Falls Sie jetzt die Vorgabe „PKW-Verkaufsliste" auslösen, endet sie bei der Ausgabe einer aktualisierten Verkaufsgrafik (S.216) von Excel auf dem Bildschirm. Falls Sie die Vorgabe ein zweites Mal starten möchten, müssen sie Excel und die Verkaufsgrafik vorher schließen. Reicht ihr Arbeitsspeicher (RAM) nicht aus, um EXCEL zu öffnen, endet die Vorgabe mit dem letzten FileMaker-Befehl.

Generell können Sie mit den Apple-Events Dokumente anderer Anwendungen und Programme öffnen oder eigene Event-Vorgaben editieren. Über den Befehl „Weitere . . ." ist es zudem möglich, andere Event-Klassen und Identifikationen einzutragen.

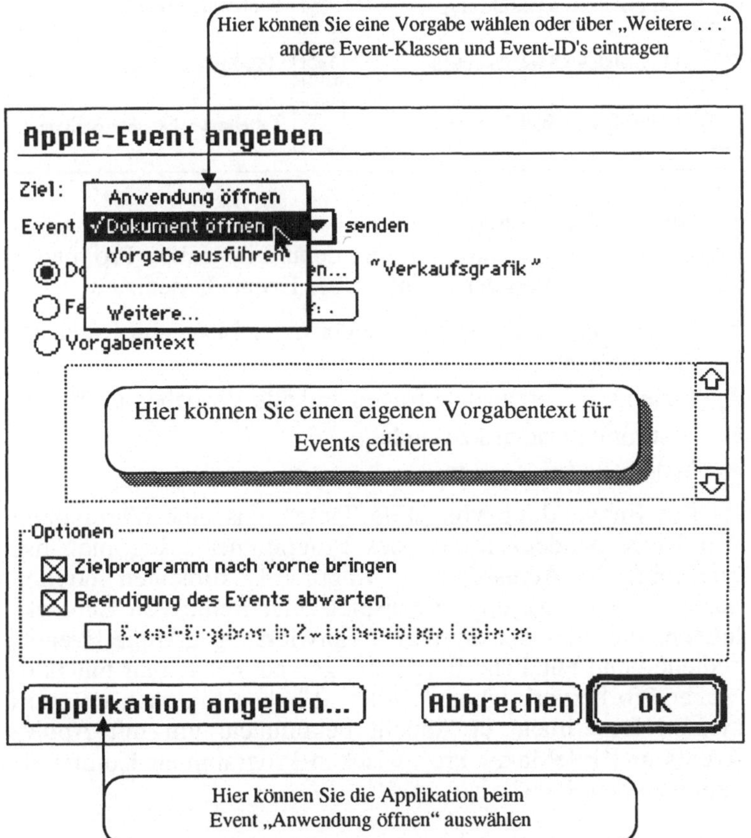

Einstellungsmöglichkeiten für Apple-Events: hier das Öffnen der Excel-Verkaufsgrafik

Auswahlfenster
Weitere **Events** angeben

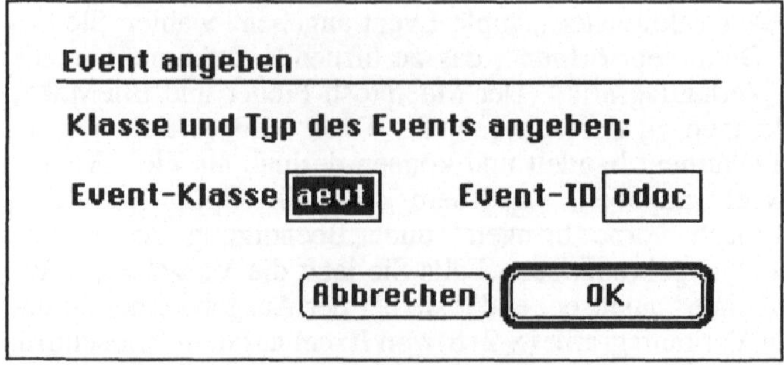

Die Event-Vorgaben sind umfassend bei der Apple Pro-
grammers and Developers Association (APDA) erhältlich. Eine
Kurzbeschreibung der Events für FileMaker Pro findet sich in
der Datei „FileMaker Pro Events & Objekte".

Kurzbeschreibung
von FileMaker Pro
& Apple-Events

Andere Anwendungen können mit FileMaker Pro umfassende Operationen durchführen, denn FileMaker Pro unterstützt einen Großteil der Events. Über Events lassen sich

- Daten aus einem Datensatz oder einer Liste von Datensätzen abfragen
- Listen mit Vorgaben abfragen und alle Vorgaben ausführen
- bestimmte Datensätze suchen
- beliebige Dateien öffnen oder schließen u. a. m.

Die Entwicklung von „File Time", das eine Verbindung
von Korrespondenz-Texten des Programmes „Ragtime" mit
FileMaker Pro-Adressdaten in Ragtime-Dokumenten möglich
macht, ist nur das jüngste Beispiel einer Reihe von Entwick-
lungen, die sich der System 7-Entwicklung „Apple-Events"
bedienen und nützliche Erweiterungen bei der Arbeit mit File-
Maker Pro hervorbringen. Vielleicht haben Sie nach unserem
kleinen Experiment ja Appetit bekommen, um mit Apple-
Events und FileMaker Pro zwischen Programmen Kommunikation zu betreiben?

6.3 Datensicherung

Sobald Ihre Datenbestände über einige Datensätze hinausgewachsen sind, sollten Sie der Sicherung Ihrer Daten große Aufmerksamkeit widmen. Bekanntlich speichert FileMaker Pro die Änderungen in Ihren Datenbeständen unmittelbar nach der Eingabe. Zur Schonung des Stromverbrauchs von Geräten mit Akku- und Batteriebetrieb wie Power- und Notebooks können Sie in den Voreinstellungen einen anderen Speicherrhythmus über das Symbol „Arbeitsspeicher" festlegen.

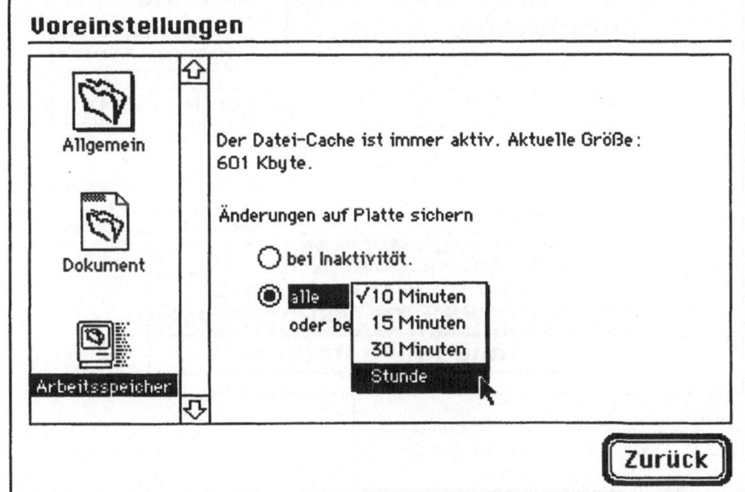

Einstellung des **Speichern-Intervalls** in den *Voreinstellungen*

Dennoch gibt es eine Reihe von unvorhergesehenen Ereignissen, die die Unversehrtheit der FileMaker Pro-Dateien beeinträchtigen: Stromausfall, Systemabsturz oder das versehentliche Löschen von Datensätzen oder gar Dateien. Die keineswegs vollständige Liste der Unwägbarkeiten sollte Sie davon überzeugen, die Verfügbarkeit der Datenbestände nicht dem Zufall zu überlassen. FileMaker Pro bietet drei verschiedene Möglichkeiten, Dateien zu sichern:

- die Anlage einer Kopie der Datei

- eine komprimierte Kopie der Datei

- eine Clone-Kopie der Datei (Datei *ohne Datensätze*, aber mit allen Layouts, Vorgaben, Felddefinitionen etc.)

Beim Macintosh finden Sie diese Möglichkeiten über den Befehl *Kopie sichern* im Menü *Ablage*, bei der Windows-Version ist es der *Speichern unter . . .* -Befehl unter dem Menü *Datei*.

Über das Aufklappmenü „Format" stellen Sie das bevorzugte Format der Sicherheitskopie ein. Außerdem tragen Sie den Speicherort (Datenträger, Ordner bzw. Verzeichnis) sowie den Dateinamen ein.

Kopie sichern unter MacOS [oben] und Windows [unten]

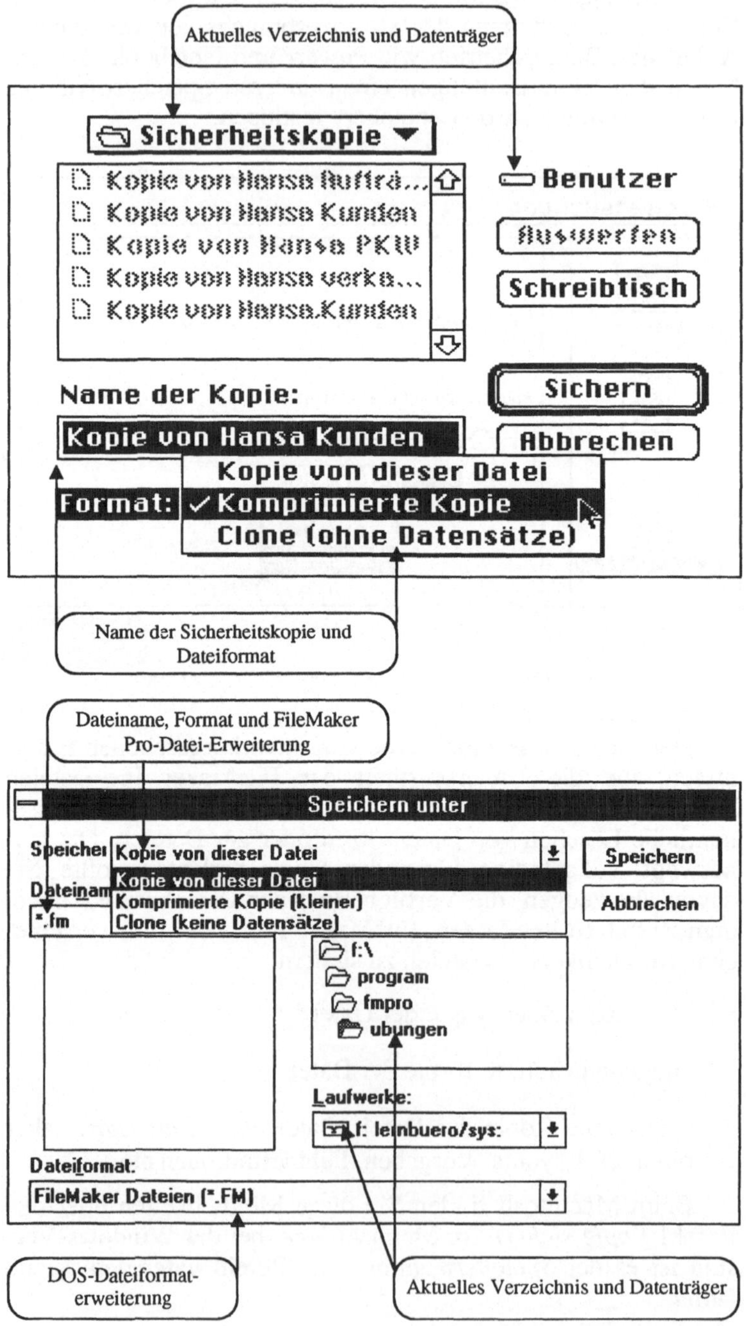

Die häufigste Ursache für die Beschädigung von Dateien ist sicherlich, wenn Sie Ihren Computer, aus welchen Gründen auch immer, ausschalten müssen, bevor das Programm die Datei schließen konnte. Nehmen wir einmal den harmlosesten Fall an, dann ist lediglich die End-of-File-Marke nicht gesetzt. Aller Voraussicht nach kann FileMaker Pro Ihre Datei beim erneuten Öffnen selbständig reparieren. Für Sie ist es dann mit der Meldung, daß die Datei nicht ordnungsgemäß geschlossen wurde und von FileMaker Pro repariert wird, getan.

Wollen Sie für die Wiederherstellung der Datei auf Nummer sicher gehen, bietet sich der Aufruf des Befehls *Reparieren* an. Während der Auswahl Ihrer Datei ändert sich die Beschriftung der Bestätigungstaste von „Öffnen" in „Reparieren". Nach der Bestätigung setzt FileMaker Pro das Wort „repariert" vor den Dateinamen und signalisiert, daß eine neue Datei angelegt wird.

Reparieren einer Datei: Anlegen einer reparierten Kopie

Das Programm erzeugt nach der Auslösung der Reparatur eine komplett neue Datei. Die Schritte der Rekonstruktion der alten, beschädigten Datei nehmen eine relativ lange Zeit in Anspruch und es ist keineswegs gewährleistet, daß die wiederhergestellte Datei in demselben Umfang funktionsfähig ist wie das Original. Dennoch sollten Sie diesen Versuch immer dann unternehmen, wenn eine Sicherheitskopie nicht mehr verfügbar ist. Das Risiko eines teilweisen Datenverlustes und der Aufwand der Reparatur ist jedoch ungleich größer als die Erstellung einer einwandfreien Sicherheitskopie.

**Reparatur einer
Datei**

> **Neue, leere Datei erstellen.**
>
> **Gerettete Daten in neue Datei kopieren.**
>
> **Statusinformationen wiederherstellen.**
>
> **Datensätze prüfen.**
>
> **Layouts prüfen.**
>
> **Beschädigte Definitionen wiederherstellen.**
>
> **Index wiederherstellen.**
>
> **Datei komprimieren.**
>
> **kByte kopiert:
> 1**

Während der Reparatur unterrichtet Sie das Programm über den Stand der Dinge. Sollte Ihnen das Schicksal einmal ungünstig gesonnen sein und die Reparatur scheitern, verweist Sie das Programm an den technischen Support von Claris.

Nach abgeschlossener Reparatur: Reparatur-Report

> **Reparatur beendet:**
>
> **120 kByte gerettet.**
> **0 Datensätze verloren.**
> **0 Feldinhalte verloren.**
> **0 verlorene Felddefinitionen wiederaufgebaut.**
>
> **Bei weiteren Problemen wenden Sie sich bitte an Ihren
> zuständigen technischen Support.**
>
> **OK**

Am besten beugen Sie Datenverlusten dadurch vor, daß Sie das Anlegen von *Sicherheitskopien obligatorisch* in Vorgaben zum Schließen von Dateien oder zum Beenden von FileMaker einbauen. In unserem Beispiel erhält jede Datei eine eigene Vorgabe zum Anlegen einer Sicherheitskopie (Kunden, PKW, Aufträge, verkaufte PKW). Doppelt hält bekanntlich besser, deshalb können Sie diese Vorgaben sowohl beim Schließen der Dateien als auch beim Beenden von FileMaker Pro ausführen lassen. Für das „Autohaus Hansa" können Sie die „Beenden"-Taste des Hauptmenüs mit einem Script verbinden, das Sicherheitskopien von allen Dateien anfertigt. Bei regulärer Beendigung des Programms lassen Sie die Datensicherung auf alle Fälle durchführen.

Implizite Datensicherung: Vorgaben-Script für die Taste „Beenden"

Falls Sie mit FileMaker Pro eine komprimierte Kopie öffnen, erkennen Sie keinen Unterschied zur normalen Kopie einer Datei. Etwas anders verhält es sich jedoch beim Öffnen einer Dateikopie vom Typ „Clone". Es erscheint im Blättern-Modus ein leerer Arbeitsbereich, auch bei den datenlosen Layouts wie dem Hauptmenü „Autohaus Hansa" erkennen Sie nichts. Erst die Anlage eines ersten Datensatzes («Befehl-N») bringt das Programm dazu, die Tasten-Symbole und Texte wieder einzublenden.

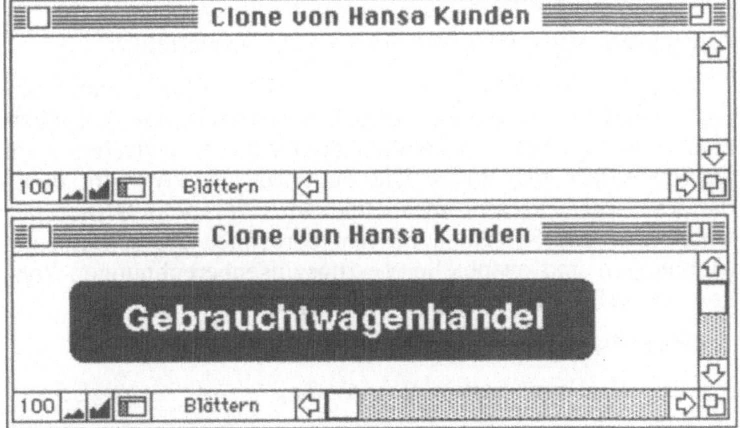

Menü einer Clone-Datei mit [unten] und ohne einen Datensatz [oben]

6.4 Zahlungseingänge kontrollieren

Zur Abwicklung von Verkaufsaufträgen gehören nicht nur der Verkauf und die Aktualisierung des PKW-Angebotes, sondern auch die Kontrolle der Zahlungseingänge. So können Sie bereits bei der Auftragsannahme eine Anzahlung auf den Rechnungsbetrag erfassen. Die verbleibenden Beträge weist das Formelfeld "Noch offen" aus. Ansonsten ist für die Erfassung der Zahlungseingänge das Layout „Zahlungen" vorgesehen. Beim Anwählen des Layouts über das Menü sortiert eine Vorgabe die Aufträge nach dem Auftragsdatum und listet sie im Blättern-Modus auf.

Layout zur **Erfassung der Zahlungseingänge**

Die Eingaben der Zahlungen können Sie mit Hilfe der TAB-Ordnung auf zwei Datenfelder beschränken: auf das Datum des Zahlungseingangs und die Höhe der Restzahlung. Alle weiteren Felder übernimmt das Layout entweder von der Auftragserfassung oder berechnet sie als Formelfelder.

Die Überschreitung von Zahlungsfristen dürfte dabei einmal einen Blick in den Formel-Editor wert sein. Die Fälligkeit einer Zahlung läßt sich nämlich als Differenz zwischen zwei Datumsfeldern berechnen. Die Funktion „Today" gibt dabei das jeweilige Tagesdatum an und wird vor dem Öffnen der Datei über das Systemdatum neu berechnet. Zu schreibende Mahnungen und eventuelle Verzugszinsenberechnungen können also auf die Berechnung der Fälligkeit zurückgreifen.

```
Fälligkeit =

If (Noch offen > 0 ; Today - Rechnungsda-
tum; 0)
```

Wenn Sie anstelle der Today-Funktion ein Datumsfeld für das Zahlungsziel einsetzen, können Sie Zahlungsfristen kontrollieren lassen und bei Bedarf in ein Layout zum Schreiben der entsprechenden Mahnungen wechseln.

Die Layouts „Kontoauszüge" und „Suchen" ergänzen die Eingabe der Zahlungen um die Kontrolle von offenen Posten. Beide Layouts können Sie über Vorgaben-Scripts zum Suchen und Sortieren der Aufträge aus dem Menü der Datei „Aufträge" aufrufen lassen. Im Kontoauszug befindet sich auch das Auswertungsfeld „Saldo". Ein größerer Betrag hinter dem Text „Summe OP:" als unter dem Text „Noch offen" bedeutet, daß der gleiche Kunde mehr als einen Auftrag noch nicht bezahlt hat. Beim Vorwärts-Blättern werden diese Beträge sichtbar, während die Summe der Offenen Posten unverändert bleibt. Der Betrag ergibt sich aus dem Auswertungsfeld „Saldo", der als Summe aller noch offenen Beträge definiert ist. Da das Feld in einer nach Kundennummern sortierten Teilauswertung eingesetzt ist und das Vorgabe-Script dafür sorgt, daß alle Aufträge nach Kundennummern sortiert werden, erscheint im Feld jeweils die Summe der noch ausstehenden Zahlungen je Kunde. Ein negativer Wert würde darauf hin deuten, daß ein Kunde zuviel bezahlt hätte.

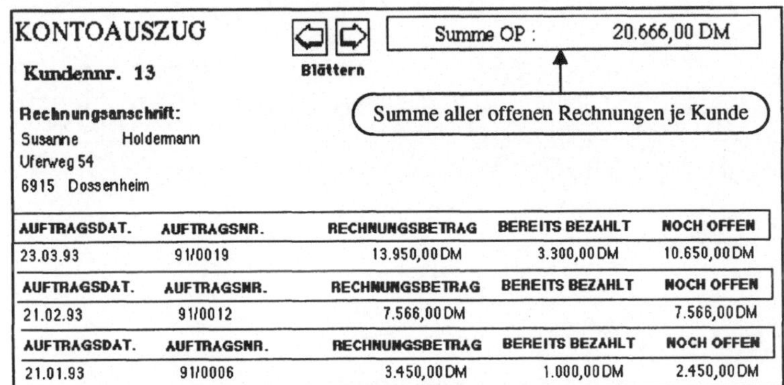

AUFTRAGSDAT.	AUFTRAGSNR.	RECHNUNGSBETRAG	BEREITS BEZAHLT	NOCH OFFEN
23.03.93	91/0019	13.950,00 DM	3.300,00 DM	10.650,00 DM

AUFTRAGSDAT.	AUFTRAGSNR.	RECHNUNGSBETRAG	BEREITS BEZAHLT	NOCH OFFEN
21.02.93	91/0012	7.566,00 DM		7.566,00 DM

AUFTRAGSDAT.	AUFTRAGSNR.	RECHNUNGSBETRAG	BEREITS BEZAHLT	NOCH OFFEN
21.01.93	91/0006	3.450,00 DM	1.000,00 DM	2.450,00 DM

Kontoauszüge von Kunden: Aufträge und Summe der offenen Rechnungen für Kundennr. 13

Das Vorgaben-Script „Kontoauszüge mit Suchabfrage" formuliert eine gezielte Abfrage nach Kundenname, Rechnungsdatum oder auch den Rechnungen, die noch nicht bezahlt sind.

In einem Layout für das schnelle Suchen können Sie eines oder mehrere der Kriterien ausfüllen. Da Sie sich im Suchen-Modus befinden, lösen Sie mit der Return-Taste eine Suchabfrage aus und lassen die Vorgabe weiter ausführen. FileMaker Pro zeigt Ihnen die Daten in der abgebildeten Karteikartenform.

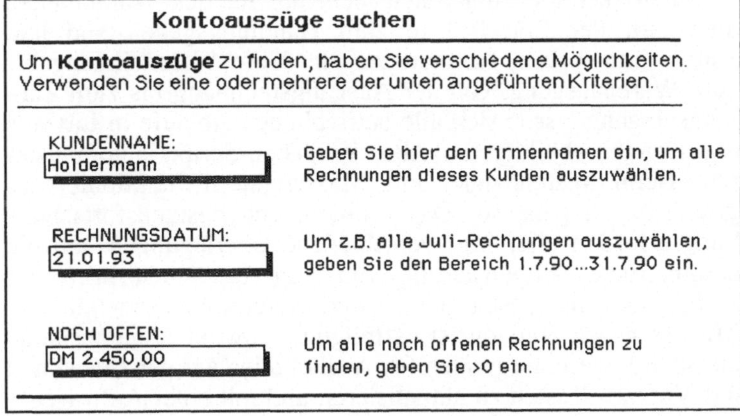

Schnelles Suchen: Suchroutine für Kontoauszüge

Die Kontrolle der Zahlungeingänge umfaßt die leider unausweichlichen Mahnungen. Mit verschiedenen Layouts können Sie ein flexibles und effektives Mahnwesen anschließen. Als Muster ist hier die Zahlungserinnerung abgebildet.

Mahnwesen:
Die 1. Mahnung in
der Seitenansicht

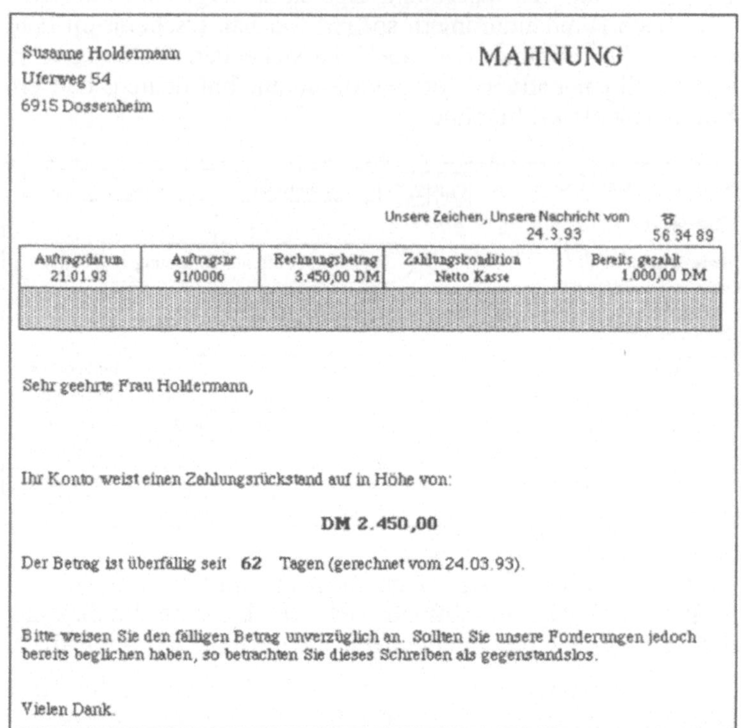

Auftragsdatum	Auftragsnr	Rechnungsbetrag	Zahlungskondition	Bereits gezahlt
21.01.93	91/0006	3.450,00 DM	Netto Kasse	1.000,00 DM

6.5 Auftragsabwicklung und Lagerbestände

FileMaker Pro eignet sich nicht nur für den Warenhandel aller Art, der Einzelstücke zum Handlungsgegenstand hat: Autos, Immobilien, Antiquitäten etc. Vom Wareneingang bis zum Warenausgang, von der Ausgangsrechnung bis zum Zahlungseingang lassen sich alle betrieblichen Abläufe in Layouts und Dateien abbilden und über Vorgaben-Scripts automatisieren. Beim Warenhandel mit Massengütern funktioniert es grundsätzlich genauso. Das Problem der Bestandsfortschreibung erfordert allerdings verschiedene Überlegungen, um die automatische Aktualisierung von Lagerbeständen nach der Auftragsannahme, Fakturierung und Lieferung zu ermöglichen. Mit der neuen Version ist es möglich, sowohl Lagerbestände als auch Lagerbewegungen für Artikel aller Art per Mausklick auf Vorgabe-Tasten zu aktualisieren und mit einer Auftragsabwicklung zu verbinden. Dazu wechseln wir in der Branche vom

Gebrauchtwagenhandel zum Fahrradgroßhandel. Ein besonderer Datentyp von FileMaker Pro kommt jetzt zum Einsatz: das Wiederholfeld. Die Auftragserfassung für den fiktiven Fahrrad-Großhandel „Interrad GmbH" hat folgendes Aussehen:

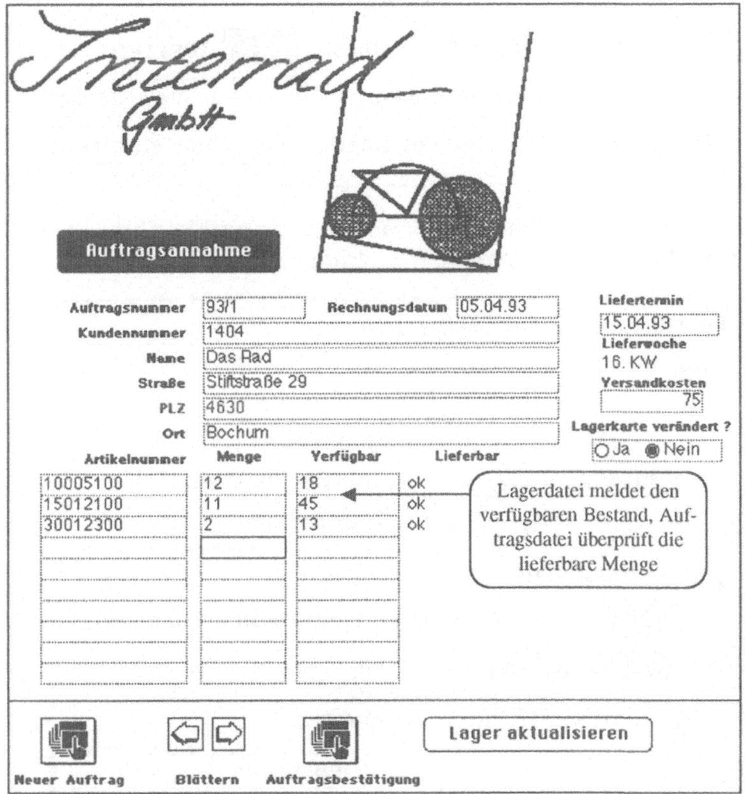

Wiederholfelder im Einsatz: Auftragserfassung eines Fahrrad-Großhandels

Eine Auftragsposition besteht bei der Auftragserfassung aus der Artikelnummer, der verkauften Menge, dem verfügbaren Lagerbestand und einer Prüfmeldung über die Möglichkeit der Lieferung des Artikels. In den Layouts für die Auftragsbestätigung, den Lieferschein und die Rechnung verändern sich die Einträge in ihrem Umfang je Position. Die Rechnung listet in jeder Position Artikelbeschreibung, Listenpreis und Gesamtpreis auf. Die genannten Datenfelder wiederholen sich in jedem Formular untereinander. Deshalb können Sie diese Felder als Wiederholfelder definieren. Die Anzahl der Wiederholungen ist dabei abhängig von der maximalen Anzahl der Rechnungspositionen pro Auftrag.

Art.-Nr.	Artikelbezeichnung	Listenpreis	Menge	Gesamtpreis
10005100	Herren-Stadtrad 5-Gang, lt. Katalog, blau	1.269,00	12	15.228,00
15012100	Damen-Stadtrad 12-Gang, lt. Katalog, blau	1.225,00	11	13.475,00
30012300	Rennrad 12-Gang, lt. Katalog, silber	2.069,00	2	4.138,00

Wiederholfelder als Positionen im Rechnungsformular

In den Eingabe-„Optionen" des Auswahlfensters *Felder definieren* können Sie Felder zu Wiederholfeldern mit bis zu 1000 Werten erklären.

Definition eines Wiederholfeldes und der Anzahl der Wiederholungen

☐ fixieren automatisch eingegebener Werte

☒ **Wiederholfeld mit maximal** `10` **Werten**

☐ **Vorauswahl verwenden**   [Einträge bearbeiten]

☒ **Referenz aus anderer Datei**   [**Referenz ändern...**]

Über den Befehl *Feldformat* bestimmen Sie Umfang und Anordnung der *sichtbaren* Wiederholungen im Layout.

Wiederholfelder sichtbar machen: Ausrichtung und Zahl der sichtbaren Wiederholungen einstellen

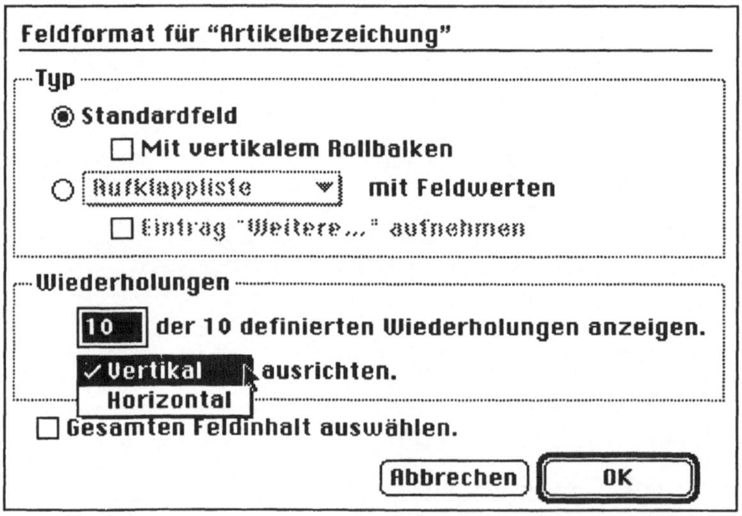

Feldformat für "Artikelbezeichung"

Typ

⦿ **Standardfeld**
   ☐ **Mit vertikalem Rollbalken**
◯ [Aufklappliste ▾] **mit Feldwerten**
   ☐ Eintrag "Weitere..." aufnehmen

Wiederholungen

   `10` **der 10 definierten Wiederholungen anzeigen.**

   ✓ **Vertikal** **ausrichten.**
   Horizontal

☐ **Gesamten Feldinhalt auswählen.**

[**Abbrechen**] [**OK**]

Die Artikelnummer knüpft auch hier die Bezüge mit den Daten aus der Artikel- bzw Lagerdatei. Die Wiederholfelder wie Artikelbezeichnung oder Listenpreis sind sowohl Referenz- als auch Wiederholfelder, deren Werte das Programm automatisch aus der Artikeldatei nach Eingabe der Artikelnummer überträgt. Zwecks Berechnung des Gesamtpreises einer Rechnungsposition tragen Sie bitte die Anzahl der Wiederholungen im Formel-Editor ein. Dadurch erfolgt auch die Berechnung der Preise für die jeweilige Position automatisch. Die weiteren Felder der Fakturierung sind Formelfelder mit einfachen Additionen und Multiplikationen, wie sie auch in der PKW-Aufträge-Datei beschrieben sind. Da der Rabattsatz an ein Auftragsvolumen gebunden ist, bzw. auch Mindermengenzuschläge erhoben werden, können Sie das Programm die Auswahl des Rabattsatzes durch Nachschlagen in einer Rabattdatei oder über ein Formelfeld erledigen lassen.

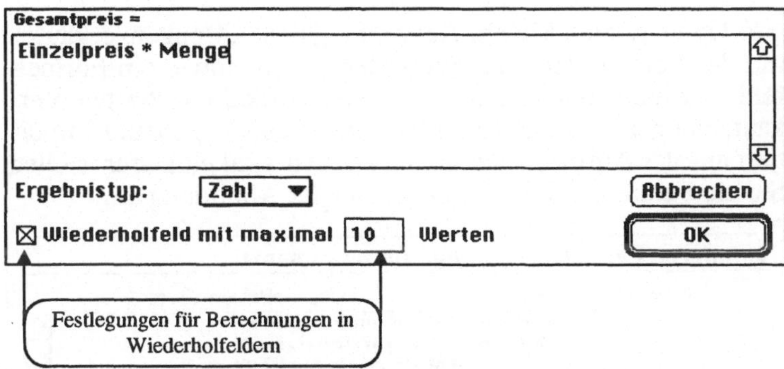

Berücksichtigung von
**Wiederholfeldern
bei Berechnungen** im
Formel-Editor

Den Hauptbestandteil einer Fakturierung haben Sie damit gestaltet, über die Verdoppelung von Layouts können Sie die Auftragsbestätigung, Lieferschein u. a. erstellen. Eine Rechnung würde im Kernbereich etwa so aussehen:

Anwendung im
Rechnungsformular:
Kernbereich einer
Rechnung

Rechnung

Bei Zahlung bitte angeben

Rechnungs-Nr.	Rechnungsdatum	Kunden-Nr.
93/1	05.04.93	1404

Art.-Nr.	Artikelbezeichnung	Listenpreis	Menge	Gesamtpreis
10005100	Herren-Stadtrad 5-Gang, lt. Katalog, blau	1.269,00	12	15.228,00
15012100	Damen-Stadtrad 12-Gang, lt. Katalog, blau	1.225,00	11	13.475,00
30012300	Rennrad 12-Gang, lt. Katalog, silber	2.069,00	2	4.138,00

Zwischensumme	32.841,00
./. 1,00 % Rabatt	328,41
+ Mindermengenzuschlag	0,00
Nettowarenwert	32.512,59
+ Versandkosten	75,00
Steuerpflichtiges Entgelt	32.587,59
+ 15 % Mehrwertsteuer	4.888,14
Rechnungsbetrag	37.475,73

Um nun die verkauften Fahrräder aus dem Lagerbestand auszutragen und einen aktuellen Bestand berechnen zu lassen, benötigen Sie neben der Artikeldatei eine Lagerdatei. Die Artikeldatei enthält nur die Daten zur Beschreibung des Produkts und seinen Listenpreis. Die Lagerdatei hingegen soll alle Daten aufnehmen, die für den Verkauf bedeutend sind. Sie enthält also die Datenfelder Artikelnummer, Auftragsnummer, Rechnungsdatum, verkaufte Menge. In der Lagerdatei lassen Sie die Verfügbarkeit eines Artikels für die Auftragsannahme überprüfen. Eine Lagerkarte nimmt die Lagerbuchführung je Artikel

auf. Dafür richten Sie ein Auswertungsfeld „Mengenverkäufe"
mit der Summe der verkauften Mengen ein sowie ein Formelfeld „Artikelverkäufe", das die nach Artikeln sortierten Ver-
kaufsmengen aufnimmt und berechnet. Die Lagerdatei importiert aus der Auftragsdatei die verkauften Artikel. Dafür stellen
Sie die Feldreihenfolge entsprechend der Abbildung ein.

**Lagerbestände fort-
schreiben:** Import in
die Lager-Datei : Ein-
stellen der Feldreihen-
folge

Da die importierten Felder „Artikelnummer" und „Menge"
Wiederholfelder sind, fragt Sie das Programm nach der Festlegung der Feldreihenfolge, ob die Daten von Wiederholfeldern
im Original-Datensatz belassen werden sollen, oder ob neue,
separate Datensätze zu erstellen sind. In diesem Falle kommt
es ja gerade auf den Inhalt der Wiederholfelder an, deshalb
müssen neue, separate Datensätze entstehen.

**Separation von Wie-
derholfeldern in
neue Datensätze:**
Schlüssel zur
Bestandsfortschrei-
bung

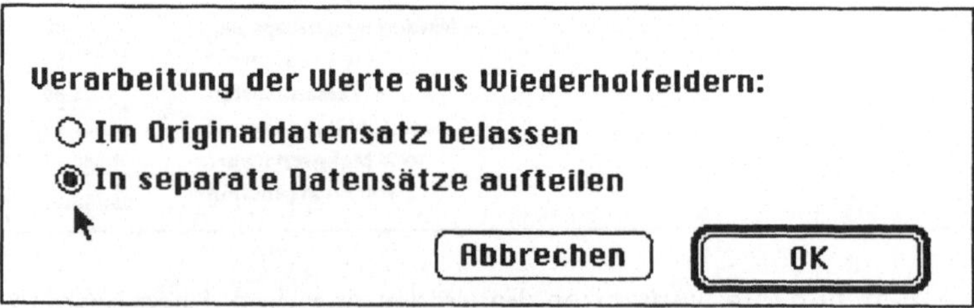

Diese Importordnung übernehmen Sie in ein neues Vorgaben-Script „Verkäufe importieren" der Lager-Datei. Somit
haben Sie FileMaker Pro angewiesen, in der Lager-Datei alle
Verkaufsbewegungen aufzuzeichnen. Das neue Vorgaben-
Script nehmen Sie nicht ins Menü der Lager-Datei auf, sondern
lassen es als externe Vorgabe von der Auftrags-Datei ausführen. Dort treffen Sie jetzt noch die Vorbereitungen, damit die
Verkäufe nicht versehentlich doppelt übertragen werden.

```
                    "Verkäufe importieren"
  ⬍ Blättern aktivieren []                                    ⬆
  ⬍ Datensätze importieren [Übernehmen, Keine Dialogfensters]
  ┌─ Optionen ──────────────────────────────────────────┐
  │  ☒ Importordnung       ☒ [      Datei angeben...    ]│
  │     übernehmen                                       │
  │                                                      │
  │  ☒ Ohne Anzeige des                                  │
  │     Dialogfensters ausführen                         │
  └──────────────────────────────────────────────────────┘
```

Bestandsfortschrei-
bung als Makro: Das
„Verkäufe importie-
ren"-Script der Lager-
Datei

Aus der Auftrags-Datei lassen Sie nun alle verkauften Artikelpositionen in die Lager-Datei übertragen. Diese Übertragung darf aber pro Auftrag nur einmal erfolgen. Zu Kontrollzwecken können Sie in die Auftrags-Datei ein Melde-Feld einbauen, das Auskunft darüber gibt, ob die Lagerkarte schon aktualisiert wurde oder nicht. Dieses Feld lassen Sie nach der Übertragung der Verkaufsdaten vom Programm verändern. Die Suchabfrage für die Auswahl von Aufträgen zur Übertragung an das Lager können Sie zusätzlich noch mit der Suche nach Aufträgen mit dem aktuellen Tagesdatum verbinden.

```
                                        Lagerkarte verändert ?
  [ Suchen ]  Rechnungsdatum [//      ]   [ ○ Ja  ● Nein ]
```

Neue Verkäufe
suchen: Suchabfrage
für noch nicht übertra-
gene Verkäufe

Die so gefundene Datensatzauswahl lassen Sie mit den festgelegten Feldern der externen Vorgabe „Datensätze importieren" in die Lager-Datei übertragen. Anschließend wird das Feld „Lagerkarte verändert" in dieser Datensatzauswahl durch das Literal "Ja" ersetzt. Das Vorgaben-Script „Lager aktualisieren" enthält deshalb die Befehle "Literal ["Ja"]"; "Gehe zum Feld ["Lagerkarte verändert ?"]" und "Ersetzen durch Feldinhalt [Keine Dialogfensters,"Lagerkarte verändert ?"]. Abschließend ordnen Sie diese Vorgabe einer Taste zu, und dann können Sie per Mausklick die Lagerbewegungen durch Verkäufe von FileMaker Pro aufzeichnen lassen.

```
                    "Lager aktualisieren"
  ⬍ Blättern aktivieren []                                    ⬆
  ⬍ Suchen [Übernehmen]
  ⬍ Vorgabe ausführen [Teilvorgaben, Extern: "Lagerbewegunge
  ⬍ Blättern aktivieren []
  ⬍ Gehe zu Feld [Auswählen/Abspielen, "Lagerkarte verändert
  ⬍ Literal ["Ja"]
  ⬍ Ersetzen durch Feldinhalt [Keine Dialogfensters, "Lagerkart
```

Mehrfaches Fort-
schreiben verhin-
dern: Markierung für
durchgeführte Be-
standsfortschreibung
durch Literal setzen

Beachten Sie bitte unbedingt, daß auch hier der Fall eintreten kann, daß FileMaker keine Datensätze findet, weil keine weiteren Verkäufe stattgefunden haben und versehentlich die Vorgabe ein zweites Mal hintereinander ausgelöst wird. Diese

Situation können Sie in einem Warn-Layout antizipieren. Im Falle eines Falles müssen Sie dann die Vorgabe unbedingt *abbrechen*, da sonst unzulässige Mehrfachübertragungen stattfinden.

Bei Fehlanzeige: Abbrechen!

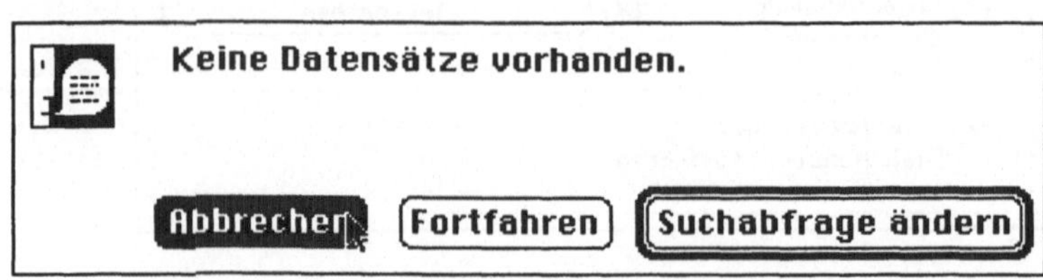

Die Lagerdatei können Sie auch so gestalten, daß für jeden Artikel eine Lagerkarte in der Seitenansicht erscheint, die Informationen über den Anfangsbestand, die Zugänge und Abgänge sowie den jeweiligen aktuellen Bestand enthält. Dazu kann noch das Auswertungsfeld „Mengeneinkäufe" die Summe aller Zugänge berechnen. Das Formelfeld „Artikeleinkäufe" stellt die nach Artikelnummern sortierten Zugänge zur Verfügung. Das letztgenannte Feld plazieren Sie zusammen mit den Feldern „Artikelverkäufe", „verfügbarer Bestand" und „Anfangsbestand" in einer nach Artikelnummern sortierten Teilauswertung unterhalb des Datenteils. Die Datensätze der Lagerbewegungen lassen Sie dann nach Artikelnummer, Rechnungsdatum (absteigend!) und Auftragsnummer sortieren. Anschließend beschreiben Sie diese Ablauf in einem Vorgaben-Script.

Lagerkarte für Artikel: Layout

Kopfteil	Lagerkarte für Artikel: Artikelbeschreibung						
	Artikelnummer	Bewegungsdatum	Auftragsnummer	Abgang	Zugang	Verfüg. Bestand	Anfangsbestand
D	Artikelnummer	Rechungsdatum	Auftragsnummer	Menge	Zugang		
Teila...			Verkaufte Fahrräder	erkäufe		Bestand	bestand
			Eingekaufte Fahrräder		inkäufe		

Mit dieser Vorgabe lassen Sie FileMaker Pro Lagerkarten für die Artikel des Sortimentes wie unten abgebildet anfertigen.

Artikelbestände aktuell: Lagerkarte in der Seitenansicht

Lagerkarte für Artikel: Rennrad 12-Gang, lt. Katalog, silber						
Artikelnummer	Bewegungsdatum	Auftragsnummer	Abgang	Zugang	Verfüg. Bestand	Anfangsbestand
30012300	6.4.93	500A		200		
30012300	18.03.93	93/2	2			
30012300	18.03.93	93/4	2			
30012300	06.04.93	93/5	50			
30012300	06.04.93	93/6	50			
30012300	05.04.93	93/1	2			
		Verkaufte Fahrräder	106		204	110
		Eingekaufte Fahrräder		200		

Die Auftragsabwicklung haben Sie jetzt so mit der Artikel-
und der Lager-Datei verbunden, daß in der Lagerdatei die automatische Bestandsfortschreibung erfolgt. Beim Verkauf von
Fahrrädern haben Sie gleichzeitig eine Kontrolle über die Verfügbarkeit Ihrer Artikel eingerichtet. Bei der Auftragsannahme
sendet die Lagerdatei den verfügbaren Bestand in das Eingabe-
layout. Über ein Formelfeld der Auftragsdatei lassen Sie den
lieferbaren Bestand überprüfen.

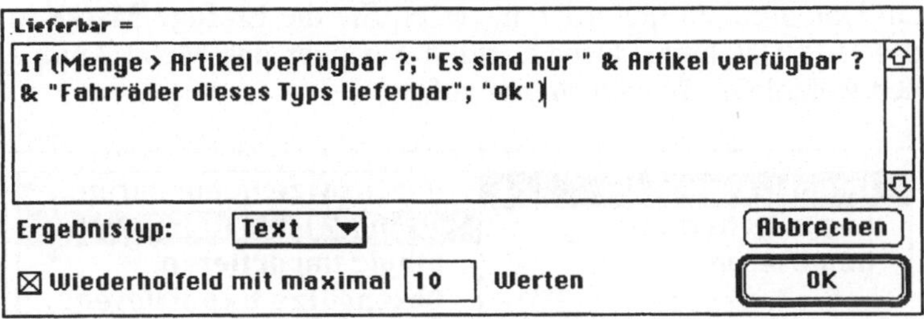

Verfügbarkeit von Fahrrädern überprüfen: Formel zur Prüfung der lieferbaren Menge

In der Lagerdatei stehen Ihnen nun alle Möglichkeiten
offen, um für die einzelnen Artikel die Lagerkennziffern wie
den durchschnittlichen Lagerbestand, die Umschlagshäufigkeit
etc. berechnen zu lassen. Damit haben Sie auch Kriterien an
der Hand, nach denen Sie Auswertungslisten mit besonders
starker Nachfrage („Renner") und besonders schwacher Nachfrage („Penner") zusammenstellen lassen. Selbstverständlich
können Sie in der Lagerdatei auch eine Bewertung Ihrer Be-
stände durch Kopplung der Datei mit den Preisen der Artikel-
datei berechnen lassen. Das Instrumentarium von FileMaker
Pro gibt hierzu hinreichend Gelegenheit.

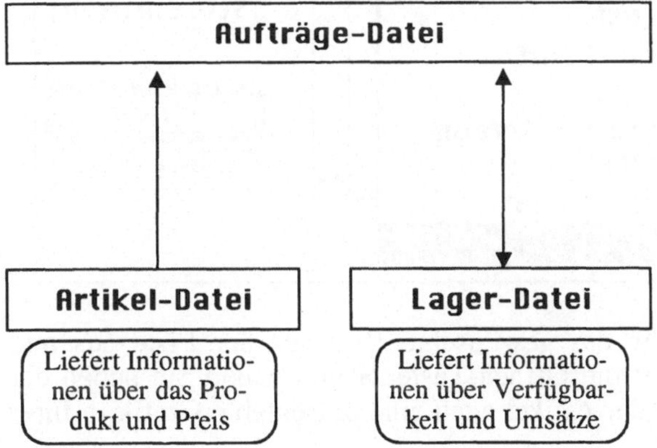

In der Artikel-Datei lassen Sie sich vom Programm alle für
Kataloge, Preislisten, Aufträge usw. erforderlichen Informationen verwalten. Die möglichen Modellvarianten, Sonderanferti-
gungen und -ausstattungen können Sie hier beschreiben und
preislich festlegen.

Die Daten stehen dann sowohl für die Auftragsabwicklung wie auch für die Lager-Datei zur Verfügung. Insbesondere der Einbau von Bildern einer Photo-CD oder von QuickTime-Movies läßt dieser Datei auch die Rolle der Präsentation oder der Vorbereitung der Produkt-Präsentation zukommen.

Wenn Sie in der Artikel-Datei ein Datenfeld mit dem Typ „Bild/Ton" definieren, können Sie hier gleich ein Bild oder eine Vorführung Ihres Modells unterbringen. Um ein Bild in ein Datenfeld zu importieren, setzen Sie die Einfüge-Marke in das Bild-Datenfeld. Danach rufen Sie über das Menü *Ablage* den Befehl *Grafik importieren* auf.

Artikel-Datei zur Präsentation nutzen: Grafik in ein Bild/Ton-Datenfeld importieren

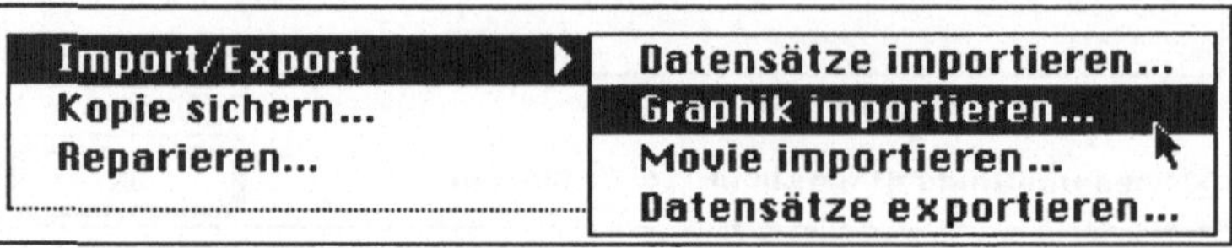

FileMaker Pro durchsucht danach Ihr System nach entsprechenden Dateifiltern und zeigt Ihnen dann die zum Import verfügbaren Bilder in einem Auswahlfenster.

Bildformate: Grafikfilter bei FileMaker Pro für Macintosh

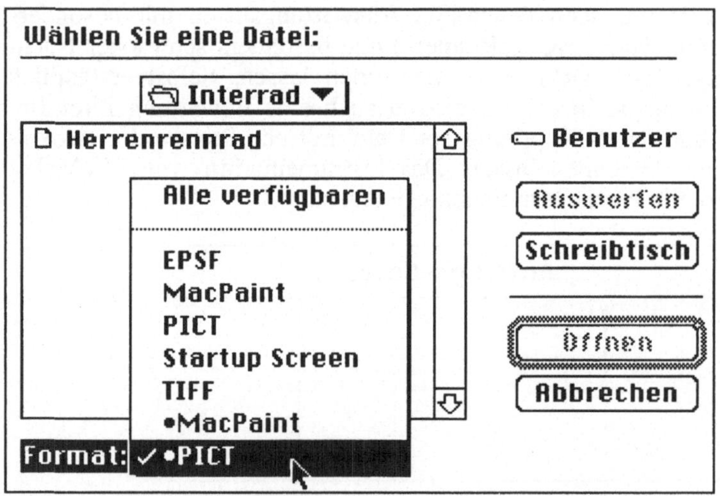

Wählen Sie das gewünschte Bild aus der Liste aus und klicken Sie auf die Öffnen-Taste. Schon haben Sie neben der Beschreibung der Artikel auch eine präsentable Grafik in Ihrer Datenbank.

Den Import von QuickTime-Movies führen Sie in derselben Art und Weise über den Befehl *Movie importieren* durch. Sollten Sie über das Album-Programm „Album.QT" verfügen, können Sie Movies auch aus dem Album einfügen.

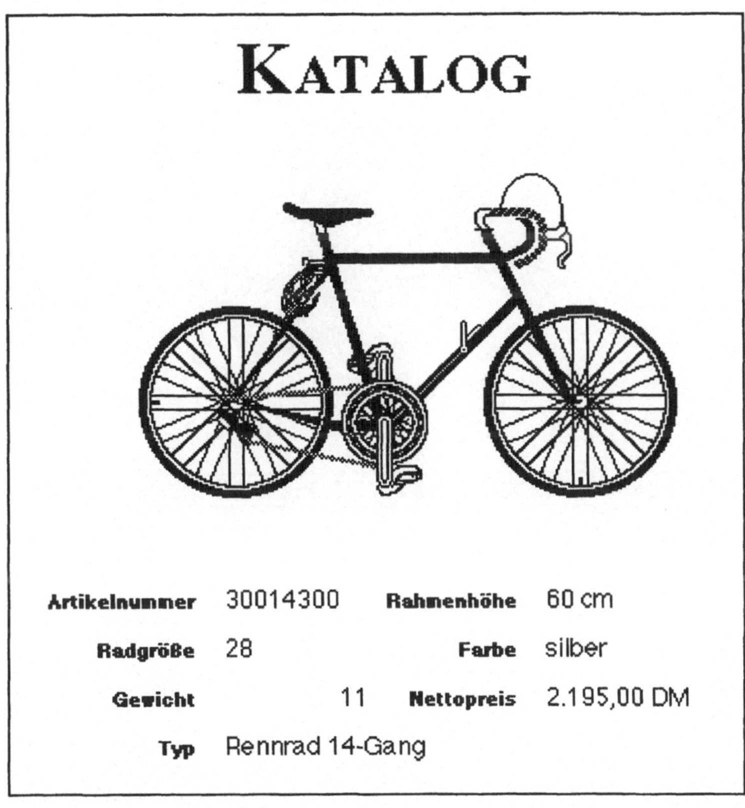

Grafik in der Artikeldatei eines Fahrradhandels

Beim Import eines QuickTime-Movies erhalten Sie ein Auswahlfenster mit den verfügbaren Movies. Bei eingeschalteter Option „Übersicht anzeigen" wird im linken Teil eine Vorabansicht gezeigt. Nach der Auswahl des Movie-Dokumentes wird es in das Datenfeld importiert. Wenn Sie in das Datenfeld klicken oder mit der TAB-Taste zu ihm gelangen, erscheint der Steuerbalken zum Abspielen des Videos und zum Einstellen der Lautstärke des Tones.

Movies einbinden: Auswahl eines QuickTime-Videos zum Importieren

QuickTime-Video
mit Steuerbalken im
aktivierten Datenfeld

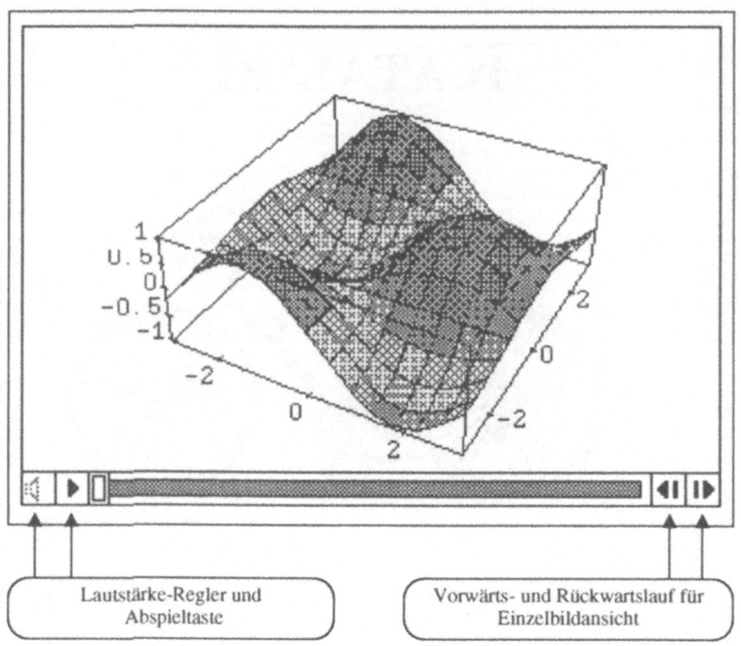

7

FileMaker als Steuerberater

Das Kapitel informiert über:

- **die Programmierung des Einkommensteuertarifes**
- **die Erstellung von Tabellen mit rekurvisen Vorgaben-Scripts**
- **das Nachschlagen in Tabellen und Alias-Dateien**

FileMaker als Steuerberater

Können Sie sich vorstellen, daß Sie schon vor dem Gang zu Ihrem Steuerberater wissen, wieviel Einkommensteuer Ihnen das Finanzamt zurückerstatten muß? Wollten Sie immer schon einmal wissen, wie Sie Ihren Computer für das Opus der jährlichen Steuererklärung nutzen können? Mit FileMaker Pro können Sie in diesem Abschnitt das Fundament legen, auf dem sich all die Verästelungen und Kniffe, die Tips und Tricks zum Steuerrecht entfalten. In diesem Abschnitt bringen wir Licht in das Dunkel des Steuerdschungels, indem wir FileMaker Pro einmal so richtig als Rechenprogramm für einen Algorithmus einsetzen, der von nicht wenigen Menschen als komplex und kompliziert angesehen wird: die Steuerformel des Einkommensteuergesetzes und seine darauf aufbauenden Einkommensteuertabellen für den Grund- und Splittingtarif.

- Der Funktionsumfang des Formel-Editors von FileMaker Pro soll sich dabei bewähren, den Steuertarif des Einkommensteuergesetzes darzustellen.

- Die Steuertabellen für den Grundtarif und den Splittingtarif sollen als Ergebnis einer rekursiven Vorgabe in jeweils einer FileMaker Pro-Datei als Informationssystem zur Verfügung stehen.

- Das Fundament jeder Steuerberechnung umgeben wir mit einem ersten Kranz von Hilfstabellen zum Nachschlagen von Vorsorgepauschalen für Beamte und Arbeitnehmer, für niedrige oder mittlere und höhere Einkommen. Alle Tabellen können Sie dann, von verschiedenen Anwendungen ausgehend, zum Nachschlagen benutzen: für die Berechnung der Jahres-, Monats-, Wochen- oder Tageslohnsteuer, die Erstellung der Steuererklärung mit FileMaker Pro, eine Lohn- und Gehaltsabrechnung oder das Durchspielen von Änderungen der persönlichen Steuersituation.

Mit FileMaker Pro läßt sich auf einem Gebiet Transparenz herstellen, wo ehemals Spezialisten mit mächtigen, komplizierten Programmiersprachen ihr Heimspiel hatten. Die Dateien, die in diesem Abschnitt zu erstellen sind, bilden die Basis für all das, was Gegenstand einer kleinen Bibliothek ist: das Steuerrecht und die zugehörige Rechtsprechung in beinahe unzähligen Konkretionen. Eine Simulation Ihrer persönlichen Einkommensteuersituation und die steuerliche Auswirkung von erhöhten Werbungskosten, aus welchem Einkommensgebiet auch immer, stellen nur ein vorläufiges Ende der Entwicklung in diesem Abschnitt dar. Ich bin sicher, daß Ihnen eine Menge Einfälle für weitere Anwendungen kommen.

7.1 Der Einkommensteuertarif

Die Grundlage des Einkommensteuertarifes ist das Einkommensteuergesetz. Im Paragraphen § 32a ist der Steuertarif mathematisch exakt formuliert. Die wichtigsten Punkte der einschlägigen Verordnung wollen wir schnell referieren.

"(1) Die tarifliche Einkommensteuer bemißt sich nach dem zu versteuernden Einkommen. Sie beträgt vorbehaltlich der §§ 32b, 34, 34b und 34c jeweils in Deutsche Mark für zu versteuernde Einkommen

1. bis 5.616 Deutsche Mark (Grundfreibetrag): **0**;

2. von 5.617 Deutsche Mark bis 8153 Deutsche Mark:
$$\mathbf{0{,}19\ x - 1067};$$
3. von 8.154 Deutsche Mark bis 120 041 Deutsche Mark:
$$\mathbf{(151{,}94 * y + 1900) * y + 472};$$
4. von 120.042 Deutsche Mark an: $\mathbf{0{,}53\ x - 22842}$;

»x« ist das abgerundete zu versteuernde Einkommen.
»y« ist ein Zehntausendstel des 8.100 Deutsche Mark übersteigenden Teils des abgerundeten zu versteuernden Einkommens.

(2) Das zu versteuernde Einkommen ist auf den nächsten durch 54 ohne Rest teilbaren vollen Deutsche-Mark-Betrag abzurunden, wenn es nicht bereits durch 54 ohne Rest teilbar ist.

Beispiel: Einkommen DM 54.098 (: 54 = 1001,8)
zu versteuerndes Einkommen DM 54.054 (1001 * 54)

(3) Die zur Berechnung der tariflichen Einkommensteuer erforderlichen Rechenschritte sind in der Reihenfolge auszuführen, die sich nach dem Horner-Schema ergibt. Dabei sind die sich aus den Multiplikationen ergebenden Zwischenergebnisse für jeden weiteren Rechenschritt mit drei Dezimalstellen anzusetzen; die nachfolgenden Dezimalstellen sind fortzulassen. Der sich ergebende Steuerbetrag ist auf den nächsten vollen Deutsche-Mark-Betrag abzurunden.

(4) Für zu versteuernde Einkommen bis 120.041 Deutsche Mark ergibt sich die nach den Absätzen 1 bis 3 berechnete tarifliche Einkommensteuer aus der diesem Gesetz beigefügten Anlage 2 (Einkommensteuer-Grundtabelle)."

Soweit der Auszug aus dem geltenden Gesetzestext. Das Bundesverfassungsgericht hat zwar mittlerweile den zu niedrigen Grundfreibetrag für verfassungswidrig erklärt, die *Gültig-*

keit des *Steuertarifs 1990 ist davon jedoch bis zum 1.1.1996* nicht berührt. Für Jahreseinkommen bis DM 12.000 für Ledige und DM 19.000 für Verheiratete wurde ein erhöhter Grundfreibetrag vorgesehen.

Was in trockenem Juristendeutsch nicht gerade eine Offenbarung der Verständlichkeit ist, läßt sich grafisch so darstellen: Prinzipiell steigt mit steigendem zu versteuernden Einkommen die Belastung der Einkommen durch die Einkommensteuer.

Besonders geregelt ist die sogenannnte Ehegattenbesteuerung. Der Gesetzgeber teilt den Steuertarif des Einkommensteuergesetzes in einen Grundtarif und einen Splittingtarif auf. Prinzipiell gilt der Grundtarif für ledige, der Splittingtarif für verheiratete Steuerpflichtige. Der Splittingtarif ist direkt aus dem Grundtarif abgeleitet. Für die Steuerberechnung halbiert man das Gesamteinkommen der Ehegatten und berechnet die Steuer nach dem Grundtarif. Anschließend wird der so ermittelte Steuerbetrag verdoppelt. Bei der grafischen Darstellung genügt daher die Betrachtung des Grundtarifes als Datenbasis.

Aktueller Steuertarif: Steuerbelastung gemäß Grundtarif

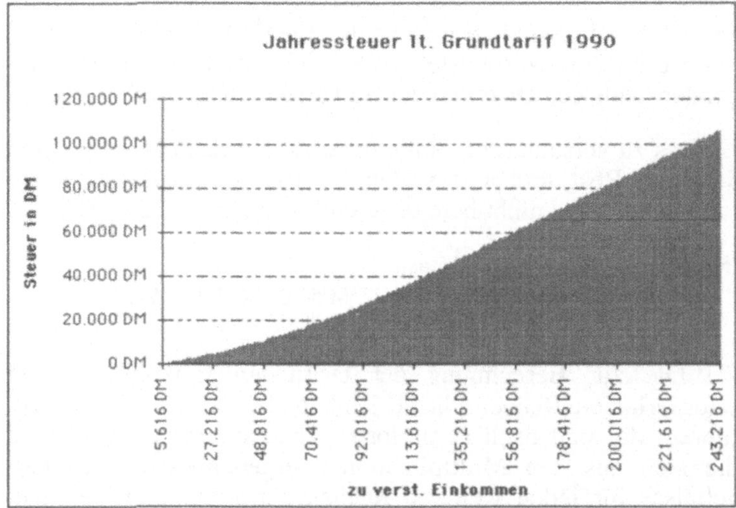

Was in der Kurve als nahezu gleichmäßig wachsende Steuerbelastung aussieht, erscheint schon beim Betrachten der durchschnittlichen Belastung des Einkommens mit Einkommensteuer etwas anders. Die durchschnittliche Steuerbelastung ist der prozentuale Anteil der Steuer am jeweiligen zu versteuernden Einkommen.

$$\text{Durchschnittlicher Steuersatz} = \frac{\text{Einkommensteuer} * 100}{\text{zu versteuerndes Einkommen}}$$

Bei der grafischen Darstellung des Durchschnittssteuersatzes ergeben sich deutliche Unterschiede: Die Steigerung der durchschnittlichen Steuerbelastung ist gerade in den Bereichen der unteren und mittleren Einkommen überproportional groß, während im Bereich der Spitzeneinkommen eine langsame Annäherung an die 45 %-Linie erfolgt. Jede Veränderung der individuellen Einkommensposition führt im Bereich der mittleren und unteren Einkommen zu einer deutlichen Steigerung der Steuerbelastung.

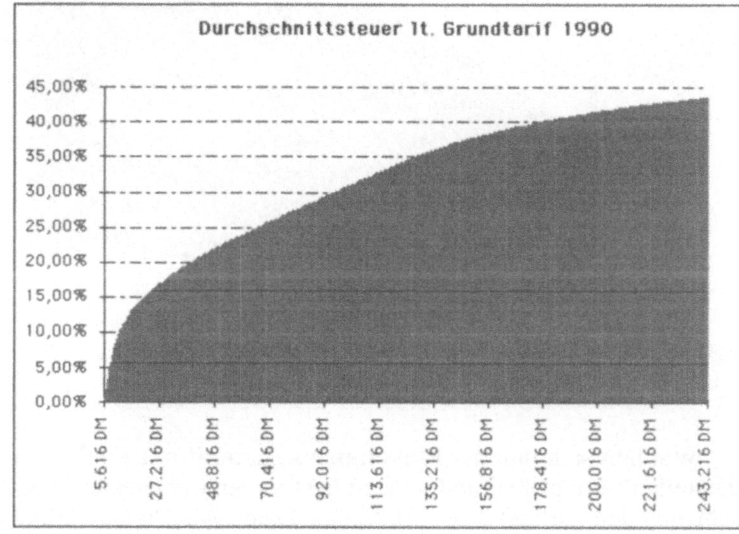

Durchschnittlicher Steuersatz gemäß Grundtarif

Noch deutlicher sehen wir die Wirkung des Steuertarifes auf die Steuerbelastung, wenn wir den Grenzsteuersatz betrachten. Der Grenzsteuersatz zeigt die *zusätzliche* Steuerbelastung bei einer Erhöhung des zu versteuernden Einkommens oder umgekehrt, die Minderung der Belastung bei einer Senkung des zu versteuernden Einkommens.

$$\text{Grenzsteuersatz} = \frac{\text{Steuerzuwachs} * 100}{\text{Einkommenszuwachs}}$$

Hier zeigt sich deutlich die Aufteilung des Steuertarifes in vier Zonen:

Nullzone: steuerfrei
Untere Proportionalzone: gleichmäßiger Steuersatz 19%
Progressionszone: linearer Anstieg des Steuersatzes bis auf 53%
Obere Proportionalzone: gleichmäßiger Spitzensteuersatz von 53%

Grenzsteuersatz und
Tarifzonen gemäß
Grundtarif

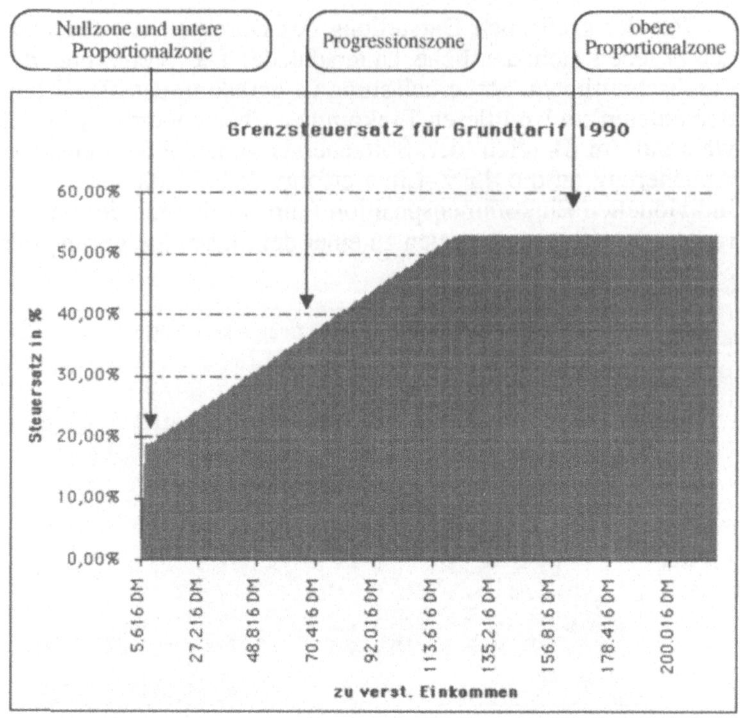

Wie läßt sich nun der Einkommensteuertarif mit FileMaker darstellen? Im großen und ganzen bestimmen die Gesetzesvorschriften den Aufbau einer FileMaker-Datei: Als Eingabefelder benötigen Sie je ein Feld für das zu versteuernde Einkommen sowie zur Beantwortung der Frage, ob der Splittingtarif gilt oder nicht. Vor der Berechnung der Steuer muß evtl. auch das Splittingeinkommen berechnet werden. Anschließend wird das Einkommen als gerundetes, zu versteuerndes Einkommen aufbereitet. In Formelfeldern lassen Sie dann den Steuerbetrag berechnen. Die Datenfelder der Steuerdatei können Sie folgendermaßen definieren:

Zu versteuerndes Einkommen

> Feld vom Typ „Zahl", Wert erforderlich, im Bereich der positiven Zahlen von 0 bis 1 Million

Splittingtarif?

> Feld vom Typ „Text", Vorauswahl mit den Werten „Ja" und „Nein", formatiert als Auswahlfeld, wird zur Wahl des Steuertarifes benötigt

Splittingeinkommen

> Feld vom Typ „Formel": = Zu versteuerndes Einkommen / 2

Gerundetes zu versteuerndes Einkommen

Feld vom Typ „Formel", das dafür sorgt, das zu versteuernde Einkommen bzw. das Splittingeinkommen auf durch 54 ohne Rest teilbare Beträge zu verwandeln. Die Staffelung des Einkommens in der Grundtabelle vollzieht sich in 54er Schrittweite. Dieses Feld bereitet die Eingabedaten für die Steuerberechnung vor und entspricht dem Wert «x» des Einkommensteuergesetzes. Die Funktion INT(eger) sorgt dafür, daß die Ergebnisse ganzzahlig sind.

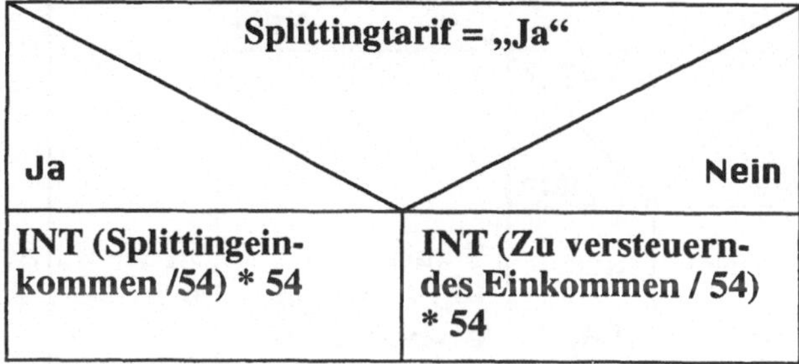

Formel:
```
=If [Splittingtarif="JA"; INT (Splitting-
einkommen / 54) * 54; INT (Zu versteuern-
des Einkommen / 54) * 54]
```

y   Feld vom Typ „Formel", das dem Wert «y» des Einkommensteuergesetzes entspricht und ein Zehntausendstel des DM 8.100 übersteigenden, abgerundeten Einkommens ergibt.

Formel:
```
= (gerundetes zu versteuerndes Einkommen -
8100) / 10000
```

Steuer lt. Grundtarif

Feld vom Typ „Formel", das die Steuer nach dem Grundtarif berechnet. Eine mehrfach verschachtelte Wenn-Dann-Sonst-Funktion sorgt dafür, daß die Berechnung die richtige Zone des Einkommens ansteuert und die Steuer mit der entsprechenden Formel berechnet. Die INT-Funktion besorgt die geforderte Abrundung auf volle DM-Beträge. Vorweg schließen Sie alle Steuerberechnungen aus, die nach dem Splittingverfahren zu ermitteln sind.

Das folgende Struktogramm soll Ihnen einen besseren Überblick geben:

Struktogramm für
die Steuerberechnung;
x = Einkommen

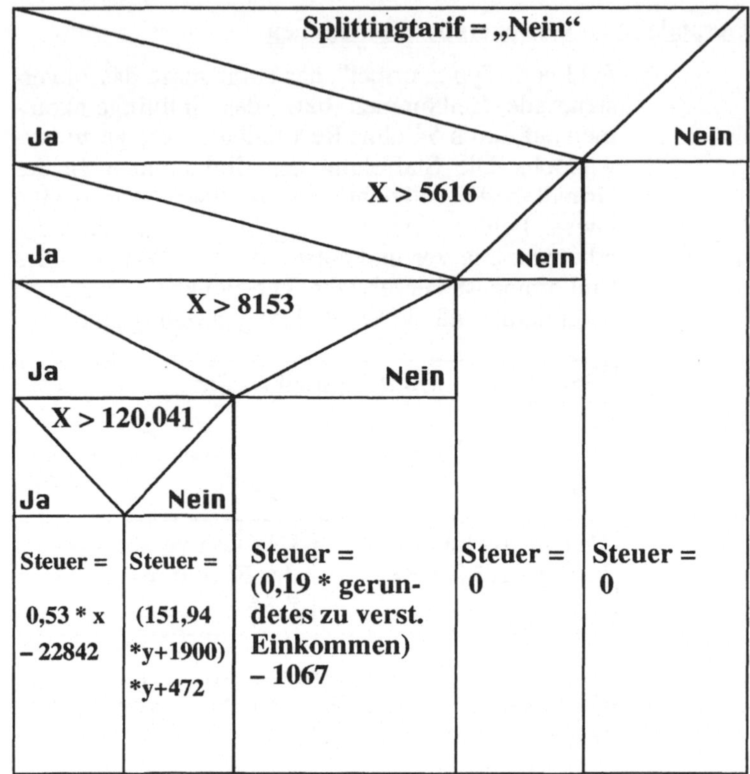

Formel:

```
= If (Splittingtarif="Nein"  ;  Int [If
(gerundetes zu versteuerndes Einkommen >
5616; If (gerundetes zu versteuerndes
Einkommen  >  8153;  If (gerundetes zu
versteuerndes Einkommen > 120041;0,53  *
gerundetes zu versteuerndes Einkommen -
22842 ; (151,94 * y + 1900) * y + 472) ;
0,19 * gerundetes zu versteuerndes Ein-
kommen - 1067);0}] ;0)
```

Splitting.Steuer:

Das Feld vom Typ „Formel" berechnet die Steuer
nach dem Splitting-Tarif auf dieselbe Art und
Weise wie die Steuer lt. Grundtarif. Zuerst fragen
Sie ab, ob der Steuertarif „Splitting" ist, danach lassen Sie die Steuer berechnen, anschließend wird der
errechnete, gerundete Steuerbetrag verdoppelt.

Formel:

```
= If (Splittingtarif="Ja"; 2 * Int (If
(gerundetes zu versteuerndes Einkommen >
5616; If(gerundetes zu versteuerndes Ein-
kommen > 8153 ; If (gerundetes zu ver-
steuerndes   Einkommen   >120041;0,53    *
```

```
        gerundetes zu versteuerndes Einkommen -
        22842; (151,94 * y + 1900) * y + 472) ;
        0,19 * gerundetes zu versteuerndes
        Einkommen- 1067);0)));0)
```

Ausgabe Splittingsteuer:

Feld vom Typ „Formel", verhindert die Ausgabe negativer Steuerbeträge beim Ignorieren der Warnmeldung über den zulässigen Wertebereich.

Warnmeldung bei Überschreiten des Wertebereiches

Formel: `If(Splitting.Steuer<0;0;Splitting.Steuer)`

Ausgabe Grundtarifsteuer:

Feld vom Typ „Formel", verhindert die Ausgabe negativer Steuerbeträge bei der Ignorierung der Warnmeldung über den zulässigen Wertebereich.

Formel: `If (Steuer lt.Grundtarif < 0;0; Steuer lt. Grundtarif)`

Damit haben Sie die Formeln für die Steuerberechnung definiert; in einem Layout können Sie jetzt eine entsprechende Aufbereitung für die Ausgabe der Ergebnisse gestalten. Für die Eingabe benötigen Sie nur die Felder „Zu versteuerndes Einkommen" und „Splittingtarif?". Als Ausgabefelder kommen die Felder „Ausgabe Grundtarifsteuer" und „Ausgabe Splittingsteuer" in Betracht. Außerdem können Sie noch zwei Tasten für den Aufruf eines Hilfe-Layouts und für die Eingabe eines neuen Wertes anlegen und mit den jeweiligen Befehlen verbinden.

Für den Umgang mit der Steuerberechnung richten Sie ein kleines Hilfe-Layout ein, daß die Benutzung der Steuerberechnung kurz erläutert. Einzugeben ist das zu versteuernde Jahreseinkommen, also das Bruttojahreseinkommen abzüglich der Werbungskosten, Sonderausgaben, Vorsorgepauschalen, Kinder-, Haushalts- und Altersfreibeträge. Nach der Wahl des Steuertarifes und Betätigung der TAB-Taste berechnet FileMaker Pro die Steuer und gibt entweder die Steuer laut Splittingtarif oder laut Grundtarif aus.

Berechnung der persönlichen Einkommensteuer

7.2 Die Einkommensteuertabellen

Wenn Sie die Steuer für einen Datensatz berechnen lassen können, steht dem Wiederholen des Vorgangs nichts im Wege. Die systematisierte Form der Wiederholung von Steuerberechnungen ist eine Steuertabelle zum Nachschlagen. Nutzen Sie hier FileMaker Pro mit seinen Layout-Möglichkeiten, um Tabellen in Listenform zu produzieren. In einer Spalte lassen Sie die entsprechenden Einkommensbereiche errechnen und ausgeben, in der danebenliegenden Spalte die zugehörige Einkommensteuer für diesen Bereich. Die Einkommensteuer-Grundtariftabelle soll dabei folgendes Aussehen haben:

Tabellen zum Nachschlagen: Einkommensteuertabelle für den Grundtarif

Einkommensteuertabelle 1990: Grundtarif Gültig ab 1990 und die folgenden Jahre					
Zu versteuerndes Einkommen in DM von bis	tarifliche Einkommesteuer in DM	Zu versteuerndes Einkommen in DM von bis	tarifliche Einkommesteuer in DM	Zu versteuerndes Einkommen in DM von bis	tarifliche Einkommesteuer in DM
107.676 - 107.729	34.456	109.944 - 109.997	35.581	112.212 - 112.265	36.722
107.730 - 107.783	34.483	109.998 - 110.051	35.608	112.266 - 112.319	36.749
107.784 - 107.837	34.510	110.052 - 110.105	35.635	112.320 - 112.373	36.777
107.838 - 107.891	34.536	110.106 - 110.159	35.662	112.374 - 112.427	36.804
107.892 - 107.945	34.563	110.160 - 110.213	35.689	112.428 - 112.481	36.831
107.946 - 107.999	34.589	110.214 - 110.267	35.716	112.482 - 112.535	36.859
108.000 - 108.053	34.616	110.268 - 110.321	35.743	112.536 - 112.589	36.886
108.054 - 108.107	34.643	110.322 - 110.375	35.770	112.590 - 112.643	36.914
108.108 - 108.161	34.669	110.376 - 110.429	35.797	112.644 - 112.697	36.941
108.162 - 108.215	34.696	110.430 - 110.483	35.824	112.698 - 112.751	36.968
108.216 - 108.269	34.723	110.484 - 110.537	35.852	112.752 - 112.805	36.996
108.270 - 108.323	34.750	110.538 - 110.591	35.879	112.806 - 112.859	37.023
108.324 - 108.377	34.776	110.592 - 110.645	35.906	112.860 - 112.913	37.051
108.378 - 108.431	34.803	110.646 - 110.699	35.933	112.914 - 112.967	37.078
108.432 - 108.485	34.830	110.700 - 110.753	35.960	112.968 - 113.021	37.106
108.486 - 108.539	34.856	110.754 - 110.807	35.987	113.022 - 113.075	37.133
108.540 - 108.593	34.883	110.808 - 110.861	36.014	113.076 - 113.129	37.161
108.594 - 108.647	34.910	110.862 - 110.915	36.041	113.130 - 113.183	37.188
108.648 - 108.701	34.937	110.916 - 110.969	36.068	113.184 - 113.237	37.216
108.702 - 108.755	34.963	110.970 - 111.023	36.095	113.238 - 113.291	37.243
108.756 - 108.809	34.990	111.024 - 111.077	36.123	113.292 - 113.345	37.271
108.810 - 108.863	35.017	111.078 - 111.131	36.150	113.346 - 113.399	37.298

In einer neuen Datei „Grundtarif90" sind die erforderlichen Datenfelder das zuversteuernde Einkommen, das gerundete zu versteuernde Einkommen, y, die Bereichsobergrenze und die Steuer lt. Grundtarif sowie die Ausgabe der Steuer lt. Grundtarif. Die Formeln können Sie, wie im Kapitel 7.1 beschrieben, editieren. Allerdings können Sie hier auf eine Differenzierung zwischen Grund- und Splittingtabelle verzichten, dadurch entfallen einige Wenn-Dann-Sonst-Funktionen.

Beachten Sie bitte bei der Definition des Feldes "Zu versteuerndes Einkommen" einige Besonderheiten, die die Erstellung einer Tabelle erleichtern. Das Feld „Zu versteuerndes Einkommen" erhält bei den Eingabe-Optionen den Anfangswert zugewiesen, bei dem die Besteuerung beginnt: 5616. Die Schrittweite für den Abstand zwischen den Tabellen-Untergrenzen beträgt 54, tragen Sie diese Schrittweite als Intervall ein. Jeder neu angelegte Datensatz erhält dann einen um 54 erhöhten Wert. Zusätzlich richten Sie noch einige Plausibilitätskontrollen ein.

<table>
<tr><td colspan="2">Optionen für "Zu versteuerndes Einkommen" vom Typ Zahl</td></tr>
<tr><td>Automatische Eingabe</td><td>Feldwert-Überprüfung</td></tr>
<tr><td>☐ von [Erstellungsdatum ▼]</td><td>☒ Nicht leer</td></tr>
<tr><td>☒ einer Seriennummer</td><td>☒ Eindeutig   ☐ Vorhanden</td></tr>
<tr><td>Nächster Wert: 5670</td><td>☒ vom Typ [Zahl ▼]</td></tr>
<tr><td>Intervall: 54</td><td>☒ zwischen 5616</td></tr>
<tr><td>☐ Daten:</td><td>und 300000</td></tr>
</table>

Tabellenwerte automatisch erzeugen: Eingabe-Optionen für „Zu versteuerndes Einkommen"

Als neues Formelfeld für die Tabelle definieren Sie die Obergrenze für das zu versteuernde Einkommen. Die Obergrenze für den Tabellenwert des Einkommens liegt bei der Grundtabelle immer um 53 über dem zu versteuernden Einkommen (allgemein: Intervall - 1). Für den ersten Tabellenwert gilt der maximale Betrag, der zu einer Null-Besteuerung führt, und das ist für den Grundtarif 1990 der Betrag von 5669. Die entsprechende Formel lautet:

```
=If (Zu versteuerndes Einkommen = 0; 5669;
gerundetes zu versteuerndes Einkommen + 53)
```

Das neue Layout für die Tabelle nehmen Sie vom Typ „Standard". In diesem Layout legen Sie außer einem Kopfteil mit dem Tabellenkopf und einem Fußteil mit der Seitenumerierung einen Datenteil in Spalten an. Die Datensätze lassen Sie dabei in den Spalten von oben nach unten fließen. Bei FileMaker Pro können Sie diese Anordnung über das Auswahlfenster *Layout-Optionen* unter dem Menü *Layout* einstellen.

Datenteil in Spalten einrichten: *Layout-Optionen* für das Layout „Grundtarifliste"

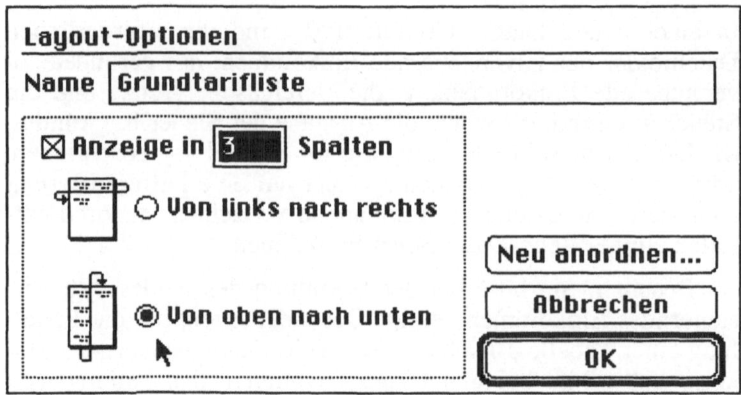

Mit dieser Einstellung fließen die Datensätze im Datenteil spaltenweise von oben nach unten. Den Kopfteil des Layouts gestalten Sie so, daß spaltenüberspannender Text und spaltenbezogener Text etwa so aussieht:

Steuertabelle: Layout „Grundtarifliste"

Wenn Sie den Mausklick sehr schätzen, können Sie mit ihm ca. 2200 mal einen neuen Datensatz der Tabelle per Klick auf eine entsprechende Befehlstaste anlegen lassen. So oft müssen Sie den Befehl „Neuer Datensatz" wiederholen, da eine komplette Steuertabelle aus ca. 2.200 Datensätzen besteht. Das Verfahren ist alles andere als komfortabel.

Ab Version 2.0 gibt es eine Alternative zum Dauerklicken: Script-Maker™ läßt die Möglichkeit einer *rekursiven* FileMaker Pro-Vorgabe zu. Sie können eine Vorgabe definieren, die einen neuen Datensatz anlegt. Nennen Sie die Vorgabe z.B. „Datensätze erstellen". Anschließend rufen Sie in der gleichen Vorgabe über den Befehl „Vorgabe ausführen [. . .]" die Vorgabe „Datensätze erstellen" selbst wieder auf. Wenn Sie diese Vorgabe ausführen, wird Datensatz um Datensatz automatisch angelegt, da die Vorgabe sich selbst immer wieder aufruft und ausführt. Nach wenigen Minuten sind die 2.200 Datensätze erstellt. Mit dem Tastaturbefehl «Befehl-.» können Sie die Vorgabe jederzeit unterbrechen, um sich über den Stand der Dinge zu vergewissern. Da FileMaker Pro hier keine Abbruch-Marke setzen kann, ist der Umgang mit rekursiven Prozeduren nicht ungefährlich. Da Sie eine Endlos-Schleife konstruiert haben, kann Sie sich theoretisch bis zum Erreichen des Endes ihrer Speicherkapazität wiederholen. Gehen Sie erst Kaffeetrinken, wenn die Vorgabe ihre Schuldigkeit getan hat. Und noch etwas: Löschen Sie diese rekursive Vorgabe anschließend über den ScriptMaker™, damit ein Mißbrauch ausgeschlossen ist.

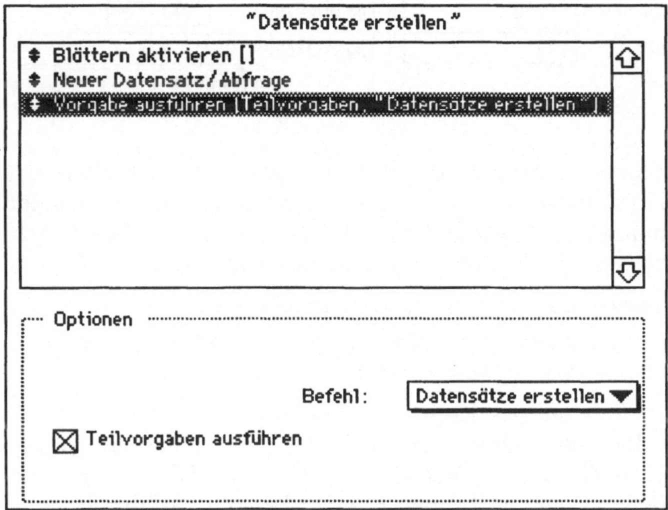

Tabellenwerte berechnen lassen: Rekursive Vorgabe „Datensätze erstellen"

Auf ähnliche Art und Weise können Sie die Steuertabelle für den Splittingtarif erstellen. Die Tabelle enthält grundsätzlich dieselben Felder wie die Tabelle für den Grundtarif. Als Formelfelder übernehmen Sie die Felder „Splittingsteuer", „Splittingeinkommen" und „Ausgabe Splittingsteuer", die in Kapitel 7.1. beschrieben sind.

Felder definieren für "Splittingtarif90"   7 Felder

Name	Typ	Optionen	Anzeige nach	Erstellung ▼
Zu versteuerndes Eink...	Zahl	Autom. Seriennr., Wert erforderlich, Zahl, Bereich		
gerundetes zu versteu...	Formel	= Int (Splittingeinkommen / 54) * 54		
y	Formel	= (gerundetes zu versteuerndes Einkommen-8100) /..		
Splitting.Steuer	Formel	= 2 * Int (If (gerundetes zu versteuerndes Einkomm...		
Splittingeinkommen	Formel	= Zu versteuerndes Einkommen / 2		
Ausgabe Splittingsteuer	Formel	= If (Splitting.Steuer < 0;0;Splitting.Steuer)		
Obergrenze zu verst.Ei...	Formel	= If (Zu versteuerndes Einkommen = 0;11339;Zu ve...		

Splittingtabelle: Datenfelder der Datei „Splittingtarif 90"

Die Differenzierungsabfragen nach dem Steuertarif können Sie in den Formeln löschen, da Sie in dieser Tabelle nur Steuerwerte nach dem Splittingverfahren berechnen lassen. Der Grundfreibetrag der Splittingtabelle ist doppelt so hoch wie beim Grundtarif, und auch das Intervall zwischen den Einkommenswerten verdoppelt sich. Die Besteuerung beginnt bei einem zu versteuernden Jahreseinkommen von 11.340 DM.

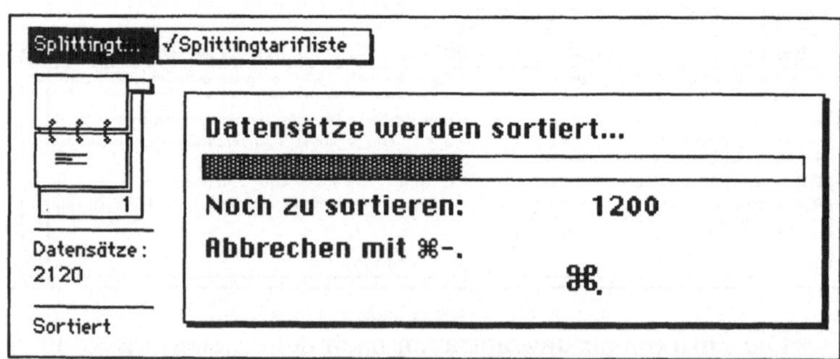

Der erste Datensatz beginnt also bei einen Tabellenwert
von 11232, diesen Wert ändern Sie anschließend in 0 unter
Mißachtung der Warnmeldung. Für die Obergrenze der Tabellenwerte sieht die Formel jetzt folgendermaßen aus:

```
Obergrenze zu versteuerndes Einkommen=

If (Zu versteuerndes Einkommen = 0;11339; Zu ver-
steuerndes Einkommen + 107)
```

Die Elemente des Kopf- und Fußteils des Layouts können
Sie aus der Datei „Grundtarif90" in die Zwischenablage kopieren und in das Layout der Datei "Splittingtarif90" einsetzen.
Anschließend passen Sie den Layout-Text der Splittingtabelle
an. Den Datenteil können Sie wie im Layout der Grundtabelle
aufbauen.

Auch die Datensätze dieser Tabelle können Sie über ein
rekursives Vorgaben-Script wie in der Datei „Grundtarif90"
erstellen lassen. Um bei der Reihenfolge ganz auf Nummer
sicher zu gehen, lassen Sie sich die 2120 Datensätze der Datei
nach dem Feld „Zu versteuerndes Einkommen" sortieren.

Beide Dateien, Grund- uns Splittingtabelle entsprechen der
amtlichen Steuertabelle, die jeder Einkommensteuerberech-
nung zugrunde liegen. Gemeinsam können Sie die Dateien jetzt
als Informationssystem von anderen FileMaker Pro-Anwen-
dungen aus zum Nachschlagen anwenden.

Einkommensteuertabelle 1990: Grundtarif							
Gültig ab 1990 und die folgenden Jahre							
Zu versteuerndes Einkommen in DM		tarifliche Einkommensteuer in DM	Zu versteuerndes Einkommen in DM		tarifliche Einkommensteuer in DM	Zu versteuerndes Einkommen in DM		tarifliche Einkommensteuer in DM
von	bis		von	bis		von	bis	
5.616-	5.669	0	7.560-	7.613	369	9.504-	9.557	741
5.670-	5.723	10	7.614-	7.667	379	9.558-	9.611	752
5.724-	5.777	20	7.668-	7.721	389	9.612-	9.665	762
5.778-	5.831	30	7.722-	7.775	400	9.666-	9.719	773
5.832-	5.885	41	7.776-	7.829	410	9.720-	9.773	783
5.886-	5.939	51	7.830-	7.883	420	9.774-	9.827	794
5.940-	5.993	61	7.884-	7.937	430	9.828-	9.881	804
5.994-	6.047	71	7.938-	7.991	441	9.882-	9.935	815
6.048-	6.101	82	7.992-	8.045	451	9.936-	9.989	825
6.102-	6.155	92	8.046-	8.099	461	9.990-	10.043	836
6.156-	6.209	102	8.100-	8.153	472	10.044-	10.097	847
6.210-	6.263	112	8.154-	8.207	482	10.098-	10.151	857
6.264-	6.317	123	8.208-	8.261	492	10.152-	10.205	868
6.318-	6.371	133	8.262-	8.315	502	10.206-	10.259	878
6.372-	6.425	143	8.316-	8.369	513	10.260-	10.313	889
6.426-	6.479	153	8.370-	8.423	523	10.314-	10.367	900
6.480-	6.533	164	8.424-	8.477	533	10.368-	10.421	910
6.534-	6.587	174	8.478-	8.531	544	10.422-	10.475	921
6.588-	6.641	184	8.532-	8.585	554	10.476-	10.529	932

Fertig zum Nachschlagen: Splittingtabelle in der Seitenansicht

7.3 Nachschlagen in Steuertabellen

Die Höhe der Einkommensteuer haben Sie schon in den Tabellen von FileMaker Pro berechnen lassen. Jetzt lassen wir das Programm darin nachschlagen. Ein kleines Steuerinformationssystem soll ein erstes Ergebnis sein. Wer möchte nicht gerne die Auswirkungen einer Erhöhung der Werbungskosten auf seine persönliche Steuerbelastung durchrechnen lassen? Und Werbungskosten können leicht anfallen: erhöhte Abschreibungen beim Wohneigentum, erhöhte Reisekosten oder Aufwendungen für Arbeitsmittel. Sie tragen die erhöhten Werbungskosten ein, und FileMaker Pro zeigt Ihnen welchen Rückfluß aus Steuermitteln eine Ausgabe, die steuerlich als Werbungskosten anerkannt wird, mit sich bringt.

Leider ist das Steuersystem so komplex, daß Sie für die Antwort auf eine einfache Frage eine ganze Reihe von Voraussetzungen klären müssen. Die Frage nach der familienstandsabhängigen Steuertabelle ist ja noch einfach, aber die steuerlich wirksamen Abzüge vom Bruttoeinkommen öffnen einen wahren Urwald von Steuervorschriften, Durchführungsverordnungen und Gerichtsurteilen. Allein die Berechnung der steuerlich wirksamen Vorsorgepauschale könnte ein kleines Buch füllen. Da wird zwischen Beamten und übrigen Arbeitnehmern differenziert, und innerhalb dieser Gruppen wiederum wird die Pauschale für den Einzelnen von seiner Einkommenshöhe abhängig gemacht. Dabei geht es grob gesagt immer nur darum festzulegen, bis zu welcher Höhe Aufwendungen des Arbeitnehmers für Renten-, Arbeitslosen-, Kranken-, Lebens-, Unfall- und Haftpflichtversicherungen das zu versteuernde Einkommen mindern. Die vier erforderlichen Tabellen, in denen Sie allein für diesen Zweck das Programm nachschlagen lassen, sind hier nicht weiter dokumentiert, sie werden vorausgesetzt und sind auf den Beispieldisketten enthalten. Richten Sie jetzt FileMaker so ein, daß er in den Steuertabellen die richtigen Werte findet. Die neue Datei „Steuerersparnis" hat vier Eingabe-Felder, in denen Sie die persönlichen Eckwerte der Steuerberechnung eintragen können:

- Grundtarif oder Splittingtarif
- die Zahl der Kinderfreibeträge
- Beamten- oder Geschäftsführer-Status oder nicht
- das (evtl. fiktive) Bruttojahreseinkommen

Darüber hinaus können Sie bei den steuerlich wirksamen Abzügen im Feld „Sonstige Steuerfreibeträge" bereits auf der Steuerkarte eingetragene Freibeträge, bereits in Anspruch genommene Abschreibungen für Wohneigentum, Ausbildungs-, Haushalts-, Alters- oder Behindertenfreibetrag u. a. eintragen. Für die Vorsorgepauschale sind entweder beide Arbeitnehmer als Beamte oder als Arbeitnehmer eingeordnet; bei gemischten Dienstverhältnissen treten daher geringfügige Abweichungen auf. Damit ist die Ausgangssituation hergestellt: Erhöhte Werbungskosten sind noch nicht angefallen, die gegenwärtige und zukünftige Steuerbelastung ist gleich und die Steuerersparnis logischerweise gleich null.

Steuer-Info-System: Ausgangssituation in der Datei „Steuerersparnis"

Tätigen Sie nun im Laufe des Jahres bestimmte Ausgaben, die steuerlich als Werbungskosten gelten, können Sie die Summe dieses Betrages in das Feld „Erhöhte Werbungskosten" einsetzen. Derartige erhöhte, zusätzliche Werbungskosten ergeben sich immer bei der Anschaffung von beruflich genutzten Arbeitsmitteln, Wohneigentum und der Fremdfinanzierung von Wohneigentum. Angenommen Sie haben eine zu 100% fremdfinanzierte Eigentumswohnung gekauft und insgesamt DM 250.000 Fremdkapital bei einer Auszahlung von 90% aufgenommen, dann belaufen sich die 10% Disagio immerhin auf 25.000 DM. Diesen Betrag können Sie in voller Höhe im Anschaffungs- oder Herstellungsjahr steuerlich geltend machen. Das Feld „Steuerersparnis" der Datei zeigt Ihnen an, welchen Anteil des Disagios Sie mit Ihrer nächsten Steuererklärung refinanzieren können.

Refinanzierung aus Steuern ? Steuerliche Auswirkung zusätzlicher Werbungskosten

FileMaker Pro liest die Steuerwerte als Referenzen aus den Tabellen ab, wenn die Einkommenswerte für das zu versteuernde Einkommen in beiden Dateien übereinstimmen. Eine Übereinstimmung der beiden Werte ist aber eher die Ausnahme als die Regel.

Zwischen zwei Tabellenwerten: Ablesen von Werten richtig einstellen

FileMaker Pro stellt für diese Situation in der Box „Wird kein passender Wert gefunden, " vier Optionen bereit, die beim Ablesen von Werten aus Dateien ihren Nutzen zeigen. Bekanntlich ist die Steuertabelle beim zu versteuernden Einkommen in Tabellenbereiche aufgeteilt, die jeweils durch eine Unter- und eine Obergrenze definiert sind. Das persönliche Einkommen kümmert sich nicht um diese Bereichsgrenzen, meist liegt es dazwischen. Durch die Option „Wird kein passender Wert gefunden, nächstniedrigeren Wert einsetzen" geben wir FileMaker Pro eine Suchanweisung mit auf den Weg, um den richtigen Wert zu finden.

Im dargestellten Fall soll das Programm für das zukünftig zu versteuernde Einkommen von DM 86.848 die zutreffende Steuer in Höhe von DM 18.154 ablesen. Der Bezug von Daten soll dann Zustandekommen, wenn der Wert des zu versteuernden Einkommens der Referenzdatei dem Wert des zukünftigen zu versteuernden Einkommens der aktiven Datei entspricht. In der Steuertabelle ist ein Wert für das zu versteuernde Einkommen über DM 86.848 aber nicht vorhanden. Der richtige Wert befindet sich in der nächstniedrigeren Zone, und die eingestellte Option bewirkt das korrekte Ablesen in der Tabelle.

Referenzen richtig eingestellt: Wirkung der Option „Nächstniedrigeren Wert einsetzen"

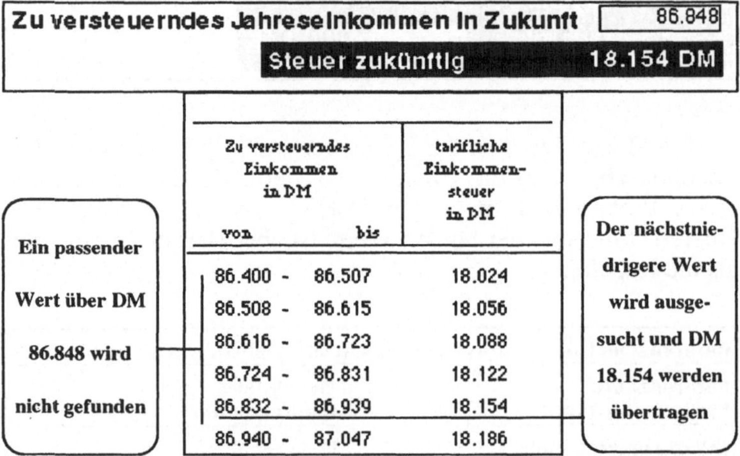

Was für das Nachschlagen von Werten in Steuertabellen möglich ist, läßt sich natürlich erst recht für wesentlich kleinere Tabellen anwenden, wie sie z.B. bei der Staffelung von Mengen- oder Auftragswert-Rabatten üblich sind. Übrigens dürfte die Größe der beiden Steuerdateien keine Speicherplatzprobleme bei der Anwendung bereiten, unkomprimiert passen beide Dateien auf eine 800 KByte-Diskette, als komprimierte Kopie belegen Sie weniger als 600 KBytes.

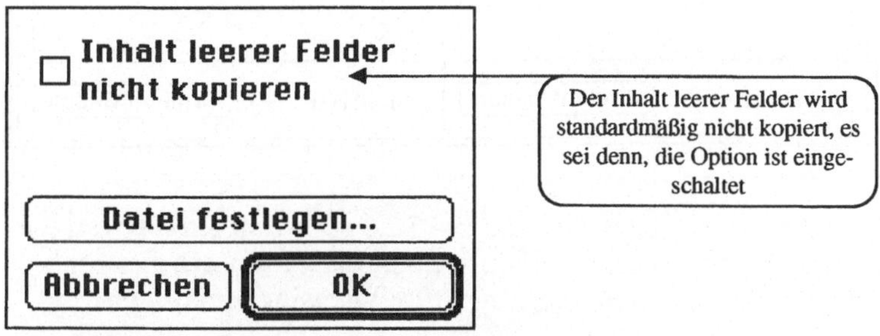

Wieviel Speicherplatz?
Größe der Steuertabellen

Mit der Version 2.0 gibt es beim Nachschlagen in Referenz-Dateien eine Option, die anders funktioniert als in den vorgehergehenden Versionen und die leicht zu Mißverständnissen führen kann. Bisher kopierte das Programm den Inhalt leerer Felder einer Referenzdatei standardmäßig nicht. In der neuen Version müssen Sie diese Option erst einschalten, damit die Arbeit mit konvertierten Dateien wie in den vorangegangenen Versionen funktioniert.

Version 2.X:
Kopier-Option für leere Feldinhalte der Referenz-Datei

7.3.1 Nachschlagen in Alias-Dateien

Eine Möglichkeit, die nur für die Macintosh-Anwender unter System 7.X besteht, ist das Nachschlagen von Werten in Alias-Dateien. Alias-Dateien sind sogenannte Stellvertreter-Dateien, die sich den Pfad zur Original-Datei gemerkt haben. Alias-Dateien können Sie mit dem Finder von System 7 erstellen lassen. Die Namen der Alias-Dateien können Sie wie bei jeder anderen Datei verändern. FileMaker Pro 2.0 arbeitet mit Alias-Dateien und kann auch Alias-Dateien als Referenz-Dateien verwenden. Beachten Sie dabei bitte einige Besonderheiten. Alias-Dateien sind auch für die Arbeit mit FileMaker Pro eine nützliche Hilfe. Wenn Sie aus verschiedenen Projekten auf Ihre Adressenbestände oder auf Steuertabellen zurückgreifen wollen, benötigen Sie nicht mehr die Original-Datei in Ihrem Projekt-Ordner, sondern die in der Regel nur 4 Kilobyte große Alias-Datei.

Alias-Dateien: Info-Fenster über FileMaker Pro-Alias-Dateien

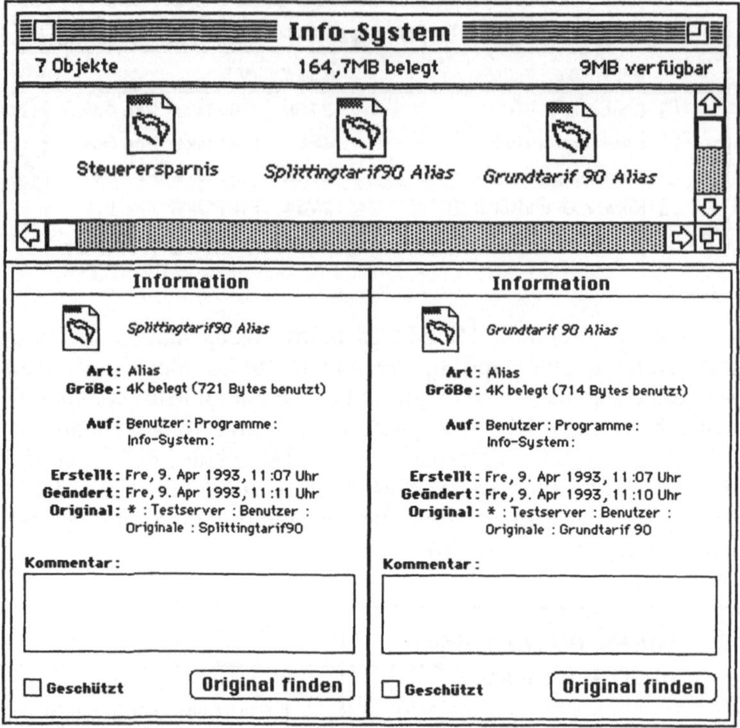

Wenn Sie Alias-Dateien als Referenz-Dateien verwenden wollen, sollten Sie folgende Reihenfolge im Vorgehen unbedingt einhalten, damit der Zugriff reibungslos funktioniert.

1. erstellen Sie die Alias-Datei mit dem Macintosh-Finder in dem Ordner, in dem die Original-Datei vorhanden ist

2. verschieben Sie danach die Alias-Datei in das Verzeichnis, wo Sie die Datei benötigen

3. verändern Sie ggf. den Namen der Alias-Datei

4. beginnen Sie erst jetzt mit der Definition von Referenzen aus der Alias-Datei.

Die Definition der Referenzen erfolgt wie sonst in FileMaker Pro üblich, nur das Fenster zur Auswahl der Datei sieht etwas anders aus. Die Namen Alias-Dateien erscheinen in *kursiver* Darstellung.

Sie können bei aktiviertem File-Sharing unter System 7 auch auf lokale Alias-Dateien zugreifen, deren Originale sich auf entfernten File-Servern befinden („Remote Lookups"). Voraussetzung ist allerdings, daß auf Ihrem Macintosh die Verbindung zum jeweiligen File-Server bereits hergestellt ist.

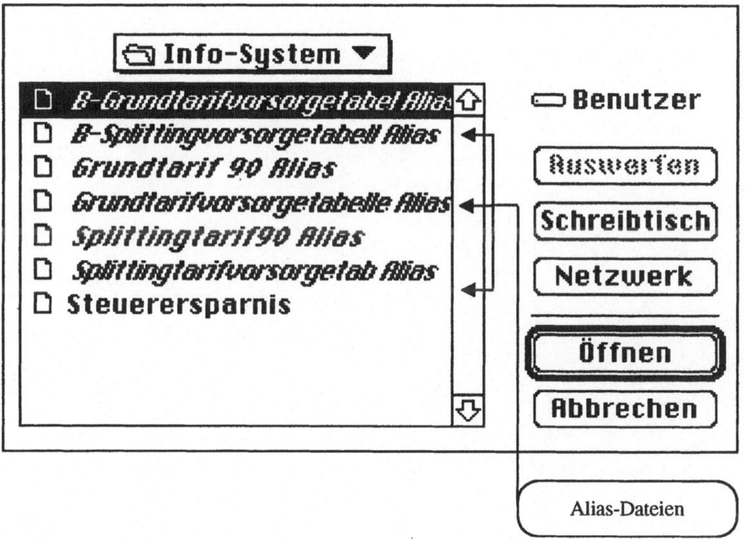

Alias-Dateien im *Öffnen*-Dialogfenster: Auswahl von Alias-Dateien als Referenz-Datei

Sollten Sie nicht unter System 7 arbeiten, können Sie aber über die Option „Netzwerk" aus dem Menü *Öffnen* eine Datei auf einem File-Server als Referenz-Datei öffnen. Mehr über die gemeinsame Nutzung von Dateien, die Datensicherheit und das plattformübergreifende Arbeiten im nächsten Kapitel.

8

Gemeinsam Dateien nutzen – FileMaker im Netz

Das Kapitel informiert über:

- **Mehrfachnutzung von Dateien im Local-Talk-Netz**
- **Mehrfachnutzung von Dateien im Novell-Netz**
- **plattformübergreifenden Dateiaustausch**
- **Schutz von Dateien**
- **Zugriffsrechte und Gruppenbildung**

FileMaker Netzwerk

Gemeinsam Dateien nutzen – FileMaker Pro im Netz

Mit FileMaker Pro arbeiten Sie in einer Software-Umgebung, die prinzipiell Dateien erstellt, die von mehreren Benutzern in einen Netzwerk oder einem Netzwerkverbund gleichzeitig bearbeitet werden können. Jede FileMaker Pro-Datei kann über das Menü *Ablage* (Macintosh) bzw. *Datei* (Windows) mit einem Dateiattribut versehen werden, das die Datei anderen Benutzern zur Verfügung stellt. Gerade für kleinere Arbeitsgruppen – „Workgroups" – ergibt sich hier die Möglichkeit, schnell und unkompliziert FileMaker Pro-Dateien gemeinsam zu benutzen (*file-sharing*). Diese Kooperationsmöglichkeit spart Speicherplatz und erhöht die Produktivität.

In den von Haus aus vernetzten Macintosh-Umgebungen ist die Arbeit im Multi-User-Betrieb seit dem Erscheinen der Version von FileMaker II im Jahre 1988 möglich. Die für den Multi-User-Betrieb erforderliche Abstimmung von System-, Netzwerk- und Anwendersoftware ist im Bereich des Macintosh mittlerweile so verzahnt worden, daß Sie für den Multi-User-Betrieb von FileMaker Pro nicht einmal mehr die Apple-Netzwerksoftware „AppleShare" benutzen müssen. Auch in der Umgebung von Windows-PCs gehört der Umgang mit vernetzten PCs immer mehr zur üblichen Arbeitsumgebung. Das gegenwärtig grundlegende PC-Betriebssystem für Windows, MS-DOS, bietet jedoch nur embryonale Ansätze für Netzfunktionen. Die Organisation des Datenverkehrs wird von Netzwerksoftware übernommen, die mit MS-DOS und Windows abgestimmt sein muß. Die am weitesten verbreitete Netzwerksoftware ist Novell NetWare. FileMaker Pro können Sie auf Windows-PCs, die in Novell-Netzen eingebunden sind, ebenfalls im Multi-User-Betrieb einsetzen. Allerdings ist dafür eine präzise Feinabstimmung zwischen Systemsoftware (MS-DOS), Benutzeroberfläche (Windows) und Netzwerk-Software (Novell-Net-Ware) als Basis erforderlich.

Schließlich können Sie FileMaker Pro-Dateien auch in gemischten Netzen (WindowsPCs, Macintosh) gemeinsam nutzen. Diese plattformübergreifende Dateinutzung läßt mit Farallon PhoneNET Talk und EtherNet realisieren. Farallon Phone-NET Talk besteht aus einer Steckkarte, mit denen WindowsPCs an ein Local-Talk-Netz angeschlossen werden können und einer Netzwerk-Software, die den Datenaustausch reguliert. Ab Version 2.1 können Sie über das Kontrollfeld „MacIPX" Ihre Ethernet-Konfiguration einstellen. FileMaker unterstützt dann plattformübergreifendes Arbeiten unter Novell-Net-Ware sowie die Arbeit mit allen wichtigen Netzwerk-Betriebssystemen.

8.1 FileMaker Pro im AppleTalk-Netz

Um in einem Netz mit mehreren Macintosh die Dateien gemeinsam benutzen zu können, sind nur drei Voraussetzungen zu erfüllen:

* eine Reihe von Macintosh mit jeweils einer installierten Version von FileMaker Pro2.X. Sie benötigen für jeden Macintosh im Netzverbund eine eigene Lizenz von FileMaker Pro

* die Datei „FileMaker Netzwerk" muß sich im Ordner „Claris" in Ihrem Systemordner befinden. Diese Datei unterstützt AppleTalk.

* eine physikalische Verbindung Ihrer Rechner mit Local-Talk-Adaptern und aktiviertem AppleTalk in dem Auswahl-Programm. Ein dedizierter File-Server oder System 7-File-Sharing ist nicht erforderlich.

Die Netzwerk-Konzeption von FileMaker Pro ist eine *Host-Gäste*-Beziehung. Der erste Benutzer, der eine Datei öffnet, ist der Host (~Gastgeber), alle anderen weiteren Benutzer gehören in die Kategorie der Gäste. In AppleTalk-Netzen können bis zu 25 Gäste eine Datei gemeinsam nutzen. Die Gäste können die Datei über die Option „Netzwerk" im Auswahlfenster *Öffnen* zur Verfügung gestellt bekommen. Die Voraussetzung dafür ist lediglich, daß der Host der Datei sie vorher über das Menü *Ablage* zu einer *Mehrbenutzer-Datei* deklariert hat.

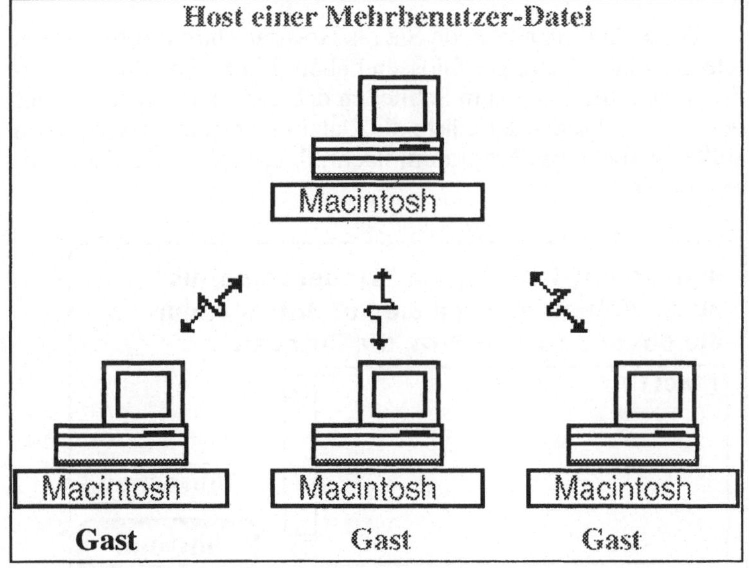

FileMaker-Mehrbenutzer-Dateien:
Host-Gast-Netzwerk

Um anderen Benutzern eine Datei im Netzwerk zur Verfügung zu stellen, müssen Sie lediglich das exklusive Nutzungsrecht der Datei aufheben und die Datei von einer Einzelbenutzer-Datei über den entsprechenden Befehl aus dem Menü *Ablage* zu einer *Mehrbenutzer-Datei* erklären.

Eine Datei für gemeinsame Nutzung freigeben: Datei-Attribute für Mehrbenutzerbetrieb einstellen

Wenn Sie eine Datei als Host öffnen, erhalten Sie automatisch einige Rechte, die mit Verantwortung für die Arbeitsgruppe verbunden sind, und die Sie nur als Host haben:

- Felder definieren

- Layouts neu anordnen

- Gruppen definieren

- Zugriffsberechtigungen verändern

- Kopien sichern

- Änderungen des Dateiattributes

Diese Aktionen können Sie als Host nur durchführen, wenn alle Gäste die Datei geschlossen haben. FileMaker Pro erinnert Sie daran, die Gäste zum Schließen der Datei aufzufordern. Für den Fall, daß einer der Gäste die Datei nicht geschlossen haben sollte, schließt das Programm nach 30 Sekunden die Datei automatisch.

Für bestimmte Aktionen des Hosts: Warten, bis die Gäste die Datei schließen

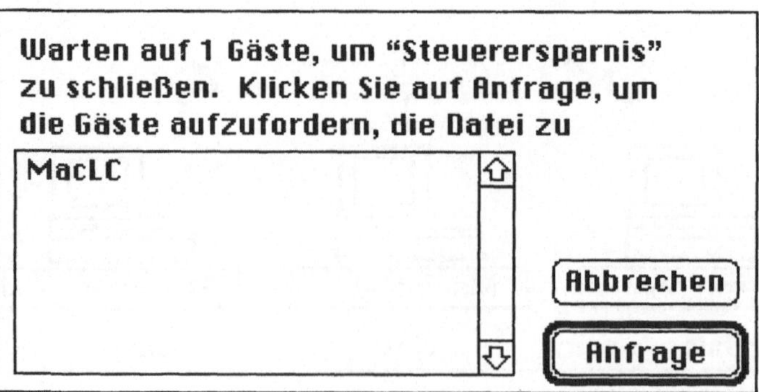

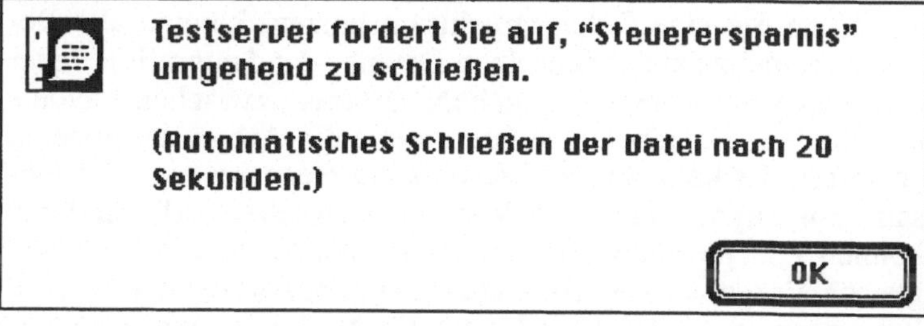

Die Zeit läuft: Nachricht an die Gäste, eine gemeinsam genutzte Datei zu schließen

Auf Anfrage des Hosts fordert FileMaker Pro die Gäste auf, die Datei zu schließen. Als Host haben Sie nicht nur eine Reihe von Rechten gegenüber Ihren Gästen, Sie haben selbstverständlich auch Pflichten. Dazu gehört vor allem das Öffnen aller Referenzdateien, damit Ihre Gäste auch komplett mit der geöffneten Anwendung arbeiten können. Die Namen der Referenzdateien sind im Menü „Fenster" solange in Klammern eingefaßt, wie sie ausschließlich zum Nachschlagen dienen. Bei gemeinsamer Dateinutzung *müssen* sie vom Host auch geöffnet werden, damit die Gäste auch nur nachschlagend zugreifen können. Wenn Sie als Gast eine Datei öffnen wollen, gelangen Sie nach Betätigung der Taste „Netzwerk" in das Auswahlfenster *Netzwerkzugriff*. Enthält Ihr Netzwerk mehrere Zonen, können Sie im unteren Teil die Zone einstellen. Ansonsten sind alle Dateien aufgelistet, die eine Mehrfachbenutzung zulassen. Der Host-Rechner wird oberhalb der Dateien in hellem Grau eingeblendet.

Netzwerkzugriff: Öffnen einer Mehrfachbenutzer-Datei als Gast

Wenn Sie eine Datei gemeinsam nutzen, können alle Benutzer gemeinsam auf denselben Datenbestand zugreifen. Jeder Benutzer kann Datensätze suchen, sortieren, zwischen Layouts umschalten, Vorgaben ausführen, ohne die Arbeit der anderen zu stören. Es kann aber nur jeweils ein Benutzer einen Datensatz, ein Layout oder eine Vorgabe bearbeiten. Alle anderen können den gleichen Datensatz, das gleiche Layout oder die gleiche Vorgabe zwar lesen, aber nicht ändern, bis der aktuelle Benutzer seine Arbeit beendet hat. FileMaker Pro macht mit einer Meldung die wartenden Benutzer bei Änderungsversuchen darauf aufmerksam.

Je Datensatz nur ein Benutzer zur Zeit: Meldung an alle Benutzer, daß ein Datensatz bearbeitet wird

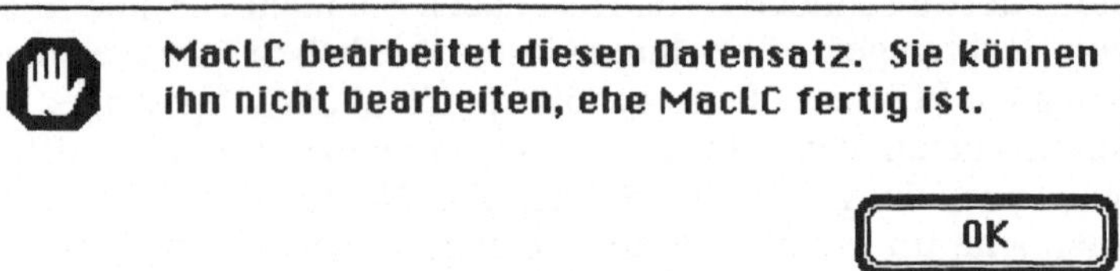

Die Änderungen an der gemeinsam genutzten Datei erscheinen im Fenster aller Benutzer, die Speicherung allerdings erfolgt nur an dem Ort, wo der Host die Datei geöffnet hat. Achten Sie bitte darauf, daß der Host das Programm über den Befehl *Beenden* («Befehl-Q») verläßt, da beim Ausschalten des Computers ohne reguläre Beendung des Programmes Datenverluste auftreten können.

8.2 FileMaker im Novell-Netz

Auch unter Novell-NetWare werden FileMaker Pro-Dateien nach dem Host-Gäste-Prinzip für die gemeinsame Nutzung bereitgestellt. Das Verfahren der Bereitstellung läuft wie bei der Macintosh-Version ab. Über den Befehl *Einzelbenutzer* oder *Mehrbenutzer* aus dem Menü *Datei* gibt FileMaker Pro Dateien für das File-Sharing frei oder nicht. Allerdings muß der Host darauf achten, daß die Gäste über die entsprechenden Schreib- und Leserechte für den Speicherort der Datei verfügen, außerdem müssen diese Rechte für das Anlegen von temporären Dateien im Verzeichnis Claris vorhanden sein.

Unter Novell-NetWare verwendet FileMaker Pro für Windows für die Mehrbenutzer-Kommunikation das Netzwerkprotokoll IPX/SPX. Bei Farallon PhoneNET Talk nutzt FileMaker Pro für Windows das AppleTalk-Protokoll. FileMaker Pro für Macintosh arbeitet dagegen bei Mehrbenutzer-Anwendungen ausschließlich mit dem AppleTalk-Netzwerkprotokoll, ab Version 2.1 auch im MacIPX-Protokoll von Novell.

```
┌─────────────────────────────────────────────┐
│ ▐ Datei ▌                                     │
│   Neu...                                       │
│   Öffnen...              Strg+O                │
│   Schließen              Strg+W                │
│ ───────────────────────────────────────────── │
│   Voreinstellungen...                          │
│   Zugriffsberechtigung                  ▶      │
│   Einzel benutzer                              │
│ ───────────────────────────────────────────── │
│   Druckereinrichtung...                        │
│   Drucken...             Strg+P                │
│ ───────────────────────────────────────────── │
│   Import/Export                         ▶      │
│   Speichern unter...                           │
│   Reparieren...                                │
│ ───────────────────────────────────────────── │
│   Beenden                Alt+F4 or Strg+Q      │
└─────────────────────────────────────────────┘
```

Bild 7.7:
Das Menü *Datei* von
FileMaker Pro für
Windows

Verschiedene Computer können nur dann gemeinsam auf FileMaker Pro-Datenbestände zugreifen, wenn diese Computer mit demselben Netzwerkprotokoll arbeiten, und wenn Sie bestimmte, unabdingbare Systemdateien auf den Arbeitsstationen installiert haben.

Wenn Sie Novell-NetWare zur Vernetzung mehrerer PCs installiert haben, auf denen Sie FileMaker Pro für Windows einsetzen wollen, können Sie die im Netz integrierten Macintosh-Computer für gemeinsame Dateien nutzen, indem diese das Netzwerkprotokoll MacIPX von FileMaker Version 2.1 verwenden. Dazu müssen die Macintosh-Computer entweder unmittelbar ins Ethernet-Netzwerk oder mittelbar über ein IPX-Gateway eingebunden sein.

Für die Einrichtung von FileMaker Pro in einem Novell-Netzwerk benötigen Sie folgende Hard- und Software:

- eine Novell-kompatible Netzwerkkarte für jeden lokalen PC

- die Netzwerk-Software Novell-NetWare Server 2.15 oder höher, die Shell-Version 3.26 oder höher

- das Novell-NetWare Workstation Kit für DOS/Windows

- wählen Sie bei der Installation von FileMaker Pro für Windows auf einem Novell-Server die Netzwerkoption „Novell-NetWare"

Auf den lokalen Arbeitsstationen installieren Sie das Programm „Novell-NetWare Workstation for Windows". Es ist zum Betrieb von FileMaker Pro unter Windows 3.0 erforderlich und stellt NetWare-Dienstprogramme für die Windows-Versionen 3.0 und 3.1 zur Verfügung. In der dazugehörigen Dokumentation finden Sie Informationen zur Verwendung von Windows unter Novell-NetWare.

Bei der Installation der Netzwerk-Software für die lokalen Stationen wird für die Arbeit mit FileMaker Pro eine Datei aus dem NetWare-Verzeichnis modifiziert. Fügen Sie den folgenden Eintrag in die NetWare-Datei NET.CFG (oder SHELL.CFG) ein:

```
GET LOCAL TARGET STACKS = 10
```

Sollen mehr als 12 Gäste gleichzeitig auf Dateien zugreifen können, fügen Sie folgenden Eintrag in die NetWare-Datei NET.CFG (oder SHELL.CFG) ein:

```
SPX CONNECTIONS = 40
```

Folgende Namenskonventionen gelten für FileMaker Pro unter NetWare: Als Host einer Datei verwendet FileMaker Pro den Login-Namen für NetWare oder, falls das Login fehlgeschlagen ist, den Namen „Unbekannt". Als Gast einer Datei übernimmt FileMaker Pro den Benutzernamen aus dem Feld „Allgemeine Voreinstellungen", oder den Namen „Unbekannt", falls dort kein Eintrag erfolgt ist. Ergeben sich Namenskonflikte bei diesem Verfahren, fügt FileMaker Pro eine Zahl an den Namen an, beispielsweise: „Unbekannt", „Unbekannt-{1}", „Unbekannt-{2}".

Mit dem Programm Farallon PhoneNET Talk können entweder PCs mit FileMaker Pro für Windows oder Macintosh-Rechner mit FileMaker Pro für Macintosh vernetzt werden. Das Programm Farallon PhoneNET Talk ermöglicht PCs die Verwendung des AppleTalk-Protokolls. Dadurch können Daten auf den PCs und Macintosh-Computern unter FileMaker Pro für Windows und FileMaker Pro für Macintosh von mehreren Anwendern gemeinsam genutzt werden.

8.3 Plattformübergreifender Dateiaustausch

FileMaker Pro-Dateien sind sowohl auf Macintosh als auch auf WindowsPCs ohne Konvertierung einsetzbar. Der Dateiaustausch wird am elegantesten in einem Netzwerk realisiert, da hier das Hantieren mit den unterschiedlichen Diskettenformaten entfallen kann. Aber auch über Disketten ist der Dateiaustausch ohne weiteres möglich. Beachten Sie dabei aber bitte einige Besonderheiten.

- Die Diskettenformate vom Macintosh und WindowsPCs sind unterschiedlich. Sie können mit FileMaker Pro für Macintosh erstellte Dateien auf eine DOS-formatierte Diskette sichern und mit FileMaker Pro für Windows weiter bearbeiten.
- Sie können auch eine mit FileMaker für Windows erstellte Datei auf eine DOS-formatierte Diskette sichern und mit FileMaker Pro für den Macintosh nutzen
- Aber es geht *nicht* eine mit FileMaker für Windows erstellte Datei von einem WindowsPC auf eine Macintosh-formatierte Diskette zu sichern.

Bei der Arbeit mit den FileMaker Pro-Dateien auf unterschiedlichen System-Plattformen sind einige Dinge zu berücksichtigen, die den Austausch von Daten erleichtern.

Dateinamen

Bei den Dateinamen ergeben sich die systembedingten Einschränkungen. Die Dateinamen dürfen bei MS-DOS nur eine maximale Länge von 8 einigermaßen frei wählbaren Zeichen haben (Macintosh: 31 Zeichen), die Dateinamenserweiterung für FileMaker-Dateien ist „.FM". Bei der Vergabe von Dateinamen in gemischten Netzwerkumgebungen sollten Sie diesen Tatbestand unbedingt beachten, wenn Sie mit FileMaker Pro für Macintosh erstellte Dateien für Windows PCs ohne längere Umschweife verfügbar machen wollen. Beim Dateiaustausch in der umgekehrten Richtung brauchen Sie den Dateinamen keine Beachtung zu schenken.

Schriften und Ausrichtung

TrueType-Schriftarten und Adobe Type Manager (ATM) sind für Windows und Macintosh verfügbar. Nur beim Abstand der einzelnen Buchstaben weichen die Macintosh- und die Windows ATM-Schriftarten geringfügig voneinander ab. Sollten Sie ein Feld mit einer bestimmten Schriftart formatieren, speichert das Programm den Namen der Schriftart mit der Datei. Kopieren Sie die Datei auf einen anderen Computer, steht diese Schriftart eventuell nicht zur Verfügung oder ist anders definiert. In diesem Fall greift FileMaker Pro für Macintosh auf eine Liste zurück, aus der hervorgeht, welche Schriftart durch welche zu ersetzen ist.

Diese PC-Schriftart:	wird durch diese Macintosh Schrift ersetzt
MS Serif	Times
Times New Roman	Times
Times	New York
Tms Rmn	Times
Courier New	Courier
Courier	Monaco

Umgekehrt können Sie Windows so einrichten, daß Sie möglichst gute Ergebnisse bei der Arbeit mit Macintosh-Dateien erzielen. Legen Sie im Abschnitt [FontSubstitutes] den gewünschten Schrift-Ersatz fest. Ist der Name der Schriftart FileMaker Pro unbekannt, wird diese Schriftart durch eine andere ersetzt. Dabei wird von FileMaker Pro zuerst der Abschnitt [FontSubstitutes] der Datei WIN.INI nach Zuordnungsanweisungen überprüft. Wird dort keine Zuordnung gefunden, wird eine Voreinstellung verwendet. Das Programm verwendet dabei jeweils die Schriftart, die es zuerst findet. Die Suchfolge ist Arial, Helvetica, MS Sans Serif, Helv oder System.

Sollten Sie auf dem Macintosh und dem PC unterschiedliche Schriftentechniken einsetzen, müssen Sie unter Umständen die Ausrichtung des Textes in den Layouts korrigieren.

Graphik

Standardmäßig werden Graphiken in Dateien von FileMaker Pro für Windows aus Platzgründen nur im PC-Format gespeichert. Der Macintosh kann diese Grafiken nicht lesen. Die Unvereinbarkeit der Formate können Sie im Dialogfeld *Dokument-Voreinstellungen* beseitigen, indem Sie die Option „Macintosh-Graphikformat speichern" aktivieren. Beachten Sie bitte, daß diese Option nicht rückwirkend für bereits erstellte PC-Grafiken in Dateien wirksam wird.

Bildkompatibilität einstellen: Dokument-Voreinstellungen bei FileMaker Pro für Windows

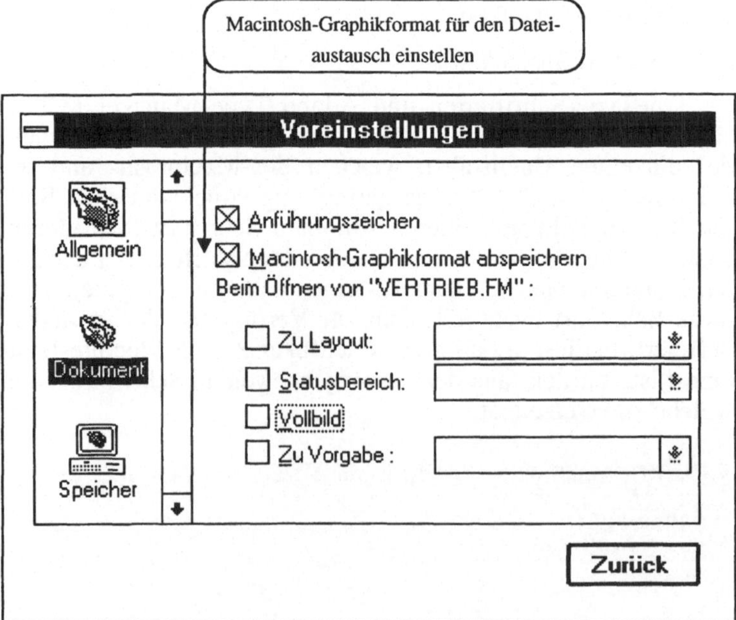

Um bereits im PC-Format gespeicherte Bilder in Macintosh-kompatible Bilder zu verwandeln, fügen Sie ein neues Bildfeld in ihr Layout und kopieren die Bilder über die Zwischenablage dort hinein. Diesen Vorgang können Sie über eine Vorgabe automatisieren. Anschließend löschen Sie das alte Bildfeld im Layout, da dort sämtliche alten Formatinformationen enthalten sind.

Sie können die Standardeinstellung bei FileMaker Pro für Windows für das Feld „Macintosh-Bildformat speichern" dahingehend ändern, daß Bilder in neuen Dateien automatisch im Macintosh-Format gespeichert werden. Fügen Sie dazu die Zeile „Pict Default=1" in den Abschnitt [FileMaker Pro] der Datei CLARIS.INI ein.

Zeichensätze

Bei Windows und bei Macintosh kommen unterschiedliche Zeichensätze zum Einsatz. Von den 256 möglichen Zeichen eines ASCII-Zeichensatzes stimmen in der Regel nur die ersten 128 Zeichen überein. Bei den oberen ASCII-Zeichen kann es zu Abweichungen kommen. Beide Zeichensätze umfassen die alphanumerischen Zeichen (inklusive der Zeichen mit Akzent). Andere Zeichen sind jedoch nicht in beiden Zeichensätzen zu finden. So enthält der Macintosh-Zeichensatz die Zeichen kleiner gleich: „≤" , größer gleich: „≥" und ungleich: „≠", die es im Windows-Zeichensatz nicht gibt. Bei der gemeinsamen Nutzung von Dateien mit FileMaker Pro für Windows und für Macintosh sollten Sie daher nur Zeichen verwenden, die bei beiden Zeichensätzen definiert sind. Die anderen Zeichen werden nicht wie gewünscht dargestellt.

Verwenden Sie beim Export von Datensätzen einen Zeichensatz, der von der Zieldatei gelesen werden kann (Windows-ANSI, DOS, Lotus-LICS oder Macintosh), damit die Zuordnung der hohen ASCII-Zeichen funktioniert.

Besondere Beachtung sollten Sie bestimmten Vergleichsoperatoren in Suchabfragen widmen. Verwenden Sie bei *Suchabfragen* beispielsweise anstatt des Macintosh-Zeichens „kleiner gleich" die Zeichenkombination „<=", anstatt „größer gleich" die Zeichenkombination „>=" und entsprechend für das Zeichen „ungleich" die Zeichenkombination „<>". Diese Zeichenkombinationen werden in beiden Systemumgebungen in Suchabfragen richtig erkannt.

Denken Sie auch daran, daß nicht alle Zeichen des Windows-Zeichensatzes bei allen Windows-Schriftarten verfügbar sind. Im allgemeinen stehen bei den TrueType- und Adobe Type Manager-Schriftarten mehr Zeichen zur Auswahl als bei den Windows Bitmap-Schriftarten.

Drucken

Aufgrund unterschiedlicher Druckertreiber-Einstellungen (z. B. Rand, Druckbereich und Schriftarten), sind eventuell unterschiedliche Layouts erforderlich, um dieselbe Datei unter FileMaker Pro für Windows und für Macintosh zu drucken. Dies gilt insbesondere dann, wenn Sie sehr genaue Druckergebnisse, z.B. für amtliche Formularseiten, benötigen.

Farbzuordnung

Bei FileMaker Pro für Windows stehen einschließlich der 16 Standardfarben der VGA-Treiber insgesamt 88 Farben zur Verfügung. Bei FileMaker Pro für Macintosh sind es ebenfalls 88 Farben, von denen 75 identisch mit den Farben von File-Maker Pro für Windows sind. Die restlichen dreizehn Farben weichen in der Mehrzahl nur geringfügig voneinander ab. Bei Bedarf sollten Sie jedoch die Farbpaletten von FileMaker Pro für Windows und für Macintosh vergleichen.

Ton

Verschiedene Töne, die in den Dateien von FileMaker Pro für Macintosh eingefügt oder aufgezeichnet sind, liegen in komprimierter Form vor. In FileMaker Pro für Windows hingegen können Ton-Informationen im komprimierten Macintosh-Format nicht wiedergegeben werden. Umgekehrt sind jedoch Ton-Informationen, die mit FileMaker Pro für Windows eingefügt oder aufgezeichnet sind, nicht komprimiert und können daher auf dem Macintosh problemlos abgespielt werden.

Layouts

Wenn Sie mit demselben Layout unter FileMaker Pro für Windows und FileMaker Pro für Macintosh arbeiten möchten und über einen 13-Zoll-PC-Monitor verfügen, empfiehlt sich folgendermaßen vorzugehen, damit die Darstellung auf beiden Computerbildschirmen identisch ist.

Verwenden Sie entweder einen Bildschirmtreiber mit einer Auflösung von 640 x 480 Bildpunkten (z.B. VGA) und deaktivieren Sie die Option „Claris.INI expand", oder verwenden Sie einen Treiber mit 1024 x 768 Bildpunkten Auflösung (z.B. XGA) und aktivieren Sie die Option „Claris.INI expand". Damit erzielen Sie in beiden Systemumgebungen eine annähernd identische Layout-Darstellung.

Dateien älterer Versionen von FileMaker

Um Dateien plattformübergreifend zu benutzen, müssen sie vorher mit der Macintosh-Version in das Format von FileMakerPro 2.1-Dateien konvertiert werden.

8.4 Datenschutz und Zugriffsrechte

Datenbank-Anwendungen enthalten unterschiedliche Arten von Informationen auch in Hinblick auf den Zugriff. Eine Reihe von Informationen stehen allen Anwendern einer Datenbank zum Ansehen und Verändern zur Verfügung, andere wiederum sind grundlegende Parameter, die zwar angesehen werden können, aber nicht von jedem Anwender verändert werden dürfen. Außerdem gibt es noch Informationen, die vertraulich zu behandeln und nur bestimmten Personen zugänglich sind. Mit FileMaker Pro können Sie Ihre Dateien entsprechend flexibel schützen.

FileMaker Pro vergibt keine Zugriffsrechte für einzelne Personen, der Datenschutz ist dateiorientiert. Für einzelne Dateien können Sie unterschiedliche Paßwörter und Benutzergruppen definieren, denen jeweils eine ausgewählte Palette von Zugriffsrechten zuzuordnen ist. Dabei unterscheiden wir im wesentlichen zwei Schutzebenen:

- *Paßwörter* beschränken die *Aktionen*, die ein Benutzer in einer Datei durchführen kann: das Bearbeiten von Datensätzen, die Erstellung von Layouts, die Definition von Feldern und Vorgaben.

- Zugriffsberechtigungen von *Gruppen* beschränken den Zugriff auf bestimmte *Ressourcen* einer Datei wie Felder und Layouts. So können Gruppen von der Nutzung bestimmter Layouts und Felder ausgeschlossen werden.

Die Paßwörter von FileMaker Pro-Dateien verbinden die Informationen über die beiden Schutzebenen miteinander. Das Paßwort enthält für FileMaker Pro Informationen darüber

— welche Aktionen der Benutzer durchführen darf

— welcher Gruppe(n) er angehört

— welche Felder und Layouts der Benutzer sehen darf

Über das Paßwort können Sie also Aktionen und Gruppenzugehörigkeit sowie Zugriffsberechtigungen vergeben. Beginnen müssen Sie immer mit der Vergabe eines Hauptpaßwortes, das Ihnen den Zugriff für die gesamte Datei sichert. Es entspricht dem Supervisor- oder Administrator-Paßwort in Netzwerken.

Voreinstellungen...	
Zugriffsberechtigung ▶	**Gruppen definieren...**
✓ **Einzelbenutzer**	**Paßwörter definieren...**
	Überblick...

Zugriffsrechte planen: Definition von Paßwörtern beginnen

Für die Datei „Mitglieder" der Vereinsverwaltung wollen Sie z.B. als Hauptpaßwort „Vorsitz" vereinbaren. Dazu öffnen Sie das Dialogfenster über das Menü *Ablage* bzw. *Datei* und das Untermenü *Paßwörter definieren*. Tippen Sie das Paßwort in das Eingabefeld.

Zugriffsrechte einstellen: Auswahlfenster *Paßwörter definieren*

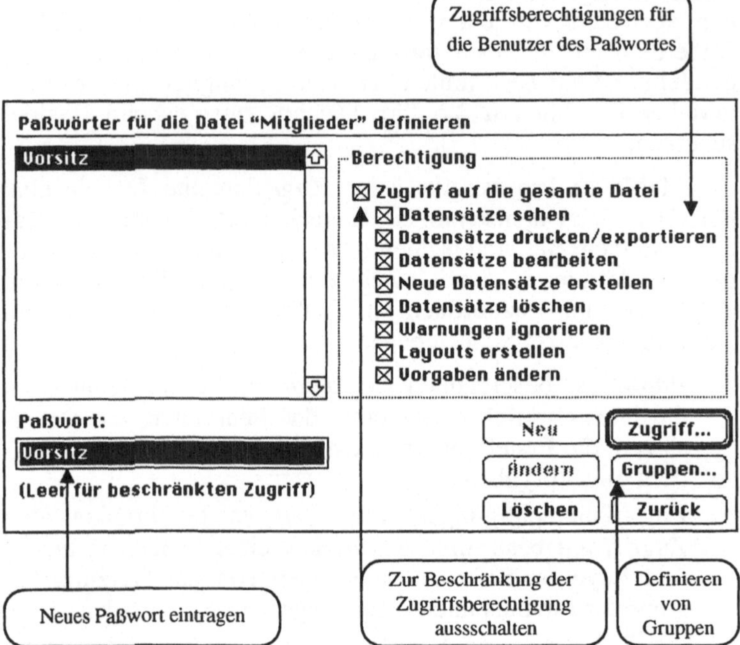

Nach der Vergabe eines Hauptpaßwortes für eine Datei können Sie Änderungen der Paßwörter nur unter Verwendung des Hauptpaßwortes durchführen. Es empfiehlt sich also, das Paßwort mit dem Zugriff auf die gesamte Datei an einem sicheren, wiederauffindbaren Ort aufzubewahren. Wenn Sie danach Änderungen bei den Zugriffsberechtigungen durchführen, fordert das Programm Sie auf, Ihre Rechte zu legitimieren. Sie können natürlich auch Dateien, die ausschließlich Ihnen zugänglich sein sollen, mit einem Paßwort schützen

Hauptpaßwort der Datei: Legitimationsaufforderung für Supervisor-Rechte

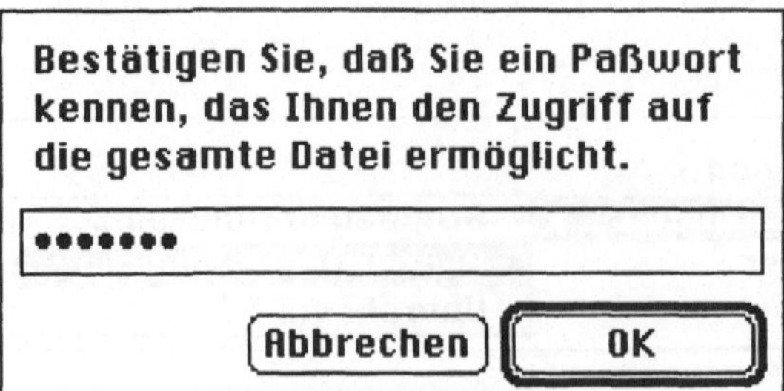

Nach der Vergabe eines Paßwortes fragt das Programm Sie immer vor dem Öffnen der Datei, über welches Paßwort Sie verfügen, das Ihnen den Zugriff zur Datei erlaubt.

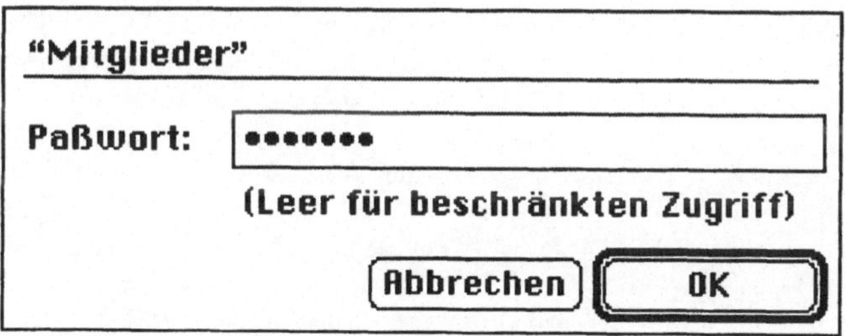

Paßwortkontrolle für den Zugang zur Datei

Verfügen Sie über das Hauptpaßwort, haben sie das Recht, weitere Paßwörter zu vergeben, Zugangsberechtigungen einzustellen und Gruppen zu definieren. Bei der Vergabe der Paßwörter können Sie die Aktionen, über die der Anwender verfügen oder nicht verfügen soll, festlegen (siehe Übersicht nächste Seite).

Möchten Sie die Datei mit einem leeren Paßwort versehen, brauchen Sie nur die Zeilenschaltungstaste zu drücken und die Taste „Neu" anklicken. Danach können sie Zugriffsberechtigungen für ein *leeres* Paßwort definieren. Der Benutzer muß dann anstelle der Eingabe eines Paßwortes lediglich die Zeilenschaltungstaste (Return oder CR) betätigen.

Leeres Paßwort mit dem Recht, in der Datei zu blättern

Wenn Sie Paßwörter wieder löschen wollen, brauchen Sie die Paßwörter nur zu markieren und die Löschen-Taste betätigen. Änderungen von Paßwörtern können Sie in der Eingabe-Zeile für Paßwörter vornehmen. Paßwörter können bis zu 31 Zeichen lang sein. Voraussetzung für die Änderungsberechtigung ist die Verfügung über das Hauptpaßwort der Datei. Benutzer von Paßwörtern mit eingeschränkter Zugriffsberechtigung können nur das eigene Paßwort, nicht aber ihre Zugriffsberechtigungen verändern.

Diese Berechtigung:	Ermöglicht es dem Anwender:
Auf die gesamte Datei zugreifen (Hauptpaßwort)	Alles mit den Datensätzen, Layouts und Vorgaben in der Datei zu tun. Dies ist die einzige Zugriffsebene, die die Änderung von Felddefinitionen erlaubt. Es handelt sich dabei um dieselbe Zugriffsebene, die der Eigner der Datei vor der Festlegung von Paßwörtern hatte.
Datensätze sehen	Zu sehen, was sich in den Datensätzen in Feldern oder Layouts befindet, auf die dem Paßwort zugeordnete Gruppen Zugriff haben. Dies ist die *Mindestzugriffsberechtigung*, die nicht entzogen werden kann. Der Der Eigner der Datei muß diese Berechtigung vergeben, um weitere Berechtigungen vergeben zu können.
Datensätze zu drucken oder zu exportieren	Einen beliebigen Datensatz oder einen aufgerufenen Datensatz zu drucken oder zu exportieren.
Datensätze zu bearbeiten	Die Informationen in bestehenden Datensätzen zu ändern.
Neue Datensätze zu erstellen	Einen neuen Datensatz anzulegen und auszufüllen. Wählt der Eigner der Datei diese Berechtigung, wählt FileMaker Pro automatisch auch die Option "Datensätze bearbeiten", die der Eigner jedoch deaktivieren kann.
Datensätze zu löschen	Einen oder mehrere Datensätze zu löschen.
Warnungen zu ignorieren	Daten einzugeben, die nicht den Definitionen entsprechen, die in dem Dialogfenster „Felder definieren" als „Eingabe-Optionen" festgelegt wurden.
Layouts zu entwerfen	Neue Layouts zu erstellen oder bestehende zu ändern.
Vorgaben zu bearbeiten	Neue Vorgaben zu definieren oder bestehende zu ändern.

Nach der Vergabe von Paßwörtern und der jeweiligen Zugriffsberechtigungen können Sie eine Gruppe definieren. Dieser Gruppe können Sie ein Paßwort zuordnen und den Zugriff der Gruppe auf bestimmte Ressourcen beschränken. Gruppen bieten dem Verwalter einer Datei die Möglichkeit, den Zugriff auf die Ressourcen zu kontrollieren und sie nur bestimmten Abteilungen oder Personen zuzuweisen. Damit können Sie die Ressourcen vor ungewollten Veränderungen und Einsichtnahmen schützen. Um eine Gruppe definieren zu dürfen, müssen Sie der Host einer Datei sein, das Hauptpaßwort besitzen und die Datei als Einzelbenutzer geöffnet haben. Wählen Sie *Zugriffsberechtigung* aus dem Menü *Ablage* bzw. *Datei* und *Gruppen definieren* aus dem Untermenü.

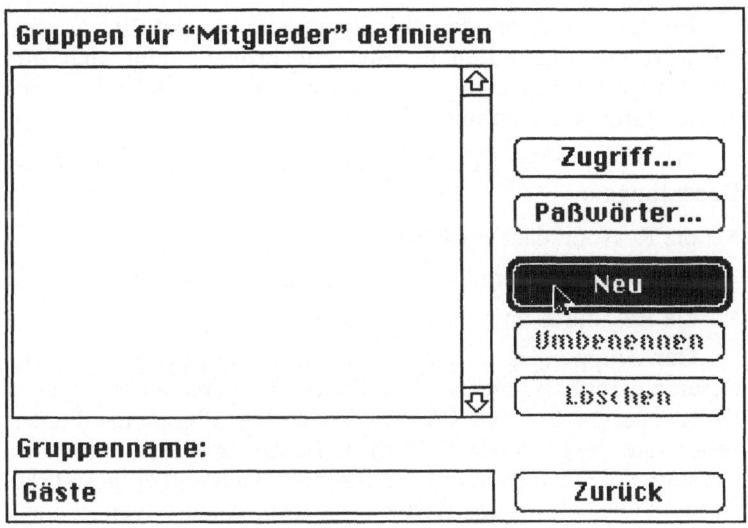

Gruppenbildung: Einrichten der Gruppe „Gäste"

Nach dem Eintragen des Gruppennamens in die Eingabe-Zeile und der Bestätigung mit der Taste „Neu" (bzw. „Umbenennen") wird der Gruppenname in die Liste der Gruppen aufgenommen. Anschließend schalten Sie über die Taste „Zugriff" in das Dialogfenster „Zugriffsberechtigung". Dort erhalten Sie einen Überblick über· die Gruppen, Paßwörter, Layouts und Felder. Jede Eintragung in den vier Rubriken ist mit einem runden Punkt versehen, dem Blickfangpunkt, dessen Inhalt drei verschiedene Zustände signalisiert. Aktivieren Sie eine Gruppe in der Spalte „Gruppen" und markieren Sie den Blickfangpunkt des Paßwortes, das Sie der Gruppe zuweisen wollen. Mit dem Übernahme-Häkchen des Mauszeigers weisen Sie ein Paßwort per Mausklick zu.

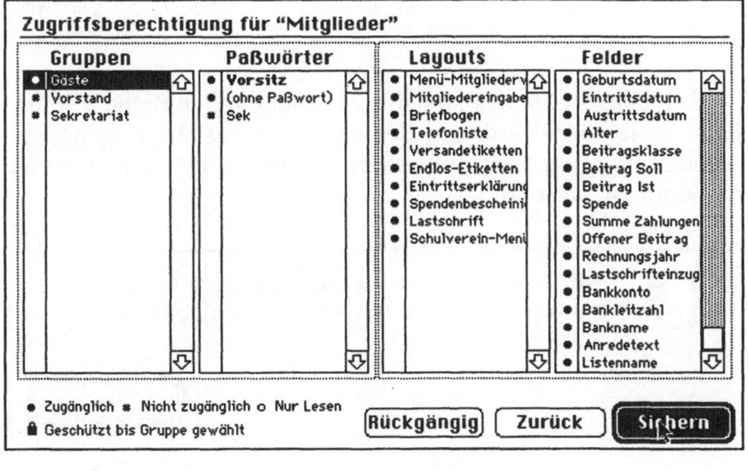

Paßwörter und Ressourcen: Paßwortzuweisunng „ohne Paßw." an die Gruppe „Gäste"

Erscheint danach der Blickfangpunkt ausgefüllt, ist das Paßwort der markierten Gruppe zugeordnet, zeigt sich der Blickfangpunkt hingegen grau, ist das Paßwort nicht der markierten Gruppe zugeordnet.

Die Füllung der Blickfangpunkte hat drei unterschiedliche Bedeutungen:

- die Ressource ist zugänglich
- die Ressource kann gelesen, aber nicht bearbeitet werden
- die Ressource ist nicht zugänglich

Der Gruppe „Gäste" können Sie jetzt alle Layouts nur zum Lesen zugänglich machen. Alle Felder mit personenbezogenen Daten sperren Sie den Gästen, nur einige allgemeine Felder sollen sie lesen dürfen. Nach vollzogener Einstellung des Ressourcen-Zugangs muß FileMaker Pro sich den eingestellten Zustand über die Taste „Sichern" merken. Änderungen können Sie danach nur vornehmen, wenn Sie eine Gruppe gewählt haben. Wählen Sie keine Gruppe aus, zeigt Ihnen FileMaker Pro nur einen Überblick mit Schlösser-Symbolen über den Rubriken „Layouts" und „Felder" an.

Ressourcen-Schutz: Ressourcen-Zugang für die Gruppe „Gäste"

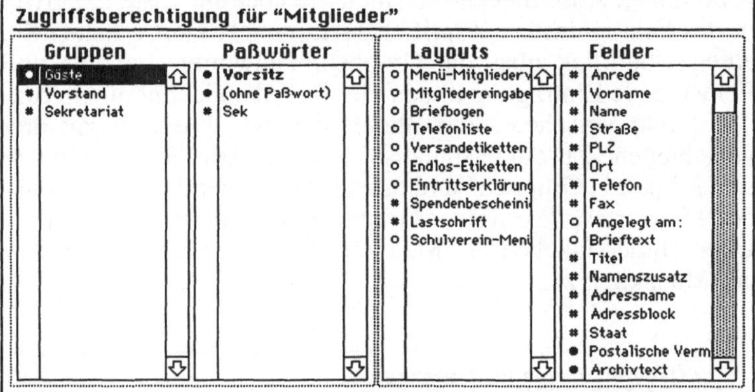

Im Blättern-Modus sind für Sie nicht zugängliche Feldinhalte unsichtbar. Wird vom Benutzer versucht, die Zugangsberechtigung zu ignorieren, quittiert FileMaker Pro den Versuch mit einer Hinweismeldung.

Einspruch: Versuch der Ressourcen-Änderung ohne Berechtigung

In einen anderen Fall sollen alle Layouts für das Sekretariat zugänglich sein. Die Steuer-Menüs und das Menü „Eintrittserklärung" sollen zwar gelesen, aber nicht verändert werden können. Von den Datenfeldern der Mitgliederdatei sind alle Felder veränderlich, bis auf das Feld „Beitrag Soll". Ein Überblick über die Zugriffsberechtigungen des Sekretariats mit den „Schlössern" über den Spalten „Layouts" und „Felder" sieht dann folgendermaßen aus:

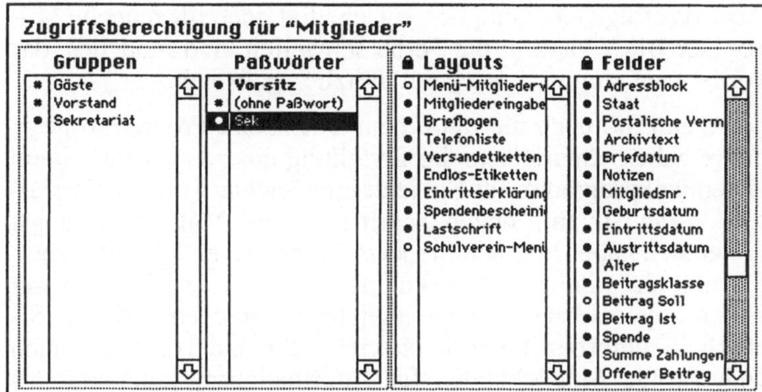

Im Überblick:
Ressourcen-Zugriff
für das Paßwort „Sek"

Nach der Zuordnung der Zugriffsberechtigungen sollten Sie die Funktionsfähigkeit überprüfen, damit die gewünschten Aufgaben und der Schutz der Ressourcen einer Datei nicht in Widerspruch zu einander geraten. Nach gründlichem Test können Sie dann die notwendigen Paßwörter an die Mitarbeiterinnen und Mitarbeiter verteilen.

Ausblick

Sie haben eine kleine Reise durch die vielfältigen Möglichkeiten von FileMaker Pro erfolgreich absolviert. Auf jeder Reise gewinnen Sie Eindrücke, positive und negative, und als Schnappschüsse verdichten sich die herausragenden Eindrücke. Sie sind jetzt in der Lage, alle grundlegenden Features von FileMaker Pro anzuwenden. Zugegeben, der Weg durch FileMaker Pro ist auch mit Steigungen und Serpentinen verbunden. Aber das folgende Panorama entschädigt doch für manche Mühe. Der Blick kann in die Ferne schweifen, und manches, das vorher weit weg war, erscheint plötzlich ganz nah.

Wenn Sie noch nie mit einem Datenbank-Programm gearbeitet haben, dann dürfte die Erstellung einer Datei mit einem Datenbankprogramm für Sie jetzt eine leichte Aufgabe darstellen. Wenn Sie Ihre ersten Schritte mit FileMaker Pro längst hinter sich haben, können Sie jetzt mit mehreren Layouts arbeiten und sie miteinander verknüpfen. Verbundene Dateien mit vielen Layouts haben für Sie jeglichen Schrecken verloren. Sicherlich schweben Ihnen noch viel mehr und vor allem auch andersartige Möglichkeiten für Informationssysteme vor, als ich in diesem Buch behandelt habe. Entwickeln Sie die Strukturen, mit FileMaker Pro finden Sie bestimmt Lösungsmöglichkeiten. Mit diesem Software-Werkzeug können Sie programmieren, ohne eine Programmiersprache kennengelernt zu haben. Sie stellen sich die Befehle Ihrer Stapelverarbeitung per Mausklick zusammen – vorausgesetzt, sie wissen, was Sie wollen. Und daß alles gleich beim ersten Male so klappt, wie man es sich vorstellt, das mag es im Märchen geben, aber auch bei FileMaker Pro geht das nicht. Aber Testen und Verändern, wieder Testen und erneut anpassen, ohne Debugging und stundenlanges Studium von Bleiwüstenlisten – stattdessen auch in der Datenbank „What You See Is What You Get" (WYSIWYG) – das ist wirklich ein Fortschritt und eine Befreiung vom Zwang, sich maschinenzentriertes, in kürzester Zeit überholtes „Verwelkwissen" einzurichtern.

Die Profis im Umgang mit FileMaker Pro kennen jetzt die Möglichkeiten der neuen Version des Programms. Sie wissen um die Einbindung von Apple-Events und Alias-Dateien in FileMaker Pro. Viele Fragen bleiben und entstehen dennoch. In den USA erscheint vierteljährlich eine Zeitschrift der FileMaker Pro-Anwender, der „FileMaker-Report". Vielleicht ist die Zeit ja reif, ein deutsches Informationsblatt ins Leben zu rufen? Wenn Sie einen deutschen „FileMaker-Report" auf die Welt bringen möchten, Tips und Tricks mitteilen möchten, schreiben Sie mir:

Claus von Eitzen, Hermann-Böse-Str. 23, 2800 Bremen.

Anhang

- **Installation**
- **Online-Hilfe**
- **Vermeidbare Fehler**
- **Die Menüs von FileMaker Pro**
- **Konvertieren von Dateien früherer Versionen**
- **Etiketten für Laserdrucker**
- **Dateiformate für Import und Export**
- **Übersicht über die Funktionen**
- **Sachwortverzeichnis**
- **Diskettenversand**

Installation

Voraussetzungen

* System 6.0 oder höher, AU/X 2.0 oder höher
* mindestens einen Macintosh Plus mit Festplatte
* mindestens 1 MByte RAM (bei System 7.X 2 MByte RAM)
* mindestens 1, 2 MByte freien Plattenspeicher für die Installation der Programm-Datei, 4 MByte freien Plattenspeicher für die Installation aller Dateien, d.h. einschließlich des Hilfesystems, der Dienstprogramme und der Beispieldateien
* ein 800 KByte-Diskettenlaufwerk

Netzwerkanforderungen:
siehe Kapitel 7.1

Für die Installation von FileMaker Pro benötigen Sie ca. vier Megabyte freien Speicherplatz auf Ihrer Festplatte. Das Programmpaket enthält Dateien, die in komprimierter Form auf Diskette vorliegen. Sie müssen über das mitgelieferte Installer-Programm entkomprimiert werden. Bei der vollständigen Installation werden neben dem Programm die Hilfe-Dateien, Datei-Filter, Beispieldateien wie Schablonen, Apple-Events und Übungen sowie die Wörterbücher eingerichtet. Außerdem werden noch für den Netzbetrieb und die Verbindung zu anderen Programmen nötige Dateien auf Ihre Festplatte kopiert. Grundsätzlich werden alle Dateien in einen Ordner mit dem Namen „FileMaker Pro 2.X" kopiert. Ausgenommen davon sind die Dateien, die im Ordner „Claris" in Ihrem Systemordner untergebracht werden müssen, damit Sie für das Programm zur Verfügung stehen:

* die Hilfe-Dateien für die Online- und Sprechblasen-Hilfe
* die Wörterbücher
* der Ordner „Claris-Filter" mit den enthaltenen Filtern
* die Datei „Claris XTND System"
* die Datei „FileMaker Netzwerk"
* die Kontrollfeldatei „MacIPX" (Version 2.1)

Sollte der Ordner „Claris" noch nicht vorhanden sein, richtet ihn das Installationsprogramm ein. Ansonsten werden vorhandene Ordner vom Installationsprogramm erkannt und die darin enthaltenen Dateien aktualisiert. Ältere Dateien gleichen Namens werden ersetzt. Sollten Sie schon über ein Anwenderwörterbuch verfügen, benennen Sie es um, damit es Ihnen nach der Installation weiter zur Verfügung steht. Sämtliche im Ordner „Claris-Filter" vorhandenen Dateifilter zum Im- und Export von Dateien anderer Programmen können nicht nur von allen Claris-Programmen, sondern auch von Programmen wie Ragtime u.a. genutzt werden. Bei der Installation auf Rechnern, auf denen das Programm „Internet Router" von Apple aktiv ist, gibt es Probleme mit älteren Versionen dieses Programms. Beim Starten erscheint die Meldung, daß die maximale Anzahl der Benutzer bereits erreicht ist. Verwenden Sie bitte die neueste Version 3.X. des Internet Routers, damit Sie die Fehlermeldung nicht erhalten.

Die Entwicklung von FileMaker

FileMaker hat seinen Ursprung auf dem Macintosh. Die erste Version hieß „FileMaker 1" und erschien im Jahre 1985 für einen Macintosh mit 128 Kilobyte Arbeitsspeicher. Schon damals konnten Grafiken in Dateien integriert und verschiedene Schriftarten verwendet werden.

Die zweite Version „FileMaker Plus" erschien Ende 1987 und enthielt bereits die ersten Möglichkeiten zum Schreiben von Vorgaben-Scripts sowie wesentliche Verbesserungen in der Layout-Technik.

Mit „FileMaker II" im Jahre 1988 wurden FileMaker-Dateien im Netzwerk zu multiuser-fähigen Anwendungen, es kamen die Farbunterstützung sowie eine Reihe von Verbesserungen im Layout-Modus hinzu.

FileMaker Pro 1.0 erschien Ende 1990 und brachte die Möglichkeit, programm- und vorgabensteuernde Tasten zu definieren, hatte ein verbessertes Hilfe-Programm sowie eine integrierte Rechtschreibprüfung.

Mit FileMaker Pro 2.0 erschien Ende 1992 die erste plattformübergreifende Version sowohl für Macintosh als auch für Windows PCs. Durch die Erweiterung von Script-Maker™, verbesserte Layout-Möglichkeiten, Einbindung von Tönen und QuickTime-Movies in Dateien sowie verschiedene Erweiterungen im Detail liegt damit eine Version vor, die in diesem Buch die Grundlage der entwickelten Beispiele ist.

Ab September 1993 steht die FileMaker Pro 2.1 für Macintosh und Windows zur Verfügung. Durch die Einbindung von MacIPX von Novell sowie des NetBIOS-Protokolls wird die Kompatibilität zu allen gängigen Netzwerksystemen hergestellt. Auch die Windows-Version kann jetzt „Quick-Time für Windows"-Videosequenzen als Datenfelder verwalten.

Online-Hilfe

FileMaker Pro für den Macintosh bietet Hilfestellungen auf zweierlei Weise:

- als eigenes Hilfe-System unter dem  *-Menü* («Befehlstaste-<»)
- als aktive Sprechblasen-Hilfe (Nur für die Benutzer von System-7 bei eingeschalteter *Aktiver Hilfe*)

Aktive FileMaker Pro-Sprechblasen-Hilfe

Das FileMaker Pro-Hilfesystem unter dem Apfel-Menü ist ein auf HyperCard basierendes System, dessen Navigationstasten auf einer Karte erläutert sind. Es enthält eine Übersichtskarte und einen Index, der von jedem Punkt des Hilfesystem angesteuert werden kann. Texte und Grafiken des Hilfe-Systems können wie HyperCard-Texte oder Grafiken in die Zwischenablage kopiert werden. Erläuterung erhalten Sie per Klick, nicht per Doppelklick. Die Sprechblasen-Hilfe können Sie sich einblenden lassen.

FileMaker Pro-Hilfe

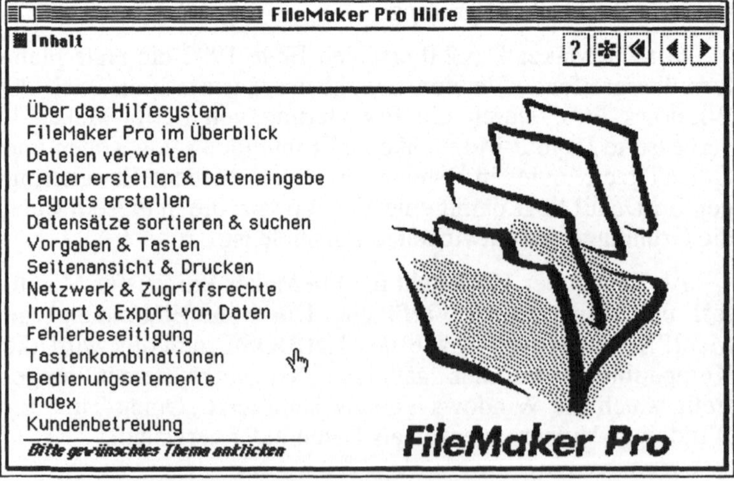

Vermeidbare Fehler

Wenn Sie mit FileMaker Pro Daten verwalten, erleben Sie sicherlich auch Situationen, wo Sie nicht wissen, wie Sie weiterkommen. Sei es, daß eine Ausrichtungsoperation im Layout nicht so aussieht, wie Sie es sich wünschen; sei es, daß die Suchabfrage nicht zu den gewünschten Ergebnissen führt usw. Der wichtigste Grundsatz in solchen Situationen: Wenn das Programm Sie in eine Grube fallen läßt, fangen Sie nicht an, die Grube noch zu vertiefen. Versuchen Sie zwei Operationen auszuführen, die in 99% der Fälle Abhilfe schaffen:

* Versuchen Sie die letzte Aktion über den *Widerrufen*-Befehl des Menüs *Bearbeiten* rückgängig zu machen.

* Versuchen Sie mit dem Tastaturbefehl  -. («Befehl-.») einen unerwünschten Ablauf von Operationen zu beenden.

Natürlich gibt es auch eine Reihe von typischen Mißverständnissen, die bei FileMaker Pro leicht entstehen und die einiges an Verwirrung stiften. Einige der häufigsten Probleme sind im folgenden skizziert:

— *Ändern Sie keine Dateinamen auf Systemebene!*

Durch die Änderung von Dateinamen auf der Systemebene verändern Sie die Bezüge zwischen den Dateien. Die Übertragung von Referenzwerten gerät durcheinander, da die Beziehung zwischen den Dateien über den Dateinamen hergestellt ist und nicht mehr übereinstimmt. Um die Beziehung wieder herzustellen, müssen Sie sämtliche Vorgaben-Scripts und Felddefinitionen mit Referenz-Werten auf die neuen Dateinamen einstellen.

— *Achten Sie auf Leerschritte bei der Eingabe*

Leerschritte zeichnen sich auf dem Bildschirm durch die unangenehme Eigenschaft aus, daß sie unsichtbar sind. Insbesondere am Wortanfang und -ende passiert die Vergabe von Leerzeichen bei der Eingabe in Textfelder. Suchabfragen nach diesen Texten führen dann häufig zu verwirrenden Antworten. Bei der Verknüpfung von Texten zu Zeichenketten hilft dabei die Funktion TRIM(Text), einen Text ohne führende und nachfolgende Leerzeichen zu erzeugen.

— *Verlassen Sie die Auswahlfenster Felder definieren, Formel-Editor und ScriptMaker™ über die Taste „Zurück"*

Wenn Sie wünschen, daß Ihre Änderungen für Felddefinitionen, Formeln oder Scripts Wirkung zeigen sollen, verlassen Sie die Auswahlfenster immer durch Betätigung der Taste „Zurück" und nicht über die Taste „Abbrechen".

– *Verschieben Sie keine Referenz-Dateien in andere Ordner*

Das Programm kann das Beziehungsgefüge der Dateien nicht rekonstruieren, wenn Sie Referenz-Dateien in anderen Ordnern plazieren. Wenn Sie Ihre Dateien auf einer Diskette zu einem anderen PC mitnehmen wollen, kopieren Sie am besten den gesamten Ordner.

– *Experimentieren Sie nicht mit Formelfeldern in großen Dateien*

Wenn Sie in bestehenden Datenbeständen Änderungen in Formelfeldern vornehmen, zwingen Sie FileMaker Pro dazu, die Änderungen für alle Datensätze der Datei neu zu berechnen. Das kann dazu führen, daß die Datei bis in den Stundenbereich mit sich selbst beschäftigt ist. Legen Sie besser eine Clone-Datei an, importieren den einen oder anderen Datensatz und führen dort Ihre Experimente in angemessener Zeit durch.

– *Plazieren Sie keine Objekte im Layout an Bereichsgrenzen*

Das Programm behandelt die Layout-Bereichsgrenzen äußerst sensibel, bereits die Berührung reicht aus, um überraschende Effekte zu erzielen. Nutzen Sie das Positionsfenster zum exakten Positionieren im Layout, damit die Objekte diesseits und jenseits der Bereichsgrenzen fixiert werden.

– *Legen Sie keine neuen Datensätze im Suchen-Modus an*

Datensätze, die im Suchen-Modus eingegeben werden, interpretiert das Programm als Suchabfrage. Sie sind im Blättern-Modus nicht logischerweise nicht auffindbar. Für Vorgaben-Scripts zum Anlegen neuer Datensätze aktivieren Sie, am besten obligatorisch, zuerst den Blättern-Modus.

– *Satznummer, Erstellungs- und Änderungsdatum erleichtern die Arbeit mit Datensätzen*

Die Einrichtung von Datenfeldern, die eine Datensatznummer, das Erstellungs- und Änderungsdatum automatisch zugewiesen bekommen, erleichtert das Suchen nach Datensätzen, das Finden von Doubletten und fehlerhaften Daten.

– *Das Drucken-Dialogfeld aufmerksam einstellen*

Die Einstellungsmöglichkeiten im Drucken-Dialogfeld unterscheiden u.a. zwischen dem Drucken aller Datensätze und dem Drucken nur des aktuellen Datensatzes. Vergewissern Sie sich über die richtige Einstellung und überprüfen Sie ggf. auch noch das Papierformat. Versuchen Sie wiederkehrende Druckvorgänge in Vorgaben-Scripts festzuhalten, denn dort können Sie sowohl das Papierformat wie auch die Druck-Optionen wunschgemäß einstellen und sichern.

— *Feldtyp-Einstellung für das Ergebnis von Formeln beachten*

Damit Ihre Berechnungen in angemessener Form erscheinen, sollten Sie den Ergebnistyp im Formel-Editor besonders kontrollieren. Besonders bei Datums- und Zeitberechnungen löst die Ausgabe einer seriellen Zahl, basierend auf der Standardeinstellung, einige Überraschungen aus, während der Ergebnistyp Datum/Zeit korrekte Ergebnisse in der Form eines Datums oder einer Zeit hervorbringt. Verwenden Sie die Funktion *DateToText(Date)* oder *TimeToText(Time)*, kommt als Ergebnistyp nur Text in Frage.

— *Beachten Sie, daß neue Felder ins aktuelle Layout eingefügt werden*

Wenn Sie Ihrer Datei neue Datenfelder hinzufügen, fügt das Programm Sie automatisch in das aktuelle Layout ein. Wählen Sie daher vor das Layout aus, in dem Ihre neuen Felder auftreten sollen. Andernfalls verändern Sie Layouts, die Sie gar nicht verändern wollten. Dies geschieht leicht unbemerkt, wenn Ihr Layout größer ist als eine Bildschirmseite, denn die neuen Felder werden dann dort eingefügt, wo sie nicht auf den ersten Blick erkennbar sind. Falls Sie mit unsichtbaren Layout-Objekten arbeiten, können Sie über den Befehl *Alles auswählen* die Objekte im Layout-Modus sichtbar machen.

— *Ergebnisse von Auswertungen für Datensatzgruppen nur in der Seitenansicht*

Ergebnisse von nach Datenfeldern sortierten Teilauswertungen sind erst in der Seitenansicht sichtbar, nicht jedoch im Blättern-Modus.

Die Menüs von FileMaker Pro 2.1

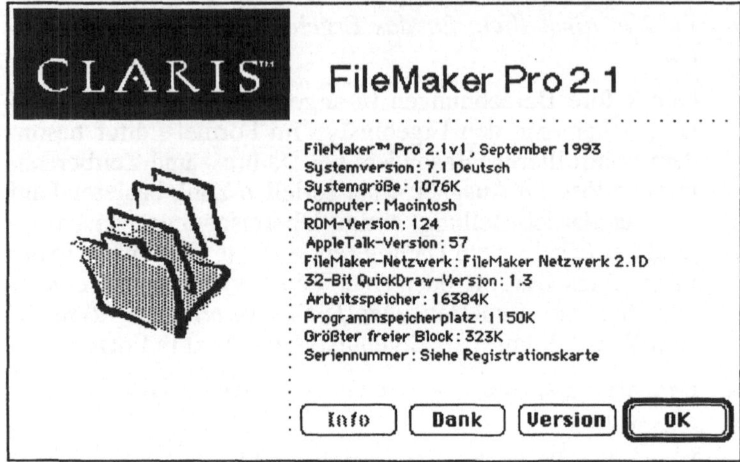

Der Aufbau der Menü-Leiste ist in der neuen Version von
FileMaker Pro nahezu unverändert geblieben. In dem Untermenü zum Import/Export findet sich jetzt zusätzlich die Option
Movie importieren. Gegenüber der Windows-Version sind die
Unterschiede auf der Ebene der Menüs ebenfalls marginal: Lediglich in der Namensgebung des Menüs für alle Operationen
nach „außen", also zum Öffnen, Schließen, Sichern, Reparieren, Drucken und Beenden wird aus dem Macintosh-Menü
Ablage unter Windows das Menü *Datei.* Die *Tastatur-Befehle des Macintosh sind in der Windows-Version gültig.* Ansonsten ist die Macintosh-Optionstaste bei Windows die „Alt"-Taste, die Befehlstaste nennt sich dort „Strg" und ein Ordner wird
als Verzeichnis angesprochen.

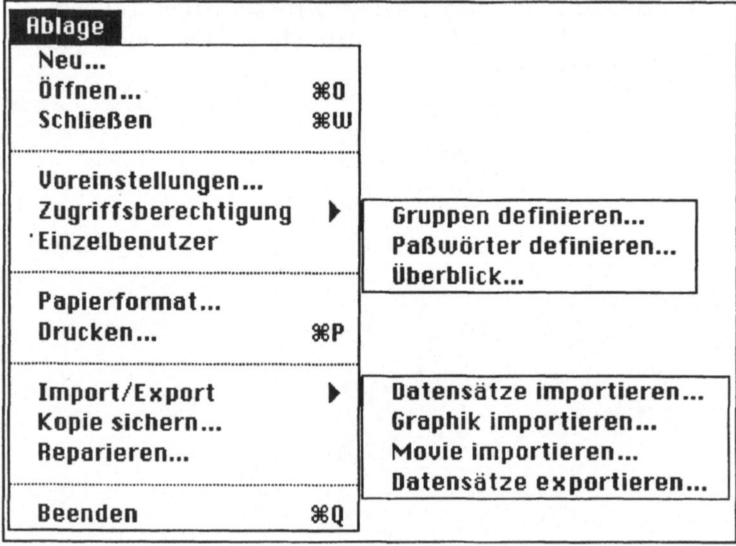

Die Verfügbarkeit von Menü-Befehlen im Menü *Bearbeiten* ist abhängig von der gewählten Arbeitsebene. Die Arbeitsebene steuern Sie im Menü *Auswahl* an. Drei Punkte (. . .) nach einem Menü-Befehl bedeuten, daß Sie weitere Festlegungen in einem oder mehreren folgenden Auswahl- oder Dialogfenstern treffen können.

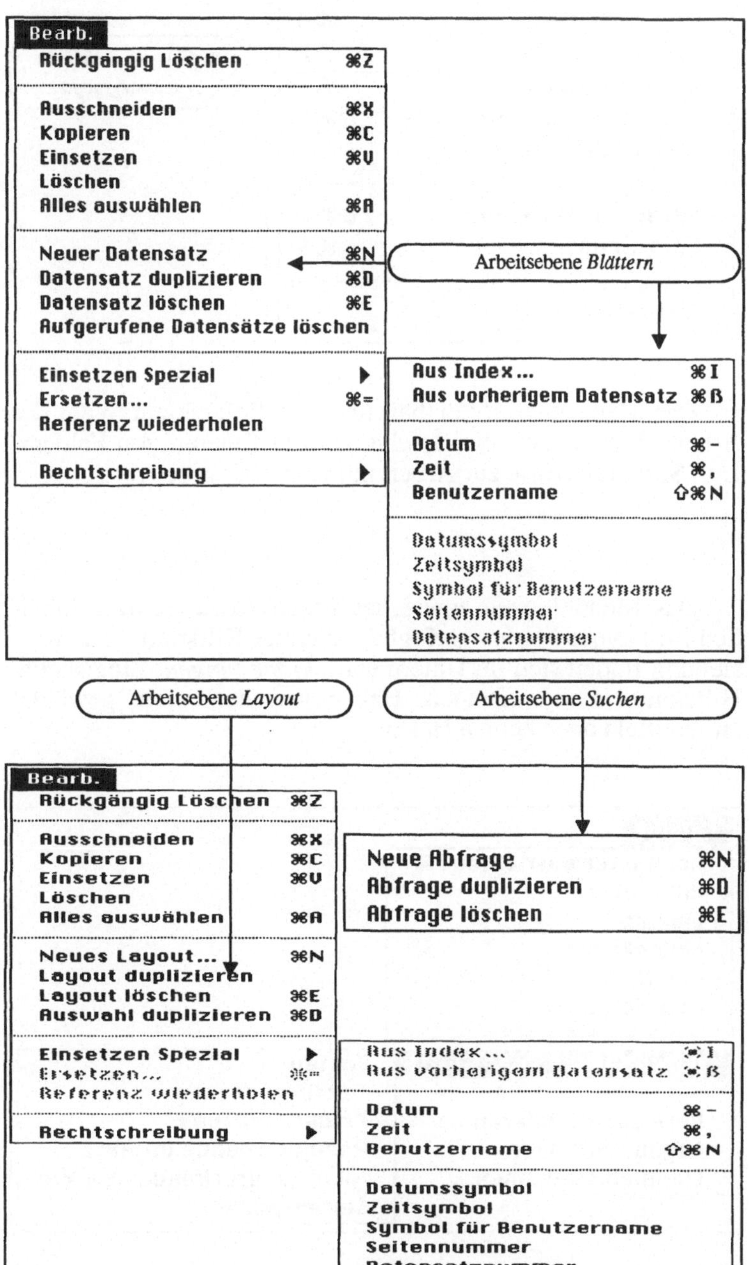

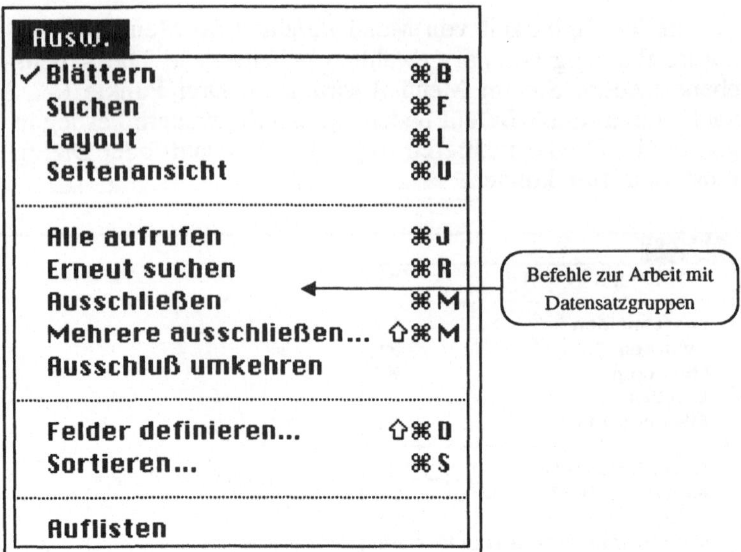

Das Menü *Auswahl* enthält über die Befehle zur Wahl der
Arbeitsebene hinaus die Befehle zum Definieren von Feldern,
zum Sortieren sowie zur Arbeit mit Datensatzgruppen.

Das Menü *Layout* sowie das Menü *Extra* ist ausschließlich im Layout-Modus verfügbar. Weitere Hilfsmittel zur Darstellung finden sich im Untermenü *Darstellungen*. Eingestellte
Hilfsmittel sind mit einem Haken versehen, nicht gewählte
Hilfsmittel haben keinen Haken.

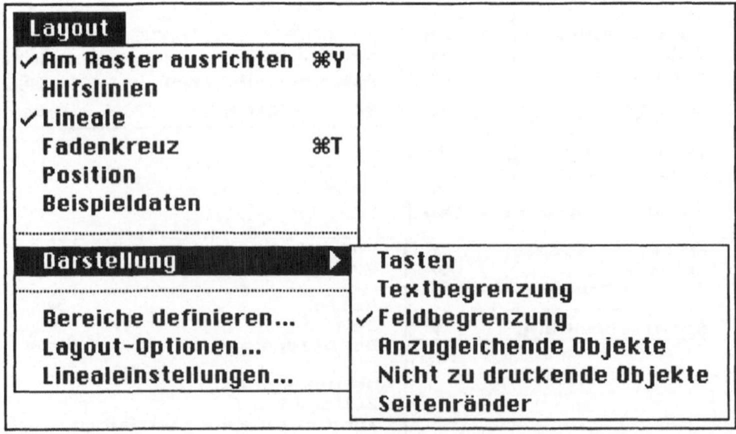

Extra

Gruppieren	⌘ G
Gruppierung aufheben	⇧⌘ G
Schützen	⌘ H
Schutz aufheben	⇧⌘ H
Ganz nach vorne	⇧⌥⌘ F
Weiter nach vorne	⇧⌘ F
Ganz nach hinten	⇧⌥⌘ J
Weiter nach hinten	⇧⌘ J
Objekte ausrichten	⌘ K
Ausrichten...	⇧⌘ K
Objekte angleichen...	
Tab-Ordnung...	

Das Menü *Format* hat noch weitere Untermenüs zur Formatierung von Texten: Die Schriftarten, die Schriftgröße, die Text-Ausrichtung, den Zeilenabstand und die Textfarbe können Sie dort für die markierten Text-Objekte einstellen. Neu ist die Möglichkeit der Verwendung der Systemformate.

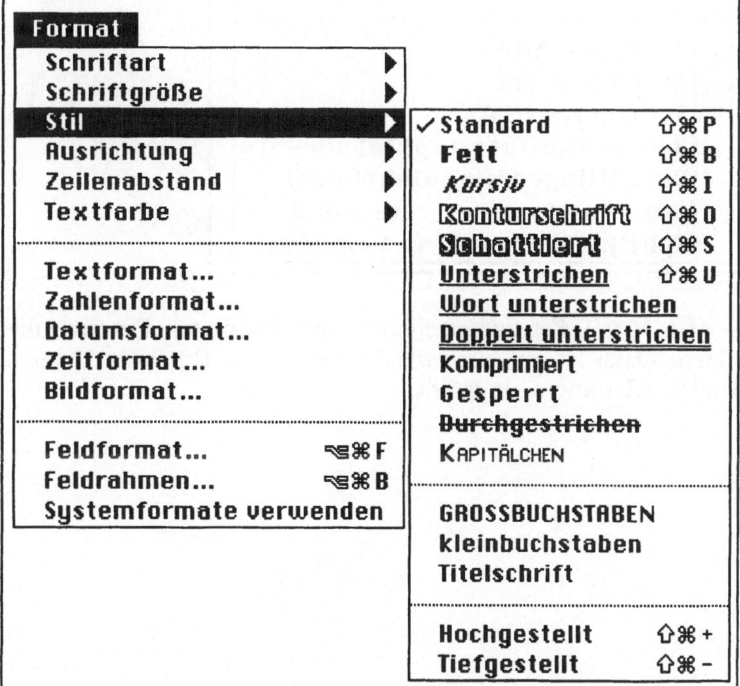

```
┌─────────────────────────────────────────┐
│ ▐ Spezial ▌                              │
│ ScriptMaker™...                          │
│ Taste definieren...                      │
│ ·········································· │
│ Auftragsannahme              ⌘ 1         │
│ Rechnung schreiben           ⌘ 2         │
│ Zahlungseingänge erfassen    ⌘ 3         │
│ Kontoauszug                  ⌘ 4         │
│ Kontoauszug mit Suchabfrage  ⌘ 5         │
│ Mahnungen                    ⌘ 6         │
│ Rechnungsausgangsjournal     ⌘ 7         │
│ Sicherheitskopie Aufträge    ⌘ 8         │
│ Neuen Kunden anlegen         ⌘ 9         │
│ PKW-Bestände aktualisieren   ⌘ 0         │
│ Kunden Jahresumsätze                     │
└─────────────────────────────────────────┘
```

Der Umfang des zweiten Teils des Menüs *Spezial* hängt
von den Vorgaben ab, die Sie einrichten und mit der Option
„Ins Menü aufnehmen" versehen. Haben Sie keine Vorgaben-
Scripts eingerichtet oder ins Menü aufgenommen, fehlt dieser
Teil.

```
┌─────────────────────────────────────────┐
│ ▐ Fenster ▌                              │
│ Fenster ausblenden                       │
│ ·········································· │
│ ✓ Steuerersparnis                        │
│   (Grundtarif 90)                        │
│   (Splittingtarif90)                     │
│   (B-Grundtarifvorsorgetabelle93)        │
│   (B-Splittingvorsorgetabelle93)         │
│   (Grundtarifvorsorgetabelle93)          │
│   (Splittingtarifvorsorgetabelle93)      │
└─────────────────────────────────────────┘
```

Im Menü *Fenster* erscheinen die geöffneten Dateien, die
aktive Datei ist mit einem Haken versehen, Referenz-Dateien
sind in Klammern eingefaßt.

Konvertieren von Dateien früherer Versionen

Damit Ihre Dateien von früheren Versionen mit der File-Maker Pro-Version 2.X zu bearbeiten sind, müssen Sie die Dateien in das Format der neue Version konvertieren. Dies geschieht automatisch beim Öffnen von Dateien durch FileMaker Pro 2.X. Legen Sie vorher mit dem Finder oder mit der früheren Version von FileMaker eine Sicherheitskopie an. Eine Umkehrung der Konvertierung in eine frühere Version ist nämlich nicht möglich.

Vor dem Konvertieren: Sicherheitskopien archivieren

Um mit Dateien früherer Versionen auf dem PC unter Windows zu arbeiten, müssen Sie sämtliche Dateien erst in FileMaker Pro 2.X-Dateien auf dem Macintosh verwandeln. Erst danach kann die FileMaker Pro-Version für Windows sie öffnen. Beachten Sie bitte dabei, daß die Namen für Dateien bei MS-DOS nur acht Zeichen lang sein dürfen und mit einem Punkt und der Datei-Extension enden. Die Extension für FileMaker Pro ist „.fm". Die FileMaker Pro-Datei auf dem Macintosh mit dem Namen „Mitglieder" benennen Sie beim Sichern auf einen MS-DOS-Datenträger z.B. in „Mitglied.fm" um. Für PCs bestimmte Dateien müssen auf einem für PCs verfügbaren Datenträger abgelegt sein. Eine MS-DOS formatierte Diskette, vom Macintosh aus mit FileMaker-Dateien zu beschreiben, ist eine Möglichkeit. Eine Alternative ist das Speichern in gemeinsam verfügbare Verzeichnisse (Ordner) im Netzwerk.

Mit der Version 2.0 des Programms können Sie FileMaker-Dateien, die mit der Version 2.1 erstellt worden sind, im Einzelplatzbetrieb ohne Einschränkungen verarbeiten. Für den Mehrbenutzerbetrieb oder den plattformübergreifenden Einsatz in heterogenen Netzen ist die Arbeit mit Version 2.1 dringend geboten.

Etiketten für Laserdrucker

FileMaker Pro unterstützt 24 vordefinierte Etikettenformate für Laser- und Tintenstrahldrucker. Die unterstützten Formate finden Sie in der folgenden Tabelle. Die Etikettenmaße sind in Millimetern angegeben, L steht dabei für Avery-Etikettennummern, Z für Zweckform-Etiketten. Avery-Etiketten sind international weit verbreitete Maße eines amerikanischen Etikettenherstellers, die sich insbesondere bei unseren europäischen Nachbarn großer Beliebtheit erfreuen.

Sollten in der Tabelle Ihre Etikettenformate nicht aufgeführt sein, dann vergessen Sie bitte nicht, die vertikalen und horizontalen Rapports (Wiederholabstände) bei der Eintragung der Etikettenhöhe und -breite für die Layout-Definition hinzuzurechnen. Die Maße benötigen Sie immer dann zur Definition von Spezialformaten (siehe Kapitel 4.2.4), wenn Ihre Etiketten nicht unter den vordefinierten Formaten auftauchen. Die Grafik verdeutlicht, welche Maße FileMaker Pro zur Bestimmung von Etikettengrößen verwendet.

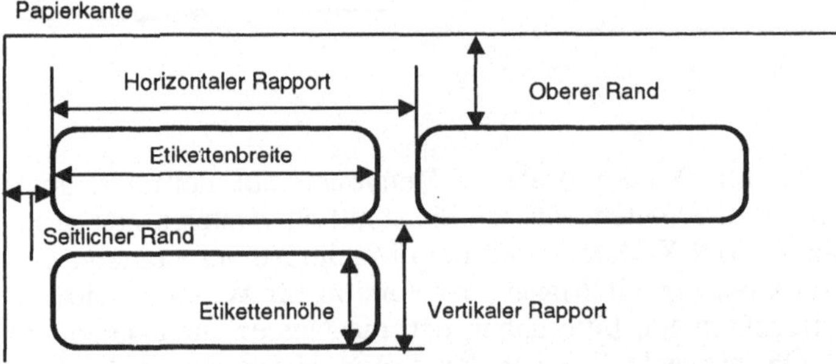

Vor dem Drucken der Etiketten ist es hilfreich, eine Voransicht der Ergebnisse über die Seitenansicht durchzuführen. Bei Laserdruckern kann es u. U. sinnvoll sein, den Druckbereich in den Druck-Optionen zu vergrößern, damit alle Etiketten einer Seite bedruckt werden. Außerdem empfiehlt es sich, bei einigen Etiketten den Kopfteil im Layout zu entfernen.

Beim Drucken von Etiketten mit einem Nadeldrucker ist es vorteilhaft, wenn Sie den Etikettentransport über den Traktor vornehmen lassen. Falls möglich, schalten Sie das Drucker-Spooling ein. Dadurch vermeiden Sie ein häufiges Zurückdrehen der Druckerwalze.

Avery-Etiket-tennr.	Etikettentyp	Rapport vertikal	Rapport horizontal	Anzahl vertikal	Anzahl horizontal	Rand oben	Ränder seitlich
L7160	Adresse	38,10	66,05	3	7	15,88	7,20
L7161	Adresse	46,56	66,04	3	6	9,55	7,21
L7162	Adresse	33,87	101,60	2	8	13,75	4,67
L7163	Adresse/5,25-Zoll-Diskette	38,10	101,63	2	7	15,88	4,67
L7164	Adresse/3,5-Zoll-Diskette	71,97	66,04	3	4	5,29	7,21
L7165	Adresse	67,73	101,60	2	4	13,76	4,67
L7166	Adresse/Versand	93,13	101,60	2	3	9,53	4,67
L7167	Ganze Seite	289,10	199,60	1	1	4,70	4,70
L7168	Halbe Seite	143,53	199,60	1	2	5,70	
L7562	Adresse/klar	33,87	101,60	2	8	13,75	4,67
L7563	5,25-Zoll Diskette/klar	38,10	101,60	2	7	15,88	4,67
L7565	Adresse/klar	67,73	101,60	2	4	13,76	4,67
L7650	Rund	68,00	68,00	3	4	15,48	5,25
L7651	Mini-Adresse	21,17	40,64	5	13	11,64	4,67
L7654-F	Video (Front)	46,56	78,74	2	6	9,55	27,53
L7654-S	Video (Rücken)	16,93	144,78	1	16	13,76	32,61
L7663	5,25-Zoll-Diskette	33,76	–	1	8	14,19	45,31
L7664	3,5-Zoll-Diskette	71,97	104,14	2	4	5,29	17,93
Z3657	Adresse	25,40	48,50	4	10	21,50	8,00
Z3658	Adresse	33,80	64,60	3	8	13,50	8,00
Z3659	Adresse	42,30	97,00	2	6	21,50	8,00
Z3660	Adresse	67,73	97,00	2	4	12,50	8,00
Z3666	Adresse	21,20	38,00	5	13	11,00	9,50
Z3667	Adresse	16,90	48,50	4	16	13,00	8,00

Dateiformate für Im- und Export

FileMaker Pro für Macintosh kann in den Formaten File-Maker Pro, Text mit TAB, Text mit Kommas, SYLK, DBF (dBaseIII), DIF, WKS, BASIC und Serienbrief-Steuerdatei importieren. Außerdem ist in Verbindung mit Programmen von Drittanbietern der Datenmanager für die Durchführung von SQL-Abfragen vorhanden.

Die Exportformate haben denselben Umfang, es fehlt nur das FileMaker-Pro-Format, denn FileMaker Pro kann eigene Dateien importieren. Zusätzlich gibt es noch das System 7 spezifische Format Auflagendatei.

FileMaker Pro für Windows verfügt grundsätzlich über dieselben Dateiformate für den Import und Export. Ausgenommen ist lediglich die Möglichkeit von SQL-Abfragen und der Export einer Macintosh-Auflagendatei. Die DOS-Dateikennungen sind jeweils bei den Dateiformaten angegeben. Die Beschreibung der Eigenschaften bezieht sich immer auf den von Windows verwendeten ANSI-Zeichensatz.

Format	Beschreibung	Ein- und Ausgabeeigenschaften
Text mit Tabulatoren (Textdatei) DOS-Datei-Kennung: *.TAB* oder *.TXT*	Dieses Format wird von den meisten Anwendungsprogrammen unterstützt.	FileMaker Pro exportiert Text in unformatierten ASCII-Zeichen. Felder sind durch Tabulatoren, Werte in Wiederholfeldern durch ASCII-29 und die einzelnen Datensätze durch das Zeilenschaltungszeichen vonein-ander getrennt. Zeilenschaltungszeichen innerhalb von Feldern werden als ASCII-11 (vertikale Tabulatoren) ausgegeben. Enthält ein numerisches Feld Text oder Symbole, gibt FileMaker Pro nur die Zahl aus. Wenn Sie in dem Dialogfenster *Definieren der Feldreihenfolge für den Export* auf „Unformatiert" klicken, gibt FileMaker Pro Zahlen-, Datums- und Uhrzeitangaben genau so aus, wie Sie sie eingegeben haben. Klicken Sie auf „Formatiert wie im aktiven Layout", verwendet das Programm dasselbe Format, in dem die Felder im Modus *Blättern* angezeigt werden.
WKS DOS-Datei-Kennung: *.WKS* oder *.WK1*	Hierbei handelt es sich um ein Arbeitsblatt-Dateiformat, das Lotus 1-2-3 benutzt.	Beginnend bei Spalte 1 gibt FileMaker Pro jedes Feld als Spalte aus. Jeder Datensatz ist eine Zeile.

Format	Beschreibung	Ein- und Ausgabeeigenschaften
Serien-brief-Steuer-datei DOS-Datei-Kennung: *.MER*	Dieses Format können Sie verwenden, um Serienbriefe zu erstellen. Sie können einen Standardtext mit variablen Daten vermischen. Die Serienbrief-Steuerdatei entspricht einem Microsoft Word Datendokument.	Die Felder sind durch Kommas, Wiederholfelder durch ASCII 29 und die einzelnen Datensätze durch Zeilenschaltungszeichen voneinander abgesetzt. Der erste Datensatz, ein Kopfteil, gibt die Feldnamen an. FileMaker Pro setzt die Felddaten in Anführungszeichen. Wenn Sie innerhalb eines Feldes anstelle der typografisch korrekten An- und Abführungszeichen „ " gerade Anführungszeichen (") haben, gibt FileMaker Pro diese als doppelte Anführungszeichen (" ") aus. Zeilenschaltungszeichen innerhalb eines Feldes werden als ASCII 11 (vertikale Tabulatoren) ausgegeben. Klicken Sie in dem Dialogfenster *Definieren der Feldreihenfolge für den Export* auf „Unformatiert", gibt FileMaker Pro Zahlen-, Datums- und Uhrzeitangaben genau so aus, wie Sie sie eingegeben haben. Klicken Sie auf „formatiert wie im aktiven Layout", verwendet das Programm dasselbe Format, in dem die Felder im Modus *Blättern* angezeigt werden.
Text mit Komma DOS-Datei-Kennung: *.CSV*	Dieses Format, CSV (Comma Separated Values), kann von BASIC-Programmen eingelesen werden. Auch Anwendungen wie dBASE können Text mit Kommas lesen.	Die Felder sind durch Kommas und die Datensätze durch Zeilenschaltungszeichen voneinander abgesetzt. Zeilenschaltungszeichen innerhalb eines Feldes werden als ASCII 11 (vertikale Tabulatoren) ausgegeben. Alle Felder außer unformatierten Zahlen sind in Anführungszeichen gesetzt. Wenn Sie innerhalb eines Feldes anstelle der typografisch korrekten An- und Abführungszeichen „ " gerade Anführungszeichen ("") haben, gibt FileMaker Pro diese als doppelte Anführungszeichen (" ") aus. Enthält ein numerisches Feld Text oder Symbole, gibt FileMaker Pro nur die Zahl aus.
DIF DOS-Datei-Kennung: *.DIF*	Dieses Format speichert Daten in Zeilen und Spalten und wird von einigen Tabellenkalkulationsprogrammen wie VisiCalc und AppleWorks verwendet.	Beginnend bei Spalte 1 gibt FileMaker Pro jedes Feld als Spalte aus. Jeder Datensatz ist eine Zeile, ebenfalls beginnend mit Zeile 1. Zum Exportieren können Sie die Option „Formatiert wie im aktiven Layout" nicht auswählen.

Format	Beschreibung	Ein- und Ausgabeeigenschaften
BASIC DOS-Datei-Kennung: *.BAS*	Dieses Format ist eine Variante des Formats „Text mit Komma", das entsprechend dem Microsoft BASIC Standard entwickelt wurde. Dieses Format wird in einem BASIC-Programm mit Hilfe der Befehle PRINT# oder PRINT USING# erzeugt.	Die Merkmale des Formats „BASIC" entsprechen denen des Formats „Text mit Komma", abgesehen von folgenden Ausnahmen: Zeilenschaltungszeichen innerhalb eines Feldes werden als Leerzeichen ausgegeben. Wenn Sie innerhalb eines Feldes anstelle der typografisch korrekten An- und Abführungszeichen „ " gerade Anführungszeichen (") haben, gibt FileMaker Pro diese als einfache Anführungszeichen (') aus. Bei der Erstellung der Zieldatei beachtet FileMaker Pro die Beschränkungen des Formats. So werden zum Beispiel nur die ersten 255 Zeichen eines Textfeldes ausgegeben, da BASIC keine größeren Felder lesen kann. Beim Importieren verwendet FileMaker Pro für das Format der Ausgangsdatei dieselben Regeln, die BASIC für den Befehl INPUT# verwendet. Dabei ist FileMaker Pro jedoch im Gegensatz zu BASIC nicht an die Grenze von 255 Zeichen pro Feld gebunden.
SYLK DOS-Datei-Kennung: *.SLK*	Das Format SYLK (Symbolic Link) speichert Daten in Zeilen und Spalten. Dieses Format wird von Tabellenkalkulationsprogrammen wie Wingz, Claris Resolve, Multiplan und Microsoft Excel verwendet.	Beginnend bei Spalte 1 gibt FileMaker Pro jedes Feld als Spalte aus. Jeder Datensatz ist eine Zeile, ebenfalls beginnend mit Zeile 1. Zeilenschaltungszeichen werden als Leerzeichen ausgegeben. Enthält ein numerisches Feld Text oder Symbole, gibt FileMaker Pro nur die Zahl aus. SYLK interpretiert jede Zeile als Textteil oder als Zahl. FileMaker Pro gibt Datums- und Uhrzeitangaben als Text in Anführungszeichen aus. Zum Exportieren können Sie die Option „Formatiert wie im aktiven Layout" nicht auswählen. Bei der Erstellung der Zieldatei beachtet FileMaker Pro die Beschränkungen des Formats. So werden zum Beispiel nur die ersten 245 Zeichen eines Feldes ausgegeben. Die Merkmale der Datei sind beim Import dieselben wie beim Export. FileMaker Pro ignoriert alle Formatierungen und speziellen Optionen des SYLK-Formate.
Auflagendatei	Dieses Format verwendet der Auflagen-Manager (Nur Macintosh-System 7)	Dieses nur für den Export verfügbare Format ist dem Format „Text mit Tabulatoren" ähnlich. Exportieren Sie in dieses Format, veröffentlichen Sie eine Auflagendatei, die die Benutzer aus einer anderen Anwendung heraus abonnieren können, falls diese den Auflagen-Manager unterstützt.

Format	Beschreibung	Ein- und Ausgabeeigenschaften
DBF DOS-Da- tei-Ken- nung: *.DBF*	Dieses Format verwendet das Programm dBASE III oder dBase IV	Bei der Erstellung der Zieldatei beachtet File-Maker Pro die Beschränkungen des Formats. So werden zum Beispiel Feldnamen nach 10 Zeichen abgeschnitten, und es werden maximal 254 Zeichen pro Feld und 128 Felder pro Datensatz ausgegeben. FileMaker Pro importiert auch Daten aus einem dBase-Memo-Feld, wenn die Datei (Kennung .DBT) sich im selben Verzeichnis befindet wie die Datenbank-Datei (Kennung .DBF), die Sie importieren wollen.

Bildformate

Für dem Import unterstützt FileMaker Pro für den Macintosh folgende Bildformate:

- EPSF (Encapsulated PostScript)
- PICT
- MacPaint
- TIFF
- QuickTime-Movies

Für dem Import unterstützt FileMaker Pro für *Windows* folgende Bildformate:

- .CGM (Computer Graphics Metafile)
- .SLD (Autocad Slide)
- .BMP (Windows Bitmap)
- .PCT (Macintosh PICT)
- .TIF (Tag Image File Format)
- .MAC (MacPaint™)
- .GIF (Compuserve GIF)
- .PLT (HP Graphics Language)
- .PCX (ZSoft Paintbrush)
- .PIC (Lotus Picture)
- .WMF (Aldus/Windows Metafile)
- .DRW (MicroGraphics Designer)
- .EPS (Encapsulated PostScript)

Funktionen in FileMaker Pro

Konvertierungs-funktionen	DateToText (Datum) TextToDate (Text) TimeToText (Zeit)	TextToNum (Text) NumToText (Zahl) TextToTime (Text)
Datums-funktionen	Date (Tag; Monat; Jahr) DayOfYear (Datum) Today Day (Datum) Month (Datum)	WeekOfYear (Datum) DayName (Datum) MonthName (Datum) Year (Datum
Feld funktionen	Average (Wiederholfeld) Last (Wiederholfeld) StDev (Wiederholfeld) Count (Wiederholfeld) Max (Wiederholfeld)	Min (Wiederholfeld) Sum (Wiederholfeld) Summary (Auswertungs-feld; Sortierfeld) Extend (Einzelfeld)
Finanz-funktionen	FV (Zahlung; Zinssatz; Anzahl der Perioden) PV (Zahlung; Zinssatz; Anzahl der Perioden)	NPV (Zinssatz; Zahlun-gen) PMT (Summe; Zinssatz; Laufzeit)
Logische Funktionen	If (Ausdruck; Wert 1 wenn wahr; Wert 2 wenn falsch)	
Mathematische Funktionen	Abs (Zahl) Log (Zahl) Ln (Zahl) Random Sqrt (Zahl) Exp (Zahl)	Int (Zahl) Mod (Zahl; Divisor) Round (Zahl; Genauig-keit) Pi Sign (Zahl)
Text-funktionen	Exact (Originaltext; Ver-gleichstext) Lower (Text) Upper (Text) Proper Text) Trim (Text) Left (Text; Zahl) Right (Text; Zahl)	Middle (Text; Beginn; Größe) Length (Text) Replace (Text; Beginn; Größe; Ersatztext) Position (Text; Suchfol-ge; Beginn)
Zeitfunktionen	Hour (Zeit) Time (Stunden; Minuten; Sekunden)	Minute (Zeit) Seconds (Zeit)
Trigono-metrische Funktionen	Atan (Zahl) Radians (Zahl) Cos (Zahl)	Degrees (Zahl) Sin (Zahl) Exp (Zahl) Tan (Zahl)

Sachwortverzeichnis

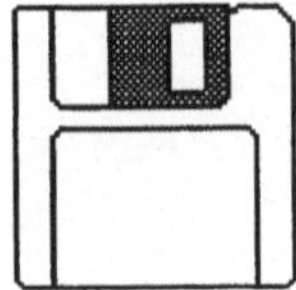

Diskettenversand

Sämtliche in diesem Buch beschriebenen Beispiele sind als
FileMaker Pro-Dateien auf Diskette erhältlich. Die Beispiele
sind für die Macintosh- und Windows-Version von FileMaker
Pro in der Version 2.0 geschrieben. Alle Dateien, das Steuer-
Informationssystem ausgenommen, sind im Format einer Clo-
ne-Datei, d.h. als leere Datensatzschablonen gespeichert. Jede
Diskette enthält vier Ordner bzw. Verzeichnisse mit den fol-
genden Dateien als Inhalt:

Inhalt der Diskette zum Buch

☐ *Korrespondenz*

    ☐ Adressen & Korrespondenz

    ☐ Korrespondenz & elektronisches Briefarchiv

☐ *Verein*
- Mitglieder   – Zahlungen
- Vereinsarchiv   – Allg. Korrespondenz

☐ *Auftragsverwaltung*

    ☐ Autohandel
- Kunden   – PKW
- Aufträge   – Verkaufte PKW
- Markenstatistik

    ☐ Fahrradhandel
- Kunden   – Artikel
- Aufträge   – Lager
- Rabattsätze

☐ *Steuer-Informationssystem*
- Steuerersparnis   – Tabelle Grundtarif90
- Tabelle Splittingtarif90
- zwei allg. Vorsorgetabellen 93 für beide Steuertarife
- zwei Beamten-Vorsorgetab. 93 für beide Steuertarife

Sie erhalten die 1,44 MB-Diskette (auf Wunsch sind auch
zwei 800 KB- bzw. 720 KB-Disketten möglich) gegen Vorein-
sendung des Betrages von DM 45,00 auf das folgende Konto:

Sparkasse in Bremen Nr. 11 51 97 66 (BLZ 290 501 01)

Claus von Eitzen, Hermann-Böse-Str. 23, 28209 Bremen

*Vermerken Sie bitte auf der Überweisung das gewünschte
Format Mac/OS oder MS-DOS.* Die Disketten werden in ein-
wandfreiem und geprüften Zustand verschickt.

Gedankt sei an dieser Stelle allen Freunden, Bekannten, Kolleginnen und Kollegen, Firmen und Institutionen, die mich durch Anregungen, Korrekturen und Vorschläge bei dieser Arbeit unterstützt haben. Dabei gilt mein besonderer Dank

- allen Teilnehmerinnen und Teilnehmern der Lehrerfortbildungskurse am Wissenschaftlichen Institut für Schulpraxis in Bremen, insbesondere den Kolleginnen und Kollegen aus den fünf neuen Bundesländern.

- Knut Barthel, Karl-Heinz Becker, Gerold Brinkmann, Peter Döppel, Peter Duy und Uwe Kötter

- dem Vieweg-Verlag für die Ünterstützung bei der Erstellung dieses Buches

Zeitschriftenhinweis:

The FileMaker Report
Elk Horn Publishing
PO Box 1300
Freedom
California 95019 USA
Fax: 001•408•761•1233
Tel: 001•408•726•1232

91 Anwendungen mit QuattroPro für Windows

von Franz-Josef Mehr

1993. X, 179 Seiten. Gebunden.
ISBN 3-528-05317-8

Aus dem Inhalt: 81 Anwendungen aus den Bereichen Alltag, Büro, Betrieb sowie Mathematik und Naturwissenschaften.

Das Buch bietet ausführlich kommentierte „Rezepte" über Anwendungen, die in anderen Büchern kaum beschrieben werden, z.B. QuattroPro für die Pflege von Finanzen, QuattroPro fürs Büro, Statistik in Alltag und Beruf. Es bietet leicht nachvollziehbare Anleitungen für den Umgang mit QuattroPro für Einsteiger ebenso wie Tips und Tricks für Fortgeschrittene.

Über den Autor: Dr. Franz-Josef Mehr ist als Physiker in der Ausbildung tätig.

Verlag Vieweg · Postfach 58 29 · 65048 Wiesbaden

Das Buch zu WORD für den Macintosh

von Martin Hirsch

1993. XVI, 502 Seiten und 22 Seiten. Anhang (MACbook; herausgegeben von Stefan Frevel) Gebunden.
ISBN 3-528-05310-0

Aus dem Inhalt: Einführung, Arbeitsbeispiele, Tips und Tricks zu jedem Anwendungsgebiet der neuesten Version von MS Word für Macintosh.

MAC book ist die neue Macintosh-Reihe des Verlag Vieweg. MAC books sind nicht einfach Bücher zu Programmen für den Mac, sondern echte Mac-Bücher. Sie sind ebenso benutzerfreundlich und haben das Look-and-Feel des Macintosh: Statt vieler grauer Seiten voll Erläuterungen machen sie anschaulich, worum es geht, mit Bildern, Icons, Dialogboxen. Die Reihe wird betreut und herausgegeben von Stefan Frevel, dem Gründer der Zeitschrift MACWELT.

Das Buch zu WORD für den Macintosh ist ein neuartiges Arbeitsbuch zu Word in der aktuellen Version 5.1. Die optimale Nutzung des Programms wird genau so erklärt, wie sie auf dem Mac abläuft: Mit Dialogboxen, Icons und vielen anschaulichen Beispielen für alle Anwendungsfälle. Von unschätzbarem Wert sind die Tips und Tricks für schnelles und bequemes Arbeiten. Mit ihnen wird der Leser das Optimum aus Word herausholen.

Über den Autor: Martin Hirsch war einer der ersten Macintosh-Besitzer in Deutschland. Als exzellenter Kenner von Anwendungssoftware hat er sich durch zahlreiche Veröffentlichungen einen Namen gemacht.

Verlag Vieweg · Postfach 58 29 · 65048 Wiesbaden

vieweg